Tome II, volume 5.

ENCYCLOPÉDIE
DES
SCIENCES MATHÉMATIQUES
PURES ET APPLIQUÉES

PUBLIÉE SOUS LES AUSPICES DES ACADÉMIES DES SCIENCES
DE GÖTTINGUE, DE LEIPZIG, DE MUNICH ET DE VIENNE
AVEC LA COLLABORATION DE NOMBREUX SAVANTS.

ÉDITION FRANÇAISE

RÉDIGÉE ET PUBLIÉE D'APRÈS L'ÉDITION ALLEMANDE SOUS LA DIRECTION DE

JULES MOLK,
PROFESSEUR À L'UNIVERSITÉ DE NANCY.

TOME II (CINQUIÈME VOLUME),

DÉVELOPPEMENTS EN SÉRIES.

RÉDIGÉ DANS L'ÉDITION ALLEMANDE SOUS LA DIRECTION DE

H. BURKHARDT ET **W. WIRTINGER**
(MUNICH) (VIENNE).

PARIS,
GAUTHIER-VILLARS

LEIPZIG,
B. G. TEUBNER

1912
(31 MARS)

Tome II; cinquième volume; premier fascicule.

Sommaire.

Avis.

Dans l'édition française, on a cherché à reproduire dans leurs traits essentiels les articles de l'édition allemande; dans le mode d'exposition adopté, on a cependant largement tenu compte des traditions et des habitudes françaises.

Cette édition française offrira un caractère tout particulier par la collaboration de mathématiciens allemands et français. L'auteur de chaque article de l'édition allemande a, en effet, indiqué les modifications qu'il jugeait convenable d'introduire dans son article et, d'autre part, la rédaction française de chaque article a donné lieu à un échange de vues auquel ont pris part tous les intéressés; les additions dues plus particulièrement aux collaborateurs français sont mises entre deux astérisques. L'importance d'une telle collaboration, dont l'édition française de l'Encyclopédie offrira le premier exemple n'échappera à personne.

Fascicules sous presse:

Tome I, vol. 1: **Groupes finis discontinus**, fin (H. Burkhardt — H. Vogt). — **Additions et modifications.** — **Renseignements bibliographiques.** — **Index.**

Tome I, vol. 2: **Invariants** fin (F. Meyer — J. Drach).

Tome I, vol. 3: **Applications de l'Analyse à la Théorie des nombres**, fin (P. Bachmann — J. Hadamard — E. Maillet). — **Corps algébriques** (D. Hilbert — H. Vogt).

Tome I, vol. 4: **Économie politique mathématique**, fin (V. Pareto).

Tome II, vol. 1: **Recherches contemporaines sur la théorie des fonctions d'une ou de plusieurs variables réelles** (E. Borel — L. Zoretti — P. Montel — M. Fréchet). — **Calcul différentiel** (A. Voss — J. Molk).

Tome II, vol. 2: **Fonctions analytiques** (W. F. Osgood — P. Boutroux — J. Chazy).

Tome II, vol. 4: **Équations aux dérivées partielles** (E. von Weber — G. Floquet — E. Goursat).

Tome II, vol. 6: **Calcul des variations** (A. Kneser — E. Zermelo — H. Hahn — M. Lecat).

Tome III, vol. 1: **Notions de courbe et surface** fin (H. von Mangoldt — L. Zoretti). — **Méthodes analytiques et synthétiques** (G. Fano — S. Carrus).

Tome III, vol. 2: **Géométrie projective** (A. Schoenflies — A. Tresse). — **Configurations** (E. Steinitz — E. Merlin).

Tome III, vol. 3: **Coniques** (fin). **Faisceaux de coniques** (F. Dingeldey — E. Fabry).

Tome III, vol. 4: **Quadriques** (O. Staude — A. Grévy).

Tome IV, vol. 1: **Principes de la mécanique rationnelle** (A. Voss — E. Cosserat — F. Cosserat).

Tome IV, vol. 2: **Fondements géométriques de la mécanique** (H. Timerding — L. Lévy). — **Géométrie des masses** (G. Jung — E. Carvallo). **Cinématique** (A. Schoenflies — G. Koenigs).

Tome IV, vol. 3: **Appareils physiques les plus simples** (Ph. Furtwängler — A. Guillet).

Tome IV, vol. 5: **Analyse vectorielle** (M. Abraham — P. Langevin). — **Principes physiques de l'hydrodynamique** (A. E. H. Love — P. Appell — H. Beghin).

Tome IV, vol. 6: **Balistique extérieure** (C. Cranz — E. Vallier).

Tome IV, vol. 7: **Équations fondamentales de l'élasticité** (C. H. Müller — A. Timpe — L. Lecornu).

Tome V, vol. 1: **Mesure** (C. Runge — Ch. Ed. Guillaume).

Tome V, vol. 2: **Atomistique** (F. W. Hinrichsen — M. Joly — J. Roux).

Tome V, vol. 3: **Principes physiques de l'électricité; action à distance** (R. Reiff — A. Sommerfeld — E. Rothé).

Tome V, vol. 4: **Principes physiques de l'optique; anciennes théories** (A. Wangerin — C. Raveau.)

Tome VI, vol. 1: **Triangulation géodésique.** — **Mesure des bases et nivellement.** (P. Pizzetti — L. Noirel).

Tome VII, vol. 1: **Coordonnées absolues et relatives** (E. Anding — H. Bourget). — **Réfraction** (A. Bemporad — P. Puiseux).

II 26. ÉQUATIONS ET OPÉRATIONS FONCTIONNELLES.

EXPOSÉ PAR S. PINCHERLE (BOLOGNE).

Opérations fonctionnelles.

1. Le calcul fonctionnel. Dans la théorie générale des opérations il se présente trois sortes d'éléments[1]): les *objets* sur lesquels on opère, les *opérations* que l'on exécute sur ces objets, enfin les *résultats* que l'on obtient par l'exécution des opérations. Dans l'arithmétique particulière ou générale, les objets et les résultats sont des nombres et les opérations sont indiquées par des signes spéciaux; dans une théorie plus générale, on représente ordinairement les opérations par des lettres que l'on nomme *symboles d'opérations* ou simplement *symboles*[2]); la théorie des groupes de substitutions (I 8) nous en fournit un exemple.

Lorsque les objets sur lesquels on opère et les résultats des opérations sont des fonctions d'une ou de plusieurs variables[3]), les opérations prennent le nom *d'opérations fonctionnelles*; la branche correspondante de l'analyse a été d'abord appelée *calcul par symboles*[4]),

---

1) *R. Murphy,* Philos. Trans. London 127 (1837), p. 179.

2) Depuis *G. W. Leibniz*[4]) et *J. L. Lagrange*[7]).

A. M. Lorgna [Mémoires Acad. Turin 3 (1786/7), éd. 1788, p. 409] et *S. F. Lacroix* [Traité du calcul différentiel et du caloul intégral, (2e éd.) 2, Paris 1814, p. 755] disent *caractéristiques* tandis que *L. F. A. Arbogast* [Du calcul des dérivations, Strasbourg an VIII (1800)] et *J. F. Français* [Ann. math. pures appl. 3 (1812/3), p. 244] emploient la dénomination d'*échelles*. Cf. *S. F. Lacroix* [Traité du calcul différentiel et du calcul intégral (2e éd.) 3, Paris 1819, p. 105].

3) **V. Volterra* [Atti R. Accad. Lincei *Rendic.* (4) 3 II (1886/7), p. 97/105, 141/6, 153/8], *J. Hadamard* [C. R. Acad. sc. Paris 136 (1903), p. 351], *M. Fréchet* [Rend. Circ. mat. Palermo 22 (1906), p. 1/74] et d'autres encore considèrent les opérations qui, appliquées à des fonctions, produisent des nombres. *J. Hadamard* et *M. Fréchet* appellent *fonctionnelles* ce que nous désignons ici sous le nom d'*opérations fonctionnelles.**

4) *G. W. Leibniz*, Misc. Berolin. 1 (1710), p. 160/6; Werke, éd. *C. I. Gerhardt*, Math. Schr. 7, Halle 1863, p. 218/23.

à cause du point de vue auquel se plaçaient les anciens analystes; mais dans ces derniers temps le champ des opérations fonctionnelles s'est considérablement élargi et a donné naissance à un ensemble de recherches que l'on peut grouper sous le nom de *calcul fonctionnel.* *Nous examinerons dans cet article les questions que les géomètres modernes comprennent sous ce titre commun, mais nous allons auparavant nous placer au point de vue des fondateurs de l'analyse et de leurs disciples en indiquant les principaux problèmes qu'ils se sont posés au sujet du „calcul par symboles".*

2. Calcul fonctionnel de Leibniz à Lagrange. *G. W. Leibniz* a été le premier, à ce qu'il semble, à remarquer l'analogie frappante que présente la règle pour la formation des dérivées d'ordre supérieur dans un produit ou dans un quotient avec la règle pour le développement de la puissance correspondante d'un binome ou d'un polynome. Il mentionne cette analogie à plusieurs reprises dans sa correspondance avec *Jean Bernoulli*[5]), puis dans son mémoire „Symbolismus memorabilis calculi algebraici et infinitesimalis in comparatione potentiarum et differentiarum"[6]).

J. L. Lagrange[7]) a fondé, sur cette remarque de *G. W. Leibniz*, un calcul algorithmique où le symbole de différentiation est traité comme une grandeur fictive à laquelle on convient d'appliquer les règles ordinaires de l'algèbre, sous la condition de remplacer par $\frac{d^n u}{dx^n}$, dans les résultats, la $n^{\text{ième}}$ puissance du symbole $\frac{d}{dx}$ suivie de la lettre u. C'est à cette occasion qu'il obtient la formule symbolique, si souvent reproduite depuis dans les traités de calcul infinitésimal,

$$(1) \qquad \Delta^{\lambda} u = \left(e^{h\frac{du}{dx}} - 1\right)^{\lambda},$$

où Δu représente la différence finie

$$u(x+h) - u(x).$$

L'algorithmie de *J. L. Lagrange* a formé, depuis, l'objet des travaux d'un grand nombre d'auteurs qui en ont développé, à un point de vue purement formel, de nombreuses conséquences et ont obtenu un grand nombre de formules symboliques offrant plus ou moins d'analogie avec la formule symbolique (1). Dans les numéros suivants il sera fait

5) *G. W. Leibniz,* Werke, éd. *C. I. Gerhardt,* Math. Schriften 3, Halle 1855/6, p. 175, 181, 191/2.

6) Voir *G. W. Leibniz* [4]).

7) Nouv. Mém. Acad. Berlin 3 (1772), éd. 1774, p. 185; Œuvres 3, Paris 1869, p. 441.

mention des plus intéressants parmi ces travaux, tandis que beaucoup d'autres, ne contenant que des résultats algorithmiques formels sans intérêt, pourront être sans aucun inconvénient passés sous silence. Remarquons cependant que, même dans ces derniers temps, l'ancien calcul symbolique a rendu parfois des services dans certaines recherches d'analyse moderne[8]).

3. Calcul des symboles jusqu'à Servois. Après avoir remarqué les analogies entre le calcul des puissances et celui des dérivées ou différentielles, entre les exposants et les indices de dérivation, les géomètres étaient naturellement amenés à se demander quels sont les principes généraux qui régissent ces analogies et en vertu desquels on peut justifier les résultats du calcul par symboles. En d'autres termes, lorsqu'on a transformé une formule en appliquant aux indices des différentielles les règles du calcul des puissances, est-on autorisé à regarder le résultat comme exact?

Jean Bernoulli[9]) remarque déjà, dans une lettre adressée à *G. W. Leibniz*, qu'une telle analogie ne peut être due au hasard: „haud dubie aliquid arcani subest“, écrit-il.

Selon *J. L. Lagrange*[7]), la nature de ce principe serait assez cachée et les relations qu'on en déduit doivent être vérifiées après coup: „quoique le principe de cette analogie entre les puissances positives et les différentielles, et les négatives et les intégrales ne soit pas évident par lui-même, cependant les conclusions qu'on en tire ne sont pas moins exactes, ainsi qu'on peut s'en convaincre *a posteriori*“.

P. S. Laplace[10]) part du développement

$$(2)\qquad \Delta^\lambda u = \frac{d^\lambda u}{dx^\lambda} h^\lambda + A' \frac{d^{\lambda+1} u}{dx^{\lambda+1}} h^{\lambda+1} + A'' \frac{d^{\lambda+2} u}{dx^{\lambda+2}} h^{\lambda+2} + \cdots\cdots;$$

il remarque que les coefficients $A', A'', \ldots\ldots$ sont indépendants de la fonction u et dépendent seulement de λ; on peut donc les déterminer en particularisant la fonction u. Si l'on considère le cas spécial où

$$u = e^x,$$

8) Parmi les travaux contemporains où un développement symbolique se présente d'une façon très naturelle, il convient de citer en particulier *I. Fredholm*, Sur la méthode de prolongement analytique de Mittag-Leffler [Öfversigt Vetensk. Akad. förhandl. (Stockholm) 58 (1901), p. 203].

9) Lettre à *G. W. Leibniz*, datée du 18 juin 1695; *G. W. Leibniz*, Werke, éd. *C. I. Gerhardt* 3, Halle 1855/6, p. 179. Voir aussi une remarque toute semblable de *G. W. Leibniz* lui-même, dans sa lettre à *Jean Bernoulli* datée du 16 mai 1695; Werke, éd. *C. I. Gerhardt*, Math. Schr. 3, Halle 1855/6, p. 175.

10) Mém. présentés Acad. sc. Paris (1) 7 (1773), éd. 1776, p. 534/40; Œuvres 8, Paris 1891, p. 314/21.

on obtient le calcul par exposants comme cas particulier: par là est expliquée l'analogie signalée par *G. W. Leibniz*.

D'autres auteurs, parmi lesquels on peut citer *A. M. Lorgna*[11]), *J. Ph. Grüson*[12]), *L. F. A. Arbogast*[13]), *J. F. Français*[14]), emploient, pour justifier les résultats du calcul par symboles, des raisonnements qui, sous différentes formes, sont tous entachés de la même erreur: celle de considérer les symboles d de différentiation, Δ de différence finie, Σ de sommation finie, $\int$ d'intégration, tantôt comme des signes d'opérations, tantôt comme de véritables *quantités algébriques*[15]).

L. F. A. Arbogast et *J. F. Français* désignent leurs méthodes sous le nom de *détachement* ou *séparation des échelles*; ils veulent indiquer par là que dans leurs formules, les symboles ou *échelles*

$$d,\quad D,\quad \Delta,\quad \int,\quad \Sigma$$

sont traités comme des indéterminées indépendantes.

Parmi les problèmes auxquels ces auteurs appliquent leur méthode, citons le développement des fonctions en séries de polynomes ou en séries de puissances[16]) et le problème du retour des séries[17]).

En résumé, dans cette première période, non seulement les procédés employés ne satisfont pas l'esprit à cause de leur caractère artificiel, mais comme on prétendait „fonder le calcul différentiel sans autre métaphysique que celle de l'algèbre“[18]), c'est-à-dire sur une base purement algorithmique ou formelle, on se trouvait demander à l'algorithmie bien plus qu'elle ne peut donner.

4. Lois du calcul par symboles. Un véritable progrès dans l'étude du calcul par symboles a été réalisé par *F. J. Servois*[19]) qui, le premier, a remarqué que le principe fondamental de ce calcul consiste dans la *conservation* de certaines propriétés qui ne sont autre

11) Mémoires Acad. Turin 3 (1786/7), éd. 1788, p. 409; cf. *J. Brinkley*, Philos. Trans. London 97 (1807), p. 114.

12) Mém. Acad. Berlin 1798, éd. 1801, p. 151/216; 1799/1800, éd. 1803, p. 157/88.

13) Du calcul des dérivations, Strasbourg an VIII (1800). Cf. *A. Cayley*, Philos. Trans. London 151 (1861), p. 37; Papers 4, Cambridge 1891, p. 265.

14) Ann. math. pures appl. 3 (1812/3), p. 244/72.

15) Sous la dénomination de „quantités algébriques“, dénomination dont plusieurs auteurs ont fait usage, presque jusqu'à nos jours, on comprenait les lettres qu'on assujétissait aux règles ordinaires du calcul algébrique.

16) **L. F. A. Arbogast*, Du calcul des dérivations[13]), p. 1/159.*

17) *Id., p. 230.*

18) *J. Ph. Grüson*, Mém. Acad. Berlin 1798, éd. 1801, p. 151/216.

19) Ann. math. pures appl. 5 (1814/5), p. 93.

chose que les *lois formelles* (comme on dit aujourd'hui) des opérations auxquelles ce calcul s'applique.

F. J. Servois montre en effet que les analogies constatées par ses prédécesseurs dépendent essentiellement des lois de commutation, de distribution et d'association dont jouissent les symboles d'opération

$$\Delta,\ D,\ \Sigma \text{ et } \int;$$

c'est même à lui que l'on doit les expressions de „propriété commutative" et „propriété distributive", devenues depuis si usuelles. Toutefois, comme ses devanciers, il confond souvent les expressions de „fonction" et d'„opération", ce qui n'est pas sans nuire à la clarté.

Les idées de *F. J. Servois* ont été reprises, coordonnées d'une façon plus systématique et développées par de nombreux auteurs, en particulier par ceux de l'école anglaise; parmi ces derniers, *R. Murphy*[20]) et *G. Boole*[21]) méritent une mention particulière[22]); c'est à eux qu'on doit en grande partie les résultats énoncés aux numéros 5 à 7.

5. Développement de ces lois. Soit un ensemble $\mathfrak{A}$ de fonctions d'une ou de plusieurs variables, fonctions que nous indiquerons par $\alpha, \beta, \gamma, \ldots$; soient $A, B, C, \ldots$ des symboles d'opérations qui, exécutées sur les fonctions $\alpha, \beta, \ldots$ comme *objets*, donnent comme *résultats* des fonctions d'un ensemble qui peut, ou non, coïncider avec $\mathfrak{A}$.

---

20) Philos. Trans. London 127 (1837), p. 179.

21) Philos. Trans. London 134 (1844), p. 225. Voir aussi *G. Boole*, Math. analysis of logic, Cambridge 1847, p. 15/9; Treatise on differential equations, Cambridge 1859, p. 371/401; nouv. éd. Londres 1865, p. 381/411.

22) Il n'est guère possible de citer tous les auteurs qui, surtout dans la première moitié du 19ième siècle, se sont occupés du calcul des symboles fonctionnels. Rappelons seulement ici quelques-uns des travaux les plus remarquables concernant ce calcul:

D. F. Gregory, Trans. R. Soc. Edinb. 14 (1840), p. 208; *J. T. Graves*, Proc. Irish Acad. (1) 3 (1845/7), p. 536; *Ch. J. Hargreave*, Philos. Trans. London 138 (1848), p. 31; *J. H. Jellett*, Calculus of variations, Dublin 1850; *B. Bronwin*, Philos. Trans. London 141 (1851), p. 461; *B. Tortolini*, Ann. sc. mat. fis. 4 (1853), p. 1; *R. Carmichael*, Treatise on the calculus of operations, Londres 1855; *W. Spottiswoode*, Cambr. Dublin math. J. 8 (1853), p. 25; Philos. Trans. London 152 (1862), p. 99; *A. Cayley*, id. 151 (1861), p. 37; Papers 4, Cambridge 1891, p. 265; *W. H. L. Russell*, id. 152 (1862), p. 253, 265; 153 (1863), p. 517.

Citons encore *F. Casorati*, Ann. mat. pura appl. (2) 10 (1880/2), p. 10; Atti R. Accad. Lincei *Memorie mat.* (3) 5 (1879/80), éd. 1880, p. 195; *P. Gazzaniga*, Giorn. mat. (1) 20 (1882), p. 72.

Les auteurs cités emploient des terminologies et des notations très variées; on a fait usage, dans cet article, d'une notation qui a paru être la plus simple et la plus rationnelle; elle se rattache d'ailleurs d'assez près aux notations adoptées par *G. Boole*, *R. Carmichael* et *F. Casorati*.

On a d'abord à distinguer les opérations *univoques* ou *plurivoques*, suivant que leur application à un objet déterminé donne, ou non, un résultat unique. Les définitions qui suivent sont données d'abord pour les opérations univoques, mais on peut les étendre facilement aux opérations plurivoques moyennant des restrictions convenables. On indiquera par

$$A(\alpha)$$

le résultat de l'application de l'opération A à l'objet α.

Lorsque les opérations A et B, appliquées à un objet quelconque de $\mathfrak{A}$, donnent le même résultat, on dit que l'opération A *est égale* à l'opération B et l'on écrit

$$A = B;$$

l'égalité ainsi définie jouit évidemment de toutes les propriétés du concept logique d'égalité.

La *somme* des opérations A et B est une opération qui, appliquée à un objet quelconque α de $\mathfrak{A}$, donne comme résultat la somme des résultats de l'application de A et B à α. La somme ainsi définie jouit des propriétés du concept ordinaire de l'addition.

Le *produit*[23]) de l'opération B par l'opération A, qui s'indique par

$$AB,$$

donne comme résultat, pour tout élément α de $\mathfrak{A}$, celui qu'on obtient en appliquant l'opération A au résultat de l'application de B à α.

On appelle *multiplication* le procédé qui appliqué à deux opérations fournit leur produit.

La définition de la multiplication des opérations ne s'applique évidemment qu'au cas où le champ des résultats comprend celui des objets.

Le produit AB est, en général, différent du produit BA; lorsque, pour une classe d'opérations $A, B, \ldots$, l'on a

$$AB = BA,$$

la multiplication de ces opérations est *commutative*.

Les opérations qui se présentent le plus fréquemment dans les applications, jouissent de la propriété exprimée par l'égalité

$$A(BC) = (AB)C; \tag{3}$$

c'est la propriété *associative*.

---

23) La dénomination de *produit d'opérations* a son origine dans la théorie des substitutions. Plusieurs auteurs, en particulier *C. Jordan* [Traité des substitutions et des équations algébriques, Paris 1870], indiquent par BA le produit de B par A. La notation AB, qui remplace $A(B(\alpha))$ et qui a son analogue dans celle des fonctions de fonctions, semble préférable.

On écrit alors simplement

$$ABC.$$

De la définition du produit de deux opérations on passe sans peine à celle de la puissance d'une opération.

La propriété associative permet de conclure la relation

$$A^m A^n = A^{m+n} \tag{4}$$

pour des exposants entiers, positifs et plus grands que 1; c'est la *loi des exposants* (*law of indices* des auteurs anglais).

Cette loi permet de donner la signification logique:

1°) de A^1, qui n'est autre que A;

2°) de A^0, qui est l'opération *identique*, c'est-à-dire celle qui appliquée à α donne comme résultat α même; on l'indique aussi par le symbole 1, en sorte que

$$1(\alpha) = \alpha, \quad A^0 = 1; \tag{5}$$

3°) de A^{-1}, qui est l'opération inverse de A; on a

$$AA^{-1}(\alpha) = \alpha,$$

ou symboliquement

$$AA^{-1} = 1;$$

4°) enfin de A^{-m} pour tout entier négatif $-m$; A^{-m} est l'opération inverse de A^m; on a

$$A^m A^{-m}(\alpha) = \alpha,$$

ou symboliquement

$$A^m A^{-m} = 1.$$

6. Opérations distributives. Parmi les opérations fonctionnelles, les plus simples et les plus importantes sont celles qui satisfont à la condition

$$A(\alpha + \beta) = A(\alpha) + A(\beta), \tag{6}$$

à laquelle on doit ajouter, c étant un nombre quelconque[24]),

$$A(c\alpha) = cA(\alpha). \tag{7}$$

Les opérations qui vérifient les équations (6) et (7) ont reçu le nom d'*opérations distributives* ou *linéaires*[25]).

C'est de ces opérations que nous nous occuperons jusqu'au n° 18

---

24) Si c est un nombre rationnel, l'égalité (7) est une conséquence de l'égalité (6); *mais si c est quelconque, on doit admettre l'égalité (7) par elle même, à moins qu'on n'ajoute pour A quelque propriété analogue à la continuité [*C. Bourlet*, Ann. Ec. Norm. (3) 14 (1897), p. 135; *J. Hadamard*, C. R. Acad. sc. Paris 136 (1903), p. 351; *M. Fréchet*, Rend. Circ. mat. Palermo 22 (1906), p. 7].*

25) *C. Bourlet* a proposé le nom de *transmutations additives* [Ann. Ec. Norm. (3) 14 (1897), p. 133].

inclusivement; ce sont elles qui se sont présentées les premières dans le calcul fonctionnel et qui ont le plus d'importance dans les applications. Dans l'étude de ces opérations, l'ensemble $\mathfrak{A}$ des objets auxquels elles s'appliquent doit être supposé *linéaire*, c'est-à-dire tel que, si α et β appartiennent à $\mathfrak{A}$,

$$a\alpha + b\beta$$

y appartient aussi quels que soient les nombres a et b.

L'inverse A^{-1} d'une opération linéaire A est déterminée, à un terme additif $A^{-1}(0)$ près. Si l'équation

$$A(\omega) = 0$$

a plusieurs solutions $\omega_1, \omega_2, \ldots$, deux déterminations de A^{-1} diffèrent entre elles par un élément de l'ensemble linéaire

$$c_1\omega_1 + c_2\omega_2 + \cdots\cdot$$

Parmi les diverses déterminations de A^{-1} on peut toujours en fixer qui admettent la propriété distributive.

Il est facile de définir les fonctions d'un ou de plusieurs symboles distributifs, et l'on commencera par les fonctions rationnelles entières de ces symboles.

Si l'on admet la propriété commutative, les règles du calcul de ces fonctions sont les mêmes que celles de l'algèbre ordinaire, à l'exception du principe d'après lequel un produit de deux facteurs ne peut s'annuler que si l'un au moins des deux facteurs s'annule.

On peut définir le *quotient* de deux symboles linéaires en ayant soin, si les symboles ne sont pas commutatifs, de distinguer le *quotient à droite* et le *quotient à gauche.* On considère ensuite les fonctions rationnelles fractionnaires de ces symboles, et l'on démontre[26]) que ce sont pareillement des symboles d'opérations distributives.

Les auteurs anglais de la première moitié du 19ième siècle appellent le symbole B *intermédiaire*[27]) entre A et C si l'on a

$$AB = BC; \tag{8}$$

dans le langage moderne, inspiré par les concepts fournis par la théorie des groupes finis (I 8), C est la *transformée* de A au moyen de B. Si f est le symbole d'une fonction rationnelle, B intermédiaire entre A et C est aussi intermédiaire entre $f(A)$ et $f(C)$.

On peut ensuite considérer des fonctions transcendantes de symboles opératifs, et des développements en série à termes symboliques[28]);

---

26) *R. Murphy,* Philos. Trans. London 127 (1837), p. 182.

27) Id., p. 196.

28) Chez beaucoup d'auteurs, sans aucun souci de la convergence.

citons comme exemple l'opération définie par la somme

$$e^A = \sum_{n=1}^{n=+\infty} \frac{1}{n!} A^n;$$

si les symboles A et B sont commutatifs[29]), cette opération jouit de la propriété

$$(9) \qquad e^A e^B = e^{A+B}.$$

On a déjà remarqué que pour les symboles non commutatifs la division donne lieu à deux cas distincts, suivant que l'on cherche le facteur à droite (que l'on nomme diviseur intérieur) ou celui à gauche (que l'on nomme diviseur extérieur) d'un produit de deux facteurs. Dans chacun de ces deux cas, on a pu donner des généralisations des formules de la division des polynomes[30]).

7. Symboles distributifs simples. Parmi les symboles distributifs les plus simples, nous citerons:

1°) le symbole D de la dérivation ordinaire;

2°) le symbole Δ de la différence finie, pour lequel on a

$$(10) \qquad \Delta\alpha(x) = \alpha(x+1) - \alpha(x);$$

3°) l'opération θ nommée „état varié" par les anciens analystes[31]) et qui est définie par

$$(11) \qquad \theta\alpha(x) = \alpha(x+1).$$

Il résulte de ces définitions que Δ et θ sont liés par la relation:

$$(12) \qquad \theta = \Delta + 1;$$

en outre, on a pour toute valeur de h:

$$(13) \qquad \theta^h\alpha(x) = \alpha(x+h).$$

Notons encore l'opération de *substitution* S_μ, où μ est une fonction donnée de x, qui a pour effet de remplacer x par $\mu(x)$ dans l'objet, c'est-à-dire qui est définie par

$$(14) \qquad S_\mu\alpha(x) = \alpha(\mu(x)).$$

En même temps que ces opérations simples, les fonctions rationnelles, entières ou non, de leurs symboles, se présentent naturellement; l'étude de ces fonctions a donné lieu à des formules remarquables. Entre autres,

---

29) *R. Murphy*, Philos. Trans. London 127 (1837), p. 198.

30) Voir, entre autres, *W. H. L. Russell*, Philos. Trans. London 151 (1861), p. 69/82; 152 (1862), p. 253/64; 153 (1863), p. 517/23.

31) *L. F. A. Arbogast* par exemple*).

*Pour „l'état varié" on a employé un grand nombre de symboles différents; le symbole θ a été proposé par *F. Casorati*.*

si $f(D)$ est une fonction rationnelle du symbole D et si $f', f'', \ldots$ sont les dérivées de f prises par rapport à D, formées selon la règle ordinaire, on a[32])

$$(15)\quad f(D)(\alpha\beta) = \alpha \cdot f(D)(\beta) + D\alpha \cdot f'(D)(\beta) + \frac{1}{2!} D^2\alpha \cdot f''(D)(\beta) + \cdots$$

B. Brisson, cité par *A. L. Cauchy*[33]), a considéré les fonctions plus générales $f(D, \Delta)$ des symboles distributifs et les a appliquées à l'intégration d'équations différentielles linéaires et d'équations linéaires aux différences finies.

A. L. Cauchy[34]) a poursuivi ces recherches; on trouve dans ses publications un grand nombre de formules qui se rapportent à ce sujet: plusieurs de ces formules s'obtiennent en remplaçant les fonctions et leurs dérivées par leurs expressions sous forme d'intégrales définies; on retrouve de cette façon de nombreuses formules sommatoires, en particulier celle bien connue (I 21, **18**) d'Euler-Maclaurin.

A. L. Cauchy a été le premier à remarquer que l'emploi des développements en série pour des fonctions $f(D, \Delta)$, dans le calcul par symboles, peut conduire à des résultats erronés; il a recherché des limites pour la convergence de ces séries et des méthodes qui servent à s'assurer de la validité des résultats obtenus par voie symbolique.

Ces recherches s'étendent aux fonctions de plusieurs symboles

$$F(D_x, D_y, D_z, \ldots, \Delta_x, \Delta_y, \Delta_z, \ldots)$$

et aux symboles relatifs aux fonctions de plusieurs variables.

Plusieurs des résultats indiqués aux n^os **6** et **7**, en particulier la formule (15), s'étendent non seulement aux fonctions des symboles construites avec des coefficients constants, mais encore au cas où les coefficients contiennent les variables dont dépendent les fonctions objets des opérations indiquées par les symboles[35]).

---

32) *Ch. J. Hargreave*, Philos. Trans. London 138 (1848), p. 31. Dans le cas où f est une fonction entière de D, cette formule, valable même si les coefficients de f contiennent la variable, était connue par *(Jean le Rond) d'Alembert* [Réflexions sur la cause générale des vents; Prix de l'Académie de Berlin pour l'année 1746, éd. Berlin 1747; (nouv. éd.) Paris 1777, p. 143/4; Misc. Taurinensia (Mélanges de philos. et de math.) 3 (1762/5), éd. 1766, math. p. 381]. Voir la formule plus générale donnée au n° **14**.

33) Exercices math. 2, Paris 1827, p. 159; Œuvres (2) 7, Paris 1889, p. 198. Il ne paraît pas que *B. Brisson* ait publié ses recherches.

34) Sur l'analogie des puissances et des différences, voir *A. L. Cauchy*[33]); voir aussi *A. L. Cauchy*, C. R. Acad. sc. Paris 17 (1843), p. 377, 449. Œuvres (1) 8, Paris 1893, p. 26, 28.

8. Dérivées à indice quelconque. Le calcul des dérivées à indice quelconque se rattache étroitement au calcul par symboles dont nous venons de parler.

L'idée de considérer des dérivées à indice entier négatif ou fractionnaire a surgi dès les premiers temps du calcul différentiel et remonte à *G. W. Leibniz*[36]) même. Les dérivées à indice quelconque ont formé l'objet d'un grand nombre de travaux dont il n'est guère possible de donner une liste quelque peu complète[37]).

Parmi ces nombreuses recherches, celles de *J. Liouville*[38]) qui, le premier, en a approfondi la théorie, méritent une mention particulière.

J. Liouville considère les fonctions pour lesquelles on peut admettre une représentation exponentielle

$$\alpha(x) = \sum_{n=0}^{n=+\infty} c_n e^{a_n x} \tag{16}$$

et définit, pour ces fonctions, la dérivée d'ordre s (où s est un nombre quelconque, rationnel, irrationnel ou même complexe) par la série

$$D^s \alpha(x) = \sum_{n=0}^{n=+\infty} c_n a_n^s e^{a_n x}. \tag{17}$$

Cette définition permet de généraliser de la façon la plus naturelle le calcul des dérivées d'indice entier; mais on ne peut la regarder comme générale, soit parce que le développement (16) n'est possible que pour des fonctions particulières[39]), soit parce que l'on doit borner s aux valeurs qui rendent convergent le développement (17).

Un des premiers travaux de *B. Riemann*[40]), rédigé en 1847

---

35) *G. Boole*, Differential equations[31]), p. 371/401; (nouv. éd.) p. 381/411 (chap. 16).

36) Voir ses lettres à *G. F. A. de L'Hospital* et à *J. Wallis* datées la première du 30 septembre 1695, la seconde du 28 mai 1697; Werke, éd. *C. I. Gerhardt*, Math. Schr. 2, Berlin 1850, p. 301/2; 4, Halle 1859, p. 25. Voir aussi sa lettre à *Jean Bernoulli*[9]), datée du 16 mai 1695; Werke, éd. *C. I. Gerhardt*, Math. Schr. 3, Halle 1855/6, p. 175.

37) Voir à ce sujet l'article II 4 de l'Encyclopédie.

38) J. Ec. polyt. (1) cah. 21 (1832), p. 71/162.

39) La fonction $\alpha(x)$ serait donc, pour le cas d'exposants a_n croissant en valeur absolue, développable en série de Dirichlet.

Sur les conditions de développement d'une fonction en une série de Lejeune Dirichlet, voir *E. Cahen*, Ann. Ec. Norm. (3) 11 (1894), p. 93/6; *E. Landau*, Rend. Circ. mat. Palermo 24 (1907), p. 121; *J. Hadamard*, id. 25 (1908), p. 326, 395.

40) Werke, publ. par *R. Dedekind* et *H. Weber*, Leipzig 1876, p. 331; (2e éd.) publ. par *H. Weber*, Leipzig 1892, p. 344.

pendant qu'il était encore étudiant, mais qui n'a été publié qu'après sa mort, s'occupe du même sujet. *B. Riemann* définit comme dérivée d'ordre s d'une fonction $\alpha(x)$ le coefficient de h^s dans le développement de $\alpha(x+h)$ en série de puissances de h^{t+n}, où t est un nombre *non entier*, et où $n = -\infty, \ldots, -2, -1, 0, +1, +2, \ldots, +\infty$; on obtient ainsi la dérivée d'ordre s de $\alpha(x)$, abstraction faite d'un facteur qui dépend de t, mais est indépendant de la fonction envisagée $\alpha(x)$ et de la variable x.

En partant de cette définition *B. Riemann* arrive[40a]) à la représentation de la dérivée d'ordre s sous forme d'intégrale définie:

$$D^s \alpha(x) = \frac{1}{\Gamma(m-s)} D^m \int^x (x-z)^{m-s-1} \alpha(z)\, dz, \tag{18}$$

où m est un nombre entier positif quelconque plus grand que s.

Hj. Holmgren[41]) prend cette expression comme point de départ pour développer, dans un travail étendu, les propriétés des dérivées à indice quelconque.

Parmi les applications plus récentes de l'algorithme en question à la théorie des fonctions, on peut citer d'abord la relation entre l'*ordre* d'une fonction définie par la somme d'une série de puissances entières d'une variable

$$\alpha(x) = \sum_{(n)} a_n x^n$$

et la limite[42])

$$\lim_{n=+\infty} a_n;$$

ensuite la relation entre cet ordre et les singularités de $\alpha(x)$ sur la circonférence du cercle de convergence[43]) de la série envisagée.

C. Bourlet définit[44]), pour une fonction analytique régulière dans un domaine entourant le point $x = 0$, la dérivée d'ordre quelconque

40a) Werke[40]) (1re éd.) p. 340; (2e éd.), p. 362.

41) K. Svenska Vetenskaps Akad. handlingar (Stockholm) 5 (1863/4), mém. n° 6, p. 1/40. *Hj. Holmgren* [id. 7 (1867/8), mém. n° 9, p. 1/58] a appliqué sa théorie à l'intégration d'une équation différentielle linéaire du second ordre.

42) *J. Hadamard* [J. math. pures appl. (4) 8 (1892), p. 168] définit comme *ordre* d'une série de puissances sur un arc de sa circonférence de convergence, un nombre w tel que $D^{-s}\alpha(x)$ soit, sur cet arc, finie, continue et à *écart fini* pour $s > w$, mais non pour $s \leqq w$.

43) *J. Hadamard*, J. math. pures appl. (4) 8 (1892), p. 171; La série de Taylor et son prolongement analytique, Paris 1901, p. 44 (collection Scientia).

44) Ann. Ec. Norm. (3) 14 (1897), p. 154.

s par le développement suivant

$$(19) \qquad D^s \alpha(x) = \frac{s}{\Gamma(1-s)} \sum_{n=0}^{n=+\infty} (-1)^n \frac{x^n}{n!\,(s-n)} D^n \alpha(x),$$

et *S. Pincherle* démontre[45]) que si l'on assujétit une opération fonctionnelle, applicable aux fonctions analytiques, à vérifier les propriétés formelles de la dérivation, on retombe précisément sur le développement (19).

*On peut considérer l'ensemble d'opérations D^s, où s prend toutes les valeurs réelles ou complexes, comme un groupe continu de transformations à un paramètre, au sens de *S. Lie*, et se demander alors quelle est l'opération infinitésimale de ce groupe. On trouve que c'est une opération $L(\alpha)$ représentée par une intégrale définie de la forme

$$(20) \qquad \int_{(c)} \frac{\alpha(t)}{t-x} \log_e \frac{t}{t-x}\, dt,$$

où (c) est un contour d'intégration donné; en particulier cette opération, appliquée à x^m, où m est un entier positif quelconque, donne[46])

$$(21) \qquad L(x^m) = \left(1 + \frac{1}{2} + \frac{1}{3} + \cdots + \frac{1}{m}\right) x^m.*$$

9. Calcul de généralisation d'Oltramare. A la théorie des dérivées à indice quelconque, telle que l'a développée *J. Liouville*, se rattache une méthode de calcul fonctionnel symbolique due à *G. Oltramare*[47]), qui l'a étudiée sous le nom de *calcul de généralisation*.

Étant donnée une fonction sous forme de développement exponentiel,

$$(22) \qquad \alpha(x) = \sum_{(u)} f(u)\, e^{ux},$$

on considère cette fonction comme le résultat d'une opération particulière G exécutée sur e^{ux}:

$$(23) \qquad G e^{ux} = \sum_{(u)} f(u)\, e^{ux} = \alpha(x).$$

Il s'ensuit que l'on a

$$(24) \qquad G u^n e^{ux} = D^n \alpha(x)$$

45) Memorie Ist. Bologna (5) 9 (1901/2), p. 745.

46) *Rendic. Accad. Bologna (2) 7 (1902/3), p. 128.*

47) Mém. inst. nat. Genève 16 (1886), p. 1/109; Sur la généralisation des identités, Genève 1886, p. 1/109; Essai sur le calcul de généralisation, Genève 1893, p. 1/132. Voir aussi *Ch. Cailler*, Recherches sur les équations partielles et quelques points du calcul de généralisation [Thèse, Genève 1887] et *D. Mirimanov*, Sur les bases du calcul de généralisation [Thèse, Genève 1900].

et[48])

(25) $$G\,\varphi(u)\,e^{ux} = \varphi(D)\{\alpha(x)\};$$

de cette façon, on a un moyen pour déduire de toute équation

$$\varphi(u) = \psi(u)$$

des relations fonctionnelles en multipliant les deux membres de l'équation par e^{ux} et en exécutant ensuite l'opération indiquée par G.

Les mémoires de *G. Oltramare* contiennent un grand nombre de formules obtenues par cette méthode; mais les procédés employés pour leur déduction ne sont pas toujours exposés avec une rigueur suffisante; en particulier, la permutabilité de l'opération G avec l'intégration entre limites infinies, dont il est fait un fréquent usage, n'est pas suffisamment justifiée. En précisant mieux les classes de fonctions sur lesquelles on opère, en se restreignant, en particulier, au cas où les fonctions $\alpha(x)$ appartiennent à la classe des fonctions *déterminantes* [cf. n° 23], les résultats de *G. Oltramare* pourraient, en grande partie, être établis en toute rigueur; il en est de même d'ailleurs pour les résultats de *J. Liouville.*

L. Desaint[49]), en énonçant que toute fonction analytique régulière dans un domaine peut être représentée par une somme d'un ensemble, dénombrable ou non, de fonctions exponentielles, indique un moyen pour rendre rigoureux les résultats indiqués ci-dessus en tant qu'ils s'appliquent à de semblables fonctions.

10. Équations symboliques linéaires à coefficients constants. Soit A une opération linéaire; admettons que dans une classe déterminée de fonctions, formant un ensemble linéaire, il existe pour toute valeur de la constante a une fonction $\varepsilon(a)$ et une seule qui vérifie l'équation

(26) $$A(\varepsilon) = a\varepsilon.$$

Soit à résoudre alors l'équation

(27) $$f(A) \equiv a_0 A^n(\alpha) + a_1 A^{n-1}(\alpha) + \cdots + a_{n-1} A(\alpha) + a_n \alpha = 0.$$

Formons l'équation de degré n:

(28) $$f(z) \equiv a_0 z^n + a_1 z^{n-1} + \cdots + a_{n-1} z + a_n = 0;$$

soient $a, b, \ldots, h$ ses racines, supposées simples; la solution la plus

48) Cf. *A. L. Cauchy*, Exercices de math. 2, Paris 1827, p. 161; Œuvres (2) 7 (1889), p. 200.

49) C. R. Acad. sc. Paris 134 (1902), p. 1193. „Par somme d'un ensemble *non-dénombrable* de fonctions, *L. Desaint* entend ici une intégrale définie."

générale de l'équation (27) sera donnée par la formule

$$(29) \qquad \omega = k_1 \varepsilon(a) + k_2 \varepsilon(b) + \cdots + k_n \varepsilon(h),$$

où $k_1, k_2, \ldots, k_n$ sont des constantes arbitraires. Si les racines de l'équation (28) ne sont pas toutes simples, par exemple si a est une racine multiple d'ordre r, alors r des termes de ω sont à remplacer par

$$(30) \qquad k_1 \varepsilon(a) + k_2 \frac{\partial \varepsilon}{\partial a} + \cdots + k_r \frac{\partial^{r-1} \varepsilon}{\partial a^{r-1}}.$$

La solution générale de l'équation

$$(31) \qquad f(A) \equiv a_0 A^n(\alpha) + a_1 A^{n-1}(\alpha) + \cdots + a_n \alpha = \varphi,$$

où φ est une fonction donnée, est

$$(32) \quad \alpha = \frac{1}{f'(a)}(A-a)^{-1}\{\varphi\} + \frac{1}{f'(b)}(A-b)^{-1}\{\varphi\} + \cdots + \frac{1}{f'(h)}(A-h)^{-1}\{\varphi\},$$

lorsque les racines de l'équation (28) sont simples.

Le cas des racines multiples ne présente pas de difficultés particulières, non plus que l'extension de ce qui précède à des fonctions de plusieurs variables[50]).

La méthode dont on vient de parler s'applique, sous une forme plus ou moins modifiée, à la résolution des équations différentielles linéaires, homogènes ou non, à coefficients constants[51]); elle s'applique encore à la résolution des équations aux différences finies à coefficients constants[52]); elle permet aussi de résoudre des équations de la forme (26), où A indique l'opération xD, équations qu'on ramène par la substitution

$$x = e^t$$

à des équations différentielles linéaires à coefficients constants[53]); enfin elle permet de résoudre les équations de la forme (26), où[54])

$$A = x \frac{\partial}{\partial x} + y \frac{\partial}{\partial y},$$

---

50) *S. Pincherle*, Atti Accad. Torino 30 (1894/5), p. 524; *S. Pincherle* et *U. Amaldi*, Le operazioni distributive, Bologne 1901, p. 125 et suiv.

51) **G. Boole*, Differential equations[21]), p. 378; (nouv. éd.), p. 48.*

52) **G. Boole*, Treatise on the calculus of finite differences, Cambridge 1860; (2e éd.) Londres 1872, p. 208/20; (3e éd.) Londres 1880; trad. allemande par *C. H. Schnuse*, Grundlagen der endlichen Differenzen und Summenrechnungen, Brunswick 1867, p. 106 (chap. 7); *F. Casorati*, Ann. mat. pura appl. (2) 10 (1880/2), p. 10; Atti R. Accad. Lincei *Memorie mat.* (3) 5 (1879/80), éd. 1880, p. 195.*

53) **G. Boole*, Differential equations[21]), p. 402; *R. Carmichael*, Treatise[22]), p. 17.*

54) **W. Spottiswoode*, Cambr. Dublin math. J. 8 (1853), p. 25.*

celles où A est l'opération S_μ de substitution définie[55]) au n° 7 et d'autres encore.

On peut d'ailleurs étendre la même méthode à certaines classes d'équations à coefficients variables[56]) et à certaines classes d'équations non linéaires[57]); à des systèmes d'équations différentielles simultanées[58]); à la détermination et à l'inversion de certaines intégrales définies[59]) et à bien d'autres recherches encore.

11. Les formes différentielles linéaires. La partie formelle de la théorie des opérations différentielles linéaires reçoit une simplification remarquable par l'usage des symboles opératifs.

Si F est le premier membre de l'équation différentielle linéaire $F=0$, on peut envisager F [auquel on donne le nom de „forme" ou „expression" différentielle linéaire[60])] comme un symbole opératif qui jouit de la propriété distributive.

Il existe, pour ces symboles, une algèbre qui offre la plus grande analogie avec celle des polynomes entiers[61]): ainsi on peut définir, à leur sujet, la décomposition en facteurs, la divisibilité, la congruence par rapport à un module qui sera un de ces symboles, la division à droite et la division à gauche, une formule analogue à celle de *P. Ruffini*, etc.

La connaissance d'une intégrale particulière de l'équation différentielle $F=0$ permet d'en déterminer un facteur et de ramener l'intégration de l'équation à celle d'une équation de degré inférieur; la même remarque permet de donner une méthode pour la détermination du plus grand commun diviseur de deux formes et d'introduire dans cette théorie le concept de réductibilité.

---

55) *E. M. Lémeray*, C. R. Acad. sc. Paris 125 (1897), p. 1160.

56) „*G. Boole*, Differential equations[21]), p. 392, 405; Math. analysis[21]), p. 15/9; *W. H. L. Russell*, Philos. Trans. London 152 (1862), p. 265."

57) „*Ch. J. Hargreave*, Philos. Trans. London 138 (1848), p. 35."

58) „*R. Carmichael*, Treatise[22]), p. 67."

59) „*B. Bronwin*, Philos. Trans. London 141 (1851), p. 473."

60) „Lineardifferentialausdruck" des auteurs allemands.

61) *G. B. I. T. Libri*, J. reine angew. Math. 10 (1833), p. 185; *A. L. Cauchy*, Exercices math. 1, Paris 1826, p. 47/53; Œuvres (2) 6, Paris 1887, p. 65/77; *Ph. E. Brassinne*, dans *J. Ch. F. Sturm*, Cours d'Analyse de l'Ec. polyt. (3e éd.) 2, Paris 1868, p. 343; (13e éd.) 2, Paris 1905, p. 345; *L. W. Thomé*, J. reine angew. Math. 76 (1873), p. 273; *A. Vaschy*, J. Ec. polyt. (1) cah. 63 (1893), p. 39; *L. Heffter*, Einleitung in die Theorie der linearen Differentialgleichungen, Leipzig 1894; *A. R. Forsyth*, Theory of differential equations 1, Cambridge 1897; *S. Pincherle* et *U. Amaldi*, Operazioni distributive[50]), Bologne 1901, p. 261 (chap. 11).

„Mais, en se plaçant à ce point de vue, ce n'est plus seulement la partie formelle de la théorie, c'est aussi l'étude intime des équations différentielles linéaires et de leurs intégrales, qui peut tirer avantage de l'usage du calcul symbolique. C'est ainsi que *G. Frobenius*[62]) est parvenu à donner une théorie de la réductibilité des formes différentielles linéaires: il trouve, entre autres résultats, la relation entre la décomposition de l'équation $F = 0$ et celle de l'équation conjuguée dont les intégrales sont les multiplicateurs de F."

„La relation trouvée par *E. Beke*[63]) entre la réductibilité de l'équation envisagée et le fait que le groupe de rationalité de cette équation, au sens de *E. Picard* et de *E. Vessiot*, est imprimitif, résultent de recherches qui ont leur point de départ dans les considérations précédentes. Il en est de même de la relation donnée par *A. Loewy*[64]) entre la réductibilité et l'espèce (au sens de *H. Poincaré*), des formes différentielles linéaires.

Citons encore ce théorème[65]): pour toutes les décompositions de F en facteurs irréductibles, le nombre des facteurs et leurs ordres (abstraction faite de la place qu'ils occupent dans le produit) sont les mêmes. Mentionnons aussi les recherches sur la permutabilité des formes différentielles linéaires[66]), entre autres le théorème suivant[67]) qui s'applique aux formes différentielles linéaires tandis qu'il n'est pas valable pour les symboles opératifs généraux: si P est permutable avec Q et avec R, alors Q et R sont permutables entre eux. Il n'y a pas lieu d'insister ici sur les résultats que fournit une étude plus approfondie de la décomposition des expressions linéaires en facteurs; ces questions sont exposées dans l'article II 18."

L'inversion du symbole opératif F, ou la résolution de l'équation symbolique

$$F(\alpha) = \varphi,$$

peut s'obtenir[68]) par un développement, convergent dans des conditions très larges, en une série ordonnée suivant les puissances du symbole

62) „J. reine angew. Math. 76 (1873), p. 236; *Ludwig Schlesinger*, Handbuch der linearen Differentialgleichungen 1, Leipzig 1895, p. 47; *L. Heffter*, J. reine angew. Math. 116 (1896), p. 157."

63) „Math. Ann. 45 (1894), p. 279/80; *Ludwig Schlesinger*, Handbuch der linearen Differentialgleichungen 2, Leipzig 1897, p. 176."

64) „Math. Ann. 56 (1903), p. 549; 62 (1906), p. 82."

65) „*E. Landau*, J. reine angew. Math. 124 (1902), p. 115."

66) „*G. Floquet*, Ann. Ec. Norm. (2) 8 (1879), supplément p. 49; *G. Wallenberg*, Archiv Math. Phys. (3) 4 (1903), p. 252."

67) „*I. Schur*, Sitzgsb. Berliner math. Ges. 4 (1905), p. 2."

68) *S. Pincherle*, Rend. Circ. mat. Palermo 11 (1897), p. 165.

de dérivation; on a ainsi

$$(33) \qquad \alpha = \sum_{m=n}^{m=+\infty} \lambda_m D^{-m} \varphi,$$

où n est l'ordre de F et où les coefficients λ_m sont liés par une relation linéaire de récurrence dont les coefficients dépendent rationnellement de ceux de F.

12. *Les formes linéaires aux différences finies. L'usage des symboles et de leur composition par produit, ou de leur décomposition par quotient, ainsi que les concepts de divisibilité, de congruence et de réductibilité rendent, dans la théorie des expressions ou *formes* linéaires aux différences finies, les mêmes services que dans celle des formes linéaires différentielles; leur algèbre est parfaitement analogue et donne lieu à des problèmes semblables. Des détails plus étendus sur ce sujet rentrant dans l'article (I 21) où il est question des équations aux différences finies, nous nous bornons ici à donner en note quelques renseignements bibliographiques[69]).*

13. Applications diverses du calcul par symboles. Les principes du calcul par symboles s'appliquent encore à des ordres de recherches assez éloignées de celles que nous avons considérées jusqu'ici. Ce sont ces principes qui gouvernent, en grande partie, le calcul des invariants dans la théorie des formes algébriques: la méthode de *A. Cayley* et celles de *S. H. Aronhold* et *A. Clebsch* en sont une preuve (cf. I 11). Des principes analogues servent à représenter, sous une forme concise, de nombreux développements de la théorie analytique des nombres (I 17).

69) *G. B. I. T. Libri,* J. reine angew. Math. 10 (1833), p. 185; *S. Pincherle,* Mem. Ist. Bologna (5) 5 (1895/6), p. 87; *E. Bortolotti,* Atti R. Acc. Lincei *Rendic.* (5) 5 I (1896), p. 349; *A. Guldberg,* C. R. Acad. sc. Paris 125 (1897), p. 489/92; Archiv for Math. og Naturvidenskab (Christiania) 26 (1904/5), mém. n° 1, p. 1/11; id. 26 (1904/5), mém. n° 14, p. 1/8; Verhandl. des 3. internat. Math.-Kongresses Heidelberg 1904, publ. par *A. Krazer,* Leipzig 1905, p. 157; Rend. Circ. mat. Palermo 19 (1905), p. 291; Monatsh. Math. Phys. 16 (1905), p. 204.

*Pour l'extension de la théorie des congruences aux formes linéaires aux différences finies voir *A. Guldberg,* Skrifter Videnskabsselskabet Christiania math.-nat. 1897, mém. n° 10, éd. 1897; Ann. mat. pura appl. (3) 9 (1904), p. 201/9. Voir encore *G. Wallenberg,* Sitzgsb. Berliner math. Ges. 7 (1908), p. 50/63. Le théorème de *E. Landau*[65]) s'étend aux formes aux différences finies, et est énoncé d'une façon parfaitement analogue, par *Thora Groth* [Nyt Tidsskrift mat. København (Copenhague) Afd. B 16 (1905), p. 1/6] qui ne cite *E. Landau* que dans une rectification [Berigtigelse, id. 16, p. 80]. Les recherches de *A. Loewy*, mentionnées II 16, **40** notes 335/6, ont été étendues aux formes aux différences finies par *A. Guldberg,* Prace matematyczno-fizyczne (Varsovie) 16 (1905), p. 35/43; Archiv for Math. og Naturvidenskab (Christiania) 26 (1904/5), mém. n° 14, p. 18; 27 (1905/6), mém. n° 15, p. 1/9.*

Pour en donner quelques exemples, rappelons que dans l'étude formelle des polynomes ou des séries entières on a souvent remplacé avec avantage, dans des développements de calcul, les indices par des exposants fictifs sur lesquels on opère suivant les règles ordinaires des puissances; c'ést ainsi qu'on remplace les polynomes

$$(34) \qquad a_0 + n a_1 x + \frac{n(n-1)}{2!} a_2 x^2 + \cdots + a_n x^n$$

ou

$$(35) \quad b_0 c_n x^n + n b_1 c_{n-1} x^{n-1} y + \frac{n(n-1)}{1 \cdot 2} b_2 c_{n-2} x^{n-2} y^2 + \cdots + b_n c_0 y^n$$

respectivement par les puissances fictives

$$(36) \qquad (1 + ax)^n \quad \text{et} \quad (cx + by)^n;$$

ou encore qu'on indique la série

$$(37) \qquad a_0 + a_1 x + a_2 \frac{x^2}{2!} + \cdots + a_n \frac{x^n}{n!} + \cdots\cdots$$

symboliquement par e^{ax}, et ainsi de suite.

De même que *G. W. Leibniz* le remarquait pour le calcul des indices de dérivation [n° **2**], de même on peut dire ici, avec *G. Boole*, que la possibilité de cette substitution démontre „a connexion which in some instances involves far more than a merely formal analogy", et, ici encore, la cause en est dans la conservation d'un certain nombre de lois formelles.

La dérivation du polynome

$$(38) \qquad \sum_{k=0}^{k=n} \binom{n}{k} b_k c_{n-k} x^{n-k} y^k$$

donne lieu aux dérivées partielles:

$$(39) \qquad nc(cx + by)^{n-1}, \quad nb(cx + by)^{n-1};$$

en d'autres termes, la dérivée du symbole donne le symbole de la dérivée.

L'identité

$$(40) \qquad f(z + a + h) = f(z + h + a)$$

se conserve si l'on développe les deux membres suivant les puissances de a et si l'on remplace ensuite ces puissances par une suite de nombres $a_0, a_1, a_2, \ldots\ldots$; cette remarque a donné naissance à de nombreuses formules[70]), en particulier à plusieurs formules sommatoires classiques dans le calcul différentiel[71]).

70) Voir *G. Boole*, Finite differences[52]); trad. *C. H. Schnuse*, p. 7 (chap. 7 et suiv.); *A. A. Markov*, Isčislenije konečnych raznostej, St Pétersbourg 1889/91; trad. allemande par *T. Friesendorff* et *E. Prümm*, Differenzenrechnung, Leipzig

Rappelons, en particulier, la façon symbolique d'écrire la formule récurrente des *nombres de Bernoulli*[72]):

(41) $$(B+1)^n - B^n = n.$$

Le calcul symbolique des symboles d'opérations distributives a permis plus récemment, à *J. L. W. V. Jensen*[73]), d'obtenir de nombreuses formules qui embrassent un très grand nombre d'identités connues de l'analyse combinatoire.

14. Les opérations linéaires dans un espace à un nombre fini de dimensions. Après avoir passé en revue un certain nombre d'opérations fonctionnelles distributives particulières qui se sont successivement présentées dans le développement de l'analyse, il nous faut examiner les propriétés des opérations distributives en général, en tant qu'elles découlent de leurs équations de définition (6) et (7).

*Dans l'étude de ces propriétés, la nature de l'ensemble linéaire des objets sur lesquels on opère, ensemble auquel on a donné le nom d'*espace fonctionnel*, a la plus grande importance. Une distinction s'impose tout d'abord suivant que le caractère de cet espace est algébrique ou transcendant: dans le premier cas, l'espace fonctionnel admet un nombre fini de dimensions; dans le second cas, il admet un nombre infini de dimensions. Dans le cas transcendant, il faut de plus distinguer le cas où l'espace est formé par des fonctions analytiques de celui où ses éléments sont des fonctions de variables réelles au sens général de *G. Lejeune Dirichlet* [cf. II 1, 3] car ces deux cas donnent lieu à des considérations de nature tout à fait différente.*

Occupons-nous d'abord du cas où les opérations distributives envisagées sont appliquées dans un espace à un nombre fini de dimensions. Les objets et les résultats sont alors les éléments d'une variété linéaire à n dimensions

(42) $$c_1\alpha_1 + c_2\alpha_2 + \cdots + c_n\alpha_n,$$

où $\alpha_1, \alpha_2, \ldots, \alpha_n$ sont n éléments indépendants linéairement, et $c_1, c_2, \ldots, c_n$ sont des constantes arbitraires. En particulier, la variété qu'on considère peut être un ensemble ∞^n de fonctions[74]); $\alpha_1, \alpha_2, \ldots, \alpha_n$

1896, p. 98/126 (chap. 8 et 9); *E. Cesàro*, Analisi algebrica, Turin 1894, p. 285 (§ 41 et suiv.); consulter aussi l'article I 21 de l'Encyclopédie.

71) Comme celles de *L. Euler* et de *C. Maclaurin*.

72) Voir l'article II 5. De nombreuses formules analogues se trouvent dans *E. Lucas*, Théorie des nombres 1, Paris 1891, p. 206/10, 225/61 (chap. 13, 14), et *E. Cesàro*, Analisi alg.[70]), p. 279 (§ 40).

73) Acta math. 26 (1902), p. 314.

74) L'ensemble est à n dimensions, si l'on regarde $\alpha_1, \alpha_2, \ldots, \alpha_n$ comme

sont alors des fonctions linéairement indépendantes dans cette variété: par exemple, la variété peut être constituée par l'intégrale générale d'une équation différentielle linéaire d'ordre n dont $\alpha_1, \alpha_2, \ldots, \alpha_n$ donnent alors un système fondamental d'intégrales.

Dans le cas d'un espace de la forme (42), les opérations linéaires ne sont autre chose que les *homographies* qui transforment cet espace en lui-même. Les diverses questions relatives à la composition et à la décomposition des symboles d'opérations se ramènent alors à celles qui se rapportent à la composition et à la décomposition des homographies [III 10].

C'est à ce point de vue que se sont placés *E. N. Laguerre*[75]) et *G. Peano*[76]) pour étudier les propriétés élémentaires des opérations distributives, étude qui a été développée dans tous ses détails par *E. Carvallo*[77]). Ce dernier auteur adopte explicitement le point de vue vectoriel, d'après lequel les éléments (42) sont des vecteurs dans un espace à n dimensions. Pour une homographie donnée A, il peut se présenter des éléments α pour lesquels $A(\alpha) = 0$; il en est alors de même de tous les éléments $c\alpha$, vecteurs ayant une même direction, que *E. Carvallo* appelle *direction d'extinction*[78]). On peut appeler simplement ces éléments α *racines* de l'opération A; si α est racine, $c\alpha$ l'est aussi. Une opération qui admet des racines est une homographie *dégénérée*, et l'on peut déterminer son degré de dégénérescence d'après le nombre des racines linéairement indépendantes. Les racines indépendantes de A définissent un espace linéaire contenu dans la variété (42) et dont tous les éléments sont racines de A; c'est un *espace de racines*[79]). Chaque racine de A est aussi racine de A^m, mais la réciproque n'est pas vraie. Les racines de A^m qui ne sont pas racines de A^{m-1} (*racines propres* de A^m) présentent un intérêt particulier; c'est par elles que l'on arrive à la décomposition de l'espace (42) dans ses espaces invariants les plus simples par rapport à A.

Les racines de $A - z$, c'est-à-dire les vecteurs α tels que

$$A(\alpha) = z\alpha \tag{43}$$

des vecteurs d'origine commune, ainsi qu'on l'indique ci-dessous. Si l'on regarde au contraire α_1 comme un point, non distinct de $c\alpha_1$, ce qui équivaut à introduire l'homogénéité, l'espace (42) est à $n - 1$ dimensions.

75) J. Éc. polyt. (1) cah. 42 (1867), p. 215/64; Œuvres 1, Paris 1898, p. 221/67.

76) Calcolo geometrico secondo l'Ausdehnungslehre di H. Grassmann, Turin 1888, p. 141 (chap. 9).

77) Monatsh. Math. Phys. 2 (1891), p. 177, 225, 311.

78) Id. 2 (1891), p. 195.

79) *S. Pincherle*, Reale Ist. Lombardo Rendic. (2) 29 (1896), p. 400; *S. Pincherle* et *U. Amaldi*, Operazioni distributive[80]), p. 30 (chap. 3).

et qui par conséquent sont les invariants ou éléments unis de l'homographie A, existent seulement pour des valeurs spéciales de z, et précisément pour les racines d'une équation algébrique de degré n; c'est l'*équation fondamentale* dite aussi *équation caractéristique* de A[75]). [Cf. II 12 et III 25].

Lorsque les racines de l'équation fondamentale sont simples, l'espace (42) se décompose en n espaces à une dimension (droites passant par l'origine) qui se reproduisent par l'opération A; si ces racines sont multiples, la décomposition de l'espace dans ses éléments invariants constitutifs, quoique moins simple, s'obtient aisément[80]); on retrouve ainsi d'une façon synthétique les résultats obtenus par *K. Weierstrass* dans la théorie des diviseurs élémentaires des formes bilinéaires [I 11; I 16]. D'ailleurs, dans la théorie des formes bilinéaires, plusieurs auteurs[81]) ont fait usage de notations symboliques qui se rapprochent du calcul par symboles d'opérations.

15. Les opérations linéaires dans un espace fonctionnel. Les principes du calcul par symboles des opérations linéaires, joints à la considération des objets comme éléments géométriques d'un espace linéaire, donnent à la théorie des opérations distributives, tant qu'on reste dans le champ algébrique, c'est-à-dire dans un espace à un nombre fini de dimensions, un haut degré de clarté et de simplicité. On est ainsi conduit par là à se demander si de semblables considérations peuvent s'étendre au cas transcendant, où les opérations se rapportent à un ensemble ayant un nombre infini de dimensions, par exemple au cas d'un ensemble linéaire de fonctions dépendant d'un nombre infini de paramètres (*espace fonctionnel*).

*De semblables extensions ont été faites à différents points de vue, et nous examinerons [n^os **16, 17, 18, 20**] quelques-unes des plus importantes d'entre elles; il convient toutefois de faire quelques remarques au sujet des opérations linéaires en général, en tant qu'elles s'appliquent à un espace linéaire S à un nombre infini de dimensions, et en supposant que les résultats appartiennent au même espace S que les objets.*

Il est évident, d'abord, que ces opérations forment un groupe. En outre, puisque ces opérations sont la généralisation de ce que sont les homographies dans les espaces ordinaires, on peut chercher

---

80) Operazioni distributive[50]), p. 50 (chap. 4).

81) *G. Frobenius*, J. reine angew. Math. 84 (1878), p. 1; *E. Study*, Monatsh. Math. Phys. 2 (1891), p. 23; *G. Sforza*, Giorn. mat. (2) 3 (1896), p. 252; *P. Muth*, Theorie und Anwendungen der Elementarteiler, Leipzig 1899.

*Sur la décomposition des homographies au point de vue de la géométrie pure, voir *P. Predella*, Ann. mat. pura appl. (2) 17 (1889/90), p. 113.*

quelles sont, parmi les propriétés générales des homographies, celles qui continuent à subsister dans le cas transcendant; pour commencer, on a à s'occuper de la question de la dégénérescence.

Il y a lieu, ici, de distinguer deux sortes de dégénérescence: une dégénérescence de *première espèce*, où l'opération A admet des racines, tout en faisant correspondre à l'espace S cet espace même, dans toute son étendue; une dégénérescence de *seconde espèce*, dans laquelle, quand α parcourt tous les éléments de S, $A(\alpha)$ n'en parcourt qu'une partie, en sorte que l'équation $A(\alpha) = \varphi$ n'a pas de solutions pour certaines déterminations de φ formant un espace linéaire contenu dans l'espace S[82]).

Dans les espaces à un nombre fini de dimensions, ces deux espèces de dégénérescence coïncident, c'est-à-dire que chacune d'elles est la conséquence de l'autre.

L'ensemble des éléments de S qui satisfont à une relation linéaire, qui peut d'ailleurs contenir un nombre fini ou infini de termes, est un *plan* de S: on peut chercher de quelle façon A transforme les plans ou les systèmes de plans.

Si l'on considère les plans de S comme les éléments d'un nouvel espace linéaire Σ (corrélatif de S), à l'opération A correspond une opération déterminée $\bar{A}$ qui transforme Σ en lui-même, de telle sorte que la coïncidence des plans et des points soit conservée.

On peut donner à $\bar{A}$ le nom d'opération *adjointe* de A: cette dénomination est d'autant plus indiquée que, si A est une forme différentielle linéaire, $\bar{A}$ est *l'adjointe de Lagrange* [II 12] de cette forme. Si B et C ont pour adjointes $\bar{B}$ et $\bar{C}$, et si l'on a

$$A = BC, \tag{44}$$

on a aussi[83])

$$\bar{A} = \bar{C}\bar{B}; \tag{45}$$

*pour les formes linéaires différentielles, cette relation a été donnée par *G. Frobenius*[84])*. Pour les formes linéaires aux différences finies, l'adjointe s'obtient en remplaçant, pour $m = 0, 1, 2, \ldots$, chaque terme[85])

$$f_m(x)\,\alpha(x+m)$$

---

82) *S. Pincherle*, Reale Ist. Lomb. *Rendic.* (2) 30 (1897), p. 103; *S. Pincherle* et *U. Amaldi*, Operazioni distributive[50]), p. 439 (chap. 16); *J. Hadamard*, La série de Taylor[43]), p. 80.

83) Operazioni distributive[50]), p. 184 (chap. 9).

84) *J. reine angew. Math. 76 (1873), p. 263; voir aussi *L. W. Thomé*, id. 76 (1873), p. 277.*

85) *S. Pincherle*, Rendic. Accad. Bologna (2) 2 (1897/8), p. 130; *E. Bortolotti*, Atti R. Accad. Lincei *Rendic.* (5) 7 I (1898), p. 257; (5) 7 II (1898), p. 46, 74; *G. Wallenberg*, Sitzgsb. Berliner math. Ges. 7 (1908), p. 50.*

de la forme donnée, par

$$f_m(x-m)\,\alpha(x-m).$$

16. Les séries de puissances comme éléments d'un espace fonctionnel. *Un des points de vue auxquels on peut se placer pour l'étude des opérations linéaires dans un espace S à un nombre infini, dénombrable, de dimensions, consiste à regarder comme éléments de l'espace les séries ordonnées suivant les puissances entières d'une variable x; les opérations qu'on considère sont distributives et échangent ces séries entre elles[86]. Ces opérations forment un groupe[87].

On peut définir, sur ces opérations, une propriété analogue à la continuité, et en déduire des conditions sous lesquelles l'application de l'opération linéaire peut s'intervertir avec le passage à la limite[88], ce qui revient à énoncer les conditions de valabilité de la formule

$$(46)\qquad A\Big(\sum_{n=0}^{n=+\infty}\alpha_n\Big)=\sum_{n=0}^{n=+\infty}A(\alpha_n),$$

où $\alpha_0, \alpha_1, \alpha_2, \ldots, \alpha_n, \ldots\ldots$ sont des séries de puissances telles que la série

$$\alpha_0+\alpha_1+\cdots+\alpha_n+\cdots\cdots$$

converge dans un domaine donné. Les séries $\alpha_0, \alpha_1, \ldots, \alpha_n, \ldots\ldots$ représentent les vecteurs ou les points de l'espace S dont les opérations A sont les homographies; les coefficients de la série α_n sont les coordonnées du point ou du vecteur α_n[89]. Parmi ces opérations se trouvent celles qu'on a énumérées au nº 7, entre autres la dérivation D, opération dégénérée de première espèce (nº 15), puisqu'elle admet comme racine tout nombre constant[88].*

Si l'on applique une forme différentielle linéaire F d'ordre n à un produit de fonctions, on obtient la formule suivante[90]

$$(47)\quad F(\alpha\beta)=F(\alpha)\,\beta+F'(\alpha)\,D\beta+\frac{1}{2!}F''(\alpha)\,D^2\beta+\cdots+\frac{1}{n!}F^{(n)}(\alpha)\,D^n\beta;$$

---

86) *Il n'est nullement nécessaire que dans les séries *objets* et dans les séries *résultats* la variable soit la même.*

87) *S. Pincherle,* Atti R. Accad. Lincei *Rendic.* (5) 4 I (1895), p. 142; Math. Ann. 49 (1897), p. 349; *C. Bourlet,* Ann. Ec. Norm. (3) 14 (1897), p. 133. Pour l'extension des opérations qui portent sur plusieurs fonctions ou sur des fonctions de plusieurs variables voir *B. Calò,* Atti R. Accad. Lincei *Rendic.* (5) 4 II (1895), p. 52.

88) *C. Bourlet*[87], Ann. Ec. Norm. (3) 14 (1897), p. 136; *J. Hadamard,* C. R. Acad. sc. Paris 136 (1903), p. 351/4.

89) *I. Cazzaniga,* Atti Accad. Torino 34 (1898/9), p. 510.

90) *J. d'Alembert,* Réflexions sur la cause générale des vents[32], p. 143/4; Misc. Taurinensia (Mélanges de philos. et de math.) 3 (1762/5), éd. 1766, math. p. 381.

F', F'', ..., $F^{(n)}$ s'obtiennent en appliquant au symbole F la règle ordinaire de dérivation par rapport au symbole D comme si ce symbole était une variable indépendante; F', F'', ... $F^{(n)}$ peuvent, en conséquence, s'appeler les dérivées successives de F, d'ordres 1, 2, ..., n. On a d'ailleurs

$$(48) \qquad F'(\alpha) = F(x\alpha) - xF(\alpha).$$

Si maintenant A est un symbole quelconque d'opération distributive, l'opération

$$(49) \qquad A'(\alpha) = A(x\alpha) - xA(\alpha),$$

qu'on peut appeler *dérivée fonctionnelle* de A, jouit de propriétés remarquables. En indiquant cette opération par un accent, on a d'abord[91]

$$(50) \qquad (AB)' = A'B + AB';$$

ensuite, en introduisant les dérivées fonctionnelles successives de A et en les représentant par A', A'', ..., $A^{(n)}$, on arrive à la formule[92]

$$(51) \qquad A(\alpha\varphi) = \sum_{n=0}^{n=+\infty} \frac{1}{n!} A^{(n)}(\alpha) D^n \varphi,$$

qu'on peut regarder, dans cette partie du calcul fonctionnel, comme analogue au développement de Taylor dans le calcul différentiel.

Si l'on considère, dans le développement (51), α comme un élément fixe et φ comme un élément variable, on en déduit que toute opération linéaire dans l'espace S peut être représentée par une série ordonnée suivant les puissances du symbole de dérivation D; cette proposition est analogue au théorème de Cauchy sur le développement d'une fonction analytique en une série ordonnée suivant les puissances de la variable.

Tout développement du type (51) admet un domaine fonctionnel de convergence, en d'autres termes il existe toujours une variété linéaire de fonctions φ pour laquelle la série dont la somme figure au second membre de la formule (51) converge et pour laquelle cette somme représente effectivement le résultat indiqué par le premier membre.

Il résulte de la formule (51) que le problème de la recherche des racines d'une opération linéaire se ramène à l'intégration d'une équation différentielle linéaire homogène d'ordre infini et que le problème de la détermination de l'opération inverse se ramène à l'in-

---

91) *S. Pincherle*, Atti R. Accad. Lincei *Rendic.* (5) 4 I (1895), p. 145; Math. Ann. 49 (1897), p. 353.

92) *S. Pincherle*, Atti R. Accad. Lincei *Rendic.* (5) 4 I (1895), p. 145; Math. Ann. 49 (1897), p. 355; *C. Bourlet*, Ann. Ec. Norm. (3) 14 (1897), p. 149.

tégration d'une équation différentielle *non* homogène[93]); on n'a cependant pas encore donné de théorie générale de ce type d'équations différentielles linéaires d'ordre infini, homogènes ou non.

Il est à remarquer que l'on arrive à la formule (51) sans qu'il soit nécessaire d'introduire, dans le calcul des opérations, un concept analogue à la continuité.

*A côté des séries de puissances entières positives de D, on peut citer les séries de puissances entières négatives, ou d'intégrations réitérées, comme propres à représenter des opérations fonctionnelles linéaires. Pour de telles séries les conditions de convergence sont beaucoup plus étendues que pour les précédentes. On a déjà vu leur emploi dans la résolution des équations différentielles linéaires non homogènes [n° **11**, formule (33)] ou inversion de l'opération F, expression différentielle linéaire; de semblables séries, dans le champ des variables réelles, non seulement résolvent le même problème, mais servent encore, comme l'ont montré *V. Volterra*[94]) puis, dans des cas encore plus étendus, *Erhard Schmidt*[95]), à la résolution des équations intégrales.*

17. *L'espace fonctionnel général. A un second point de vue, on peut considérer une fonction comme un élément dépendant d'une infinité de variables indépendantes[96]): ainsi les séries de puissances, par ex., seraient des fonctions *linéaires* des variables indépendantes représentées par leurs coefficients; il en serait de même des séries de Fourier, et des développements analogues.

Plus généralement, l'espace fonctionnel complet coïncide avec l'ensemble de toutes les fonctions d'une ou de plusieurs variables.*

*On a défini le *calcul fonctionnel*[97]) comme l'étude des opérations U qui font correspondre à un élément d'un ensemble E (formé d'éléments quelconques: nombres, points, fonctions, lignes, surfaces, etc.) un *nombre* déterminé $U(A)$. Mais cette définition est évidemment trop particulière, et l'on peut comprendre, sous le nom de calcul fonctionnel en général, toutes les correspondances U entre un ensemble E tel qu'on vient de le définir et un autre ensemble de nature analogue[98]).*

---

93) *C. Bourlet*, Ann. Ec. Norm. (3) 14 (1897), p. 178; (3) 16 (1899), p. 333.

94) *Ann. mat. pura appl. (2) 25 (1897), p. 139.*

95) *Math. Ann. 63 (1907), p. 433; 65 (1908), p. 370. Voir, à ce sujet, l'article du tome II de l'Encyclopédie qui sera consacré aux équations intégrales.*

96) **J. Le Roux*, Nouv. Ann. math. (4) 4 (1904), p. 448/58; *D. Hilbert*, Nachr. Ges. Gött. 1906, p. 157/227, 439/80; Rend. Circ. mat. Palermo 27 (1909), p. 59/74.*

97) **M. Fréchet*, C. R. Acad. sc. Paris 139 (1904), p. 848/50; Rend. Circ. mat. Palermo 22 (1906), p. 1. Cf. *H. Hahn*, Monatsh. Math. Phys. 19 (1908), p. 247.*

98) **P. Montel*, Ann. Ec. Norm. (3) 24 (1907), p. 234.*

*Dans cet ordre d'idées, deux problèmes principaux se présentent. D'abord l'étude de l'ensemble E en lui-même: en particulier, et abstraction faite de la nature de ses éléments, l'extension à cet ensemble des concepts de limite et de continuité, d'où résulte la possibilité de considérer un ensemble clos[99]); ensuite, la classification des correspondances possibles entre deux ensembles, c'est-à-dire l'étude des opérations fonctionnelles U les plus générales.

Nous n'entrerons pas dans des détails au sujet de la première de ces deux questions: l'étude des ensembles E se rattache d'une part, dans son essence, à la théorie des ensembles de points (cf. I 7) dont elle est une extension toute naturelle; de l'autre, dans ses applications, au Calcul des variations.*

*Bornons-nous à rappeler quelques-uns des résultats principaux. Dans l'étude des éléments limites d'un système donné d'éléments (que ces éléments soient d'ailleurs des courbes, des surfaces, ou des fonctions) la considération de l'*égale continuité* a une grande importance.

On dit que les fonctions d'une variable réelle d'un système C sont *également continues* lorsqu'à un nombre positif arbitraire ε correspond un nombre δ tel que, dans chaque intervalle plus petit que δ, l'oscillation d'une fonction quelconque du système est plus petite que ε. Or *G. Ascoli*[100]) a démontré que tout ensemble de fonctions données $f(x)$ d'une variable dans un intervalle (a, b), et également continues, admet une fonction limite continue; *C. Arzelà*[101]) trouve que la condition nécessaire et suffisante pour qu'un ensemble E quelconque de fonctions admette une ou plusieurs fonctions limites également continues est que pour tout nombre ε on puisse extraire de l'ensemble E un nouvel ensemble $E(\varepsilon)$ tel que, pour tout intervalle suffisamment petit, les fonctions de $E(\varepsilon)$ aient une oscillation plus petite que ε. Il donne aussi, pour l'égale continuité, la condition suffisante que le rapport

$$\frac{f(x+h)-f(x)}{h}$$

soit, pour toutes les fonctions de l'ensemble et pour tout l'intervalle où l'ensemble est donné, compris entre des bornes déterminées et finies. Il étend encore aux ensembles de fonctions plusieurs des théorèmes sur les ensembles de points et démontre, en particulier, que pour les fonctions d'un ensemble également continu, il existe une *fonction limite supérieure* et une *fonction limite inférieure*[102]).*

99) *P. Montel*, id. p. 244.*

100) *Atti R. Accad. Lincei, *Memorie mat.* (3) 18 (1883), p. 521/86.*

101) *Memorie Ist. Bologna (5) 5 (1895/6), p. 225; (5) 8 (1899/1900), p. 177.*

102) *Memorie Ist. Bologna (5) 5 (1895/6), p. 231.*

M. Fréchet[103]) reprend ces propositions et les généralise, en se proposant aussi d'étendre aux ensembles E les propriétés des ensembles ponctuels, à côté desquels, comme nous l'avons déjà remarqué plus haut, les ensembles fonctionnels se présentent comme une généralisation aussi naturelle qu'essentielle[104]).*

18. Les fonctions de lignes. *Après avoir indiqué rapidement dans quel sens a été étudié l'espace fonctionnel général, nous allons maintenant examiner la seconde des deux questions indiquées au n° **17** et aborder l'étude des correspondances entre deux ensembles fonctionnels, ou entre un ensemble fonctionnel et un ensemble ponctuel; c'est ce dernier cas qu'on a le mieux étudié jusqu'ici.*

V. Volterra[105]) a été le premier à considérer d'une façon générale cette correspondance: dans le cas où l'ensemble fonctionnel E est constitué par des fonctions d'une variable ou par un ensemble de lignes, il l'a désignée sous le nom de *fonction de lignes.*

Il considère à cet effet des lignes arbitraires dont les ordonnées correspondent aux abscisses comprises dans l'intervalle $a < x < b$; ces lignes sont les éléments d'un ensemble E, et à chacun de ces éléments on fait correspondre un nombre z; c'est ce nombre qui est la fonction de ligne, et z dépend de l'ensemble des valeurs prises par l'élément $y = \varphi(x)$ dans l'intervalle (a, b).

Comme types de fonctions de lignes on peut citer par exemple l'aire comprise entre l'axe des x, les deux ordonnées aux points a et b et la ligne variable; ou encore la température d'une lame conductrice, fonction de l'ensemble des valeurs que la température prend le long du contour de la lame, etc. Le nombre z est le résultat d'une certaine opération fonctionnelle exécutée sur l'élément $y = \varphi(x)$ de l'ensemble, opération qu'on peut représenter par la notation[106])

$$z = A[\varphi(x)]; \tag{52}$$

il est à peine nécessaire d'ajouter qu'en dehors des applications de ces correspondances en géométrie ou en physique mathématique, leur considération s'impose d'elle-même dans le calcul des variations.

---

103) *Rend. Circ. mat. Palermo 22 (1906), p. 1/74.*

104) *Cette généralisation avait aussi été indiquée par *J. Hadamard* [Verh. des ersten intern. Math.-Kongr. Zurich 1897, publ. par *F. Rudio*, Leipzig 1898, p. 201] dans une courte communication.*

105) Atti R. Accad. Lincei *Rendic.* (4) 3 II (1886/7), p. 97, 141, 153, 225, 274.

106) Pour indiquer la dépendance entre le nombre z et la fonction $\varphi(x)$ donnée dans l'intervalle $a < x < b$, *V. Volterra* [Atti R. Accad. Lincei *Rendic.* (4) 3 II (1886/7), p. 99] emploie la notation $z = z[\varphi(x)]_b^a$.

D'une façon plus générale, un nombre z peut dépendre des valeurs d'une ou de plusieurs fonctions de plusieurs variables et, en même temps, d'un certain nombre de paramètres: dépendance que l'on peut exprimer par la notation

$$z = A[\varphi_1(x_1, x_2, \ldots), \; \varphi_2(x_1, x_2, \ldots), \; \ldots; \; t_1, t_2, \ldots]. \tag{53}$$

Dans le cas de l'opération fonctionnelle (52), *V. Volterra* définit le concept de *continuité* pour les fonctions de lignes: z est continue si à un nombre arbitraire ε on peut faire correspondre un nombre δ tel que, pour toute variation $\psi(x)$ de $\varphi(x)$ inférieure à δ dans tout l'intervalle, la variation correspondante de z soit plus petite que ε.

V. Volterra définit ensuite la dérivée de A: si $\theta(x)$ est de signe constant et plus petit que ε en valeur absolue dans tout un intervalle $m < x < n$ renfermé dans l'intervalle $a < x < b$, et si δz est la variation de z qui correspond à la variation θ de φ, si enfin t est un point intérieur à l'intervalle (m, n), la dérivée de A est la limite vers laquelle tend le rapport

$$\delta z : \int_m^n \theta(x)\, dx \tag{54}$$

lorsque (m, n) et θ tendent simultanément vers zéro, sous l'hypothèse que cette limite existe et que le rapport (54) y tende uniformément, pour toutes les fonctions $\varphi(x)$ de l'ensemble et pour toutes les valeurs du paramètre t. On peut indiquer cette dérivée par la notation

$$z' = A'(\varphi; t); \tag{55}$$

si l'on définit ensuite les dérivées d'ordre supérieur, on peut, sous des restrictions convenables, mais qui laissent encore au champ fonctionnel une étendue considérable, établir un développement que l'on peut regarder, dans cette théorie, comme correspondant à celui de Taylor. Ce développement est

$$\tag{56} \left\{ \begin{aligned} A(\varphi + \psi) = {} & A(\varphi) + \int_a^b A'(\varphi; t_1)\, \psi(t_1)\, dt_1 \\ & + \frac{1}{2} \int_a^b \int_a^b A''(\varphi; t_1, t_2)\, \psi(t_1)\, \psi(t_2)\, dt_1\, dt_2 + \cdots \\ & + \frac{1}{n!} \int_a^b \int_a^b \cdots \int_a^b A^{(n)}(\varphi; t_1, t_2, \ldots, t_n)\, \psi(t_1) \ldots \psi(t_n)\, dt_1 \ldots dt_n + \cdots\cdots. \end{aligned} \right.$$

Les termes de ce développement sont des opérations fonctionnelles appliquées aux éléments de l'ensemble; par rapport à ψ, ces opérations sont de plus en plus compliquées à mesure qu'on avance dans la série qui figure dans le second membre; le premier terme seul donne une opération distributive[107]. *Cornelia Fabri*[108]) a étendu la formule (56) de *V. Volterra* aux fonctions de plusieurs variables. *Le développement (56) rentre comme cas particulier dans l'expression donnée par *M. Fréchet*[108a]) pour les *opérations holomorphes*, c'est-à-dire développables en séries d'opérations homogènes d'ordres entiers croissants.*

C. Arzelà[109]) s'est occupé d'étendre aux fonctions de lignes quelques-uns des théorèmes classiques de la théorie des fonctions ordinaires; *il s'est occupé surtout, dans cette recherche, des éléments limites des ensembles E (cf. nº **17**), et, pour les ensembles fermés et également continus, il a obtenu d'abord pour les fonctions de lignes la démonstration de l'existence d'une limite supérieure et d'une limite inférieure, ainsi qu'un théorème analogue à celui de *K. Weierstrass* sur l'intervalle dans lequel cette limite supérieure ou inférieure conserve la même valeur; il démontre enfin que, si la fonction de ligne est continue, ses limites supérieure et inférieure en sont respectivement le maximé et le minimé.* *M. Fréchet*[110]) a donné des propositions analogues sur le maximé et le minimé d'une opération fonctionnelle continue.

19. Expression analytique des opérations linéaires. *À côté des recherches précédentes, dont le caractère est essentiellement quantitatif, on peut se poser des questions d'une nature qualitative, en envisageant, par exemple, les fonctions de lignes ou celles des correspondances qu'on peut établir entre un ensemble fonctionnel général E et l'ensemble des nombres, qui admettent la propriété distributive.*

En ajoutant pour ces correspondances ou opérations fonctionnelles $U(f)$ la condition d'être *continues*, on obtient les *opérations linéaires* considérées par *J. Hadamard*[111]). Cet auteur a démontré que de telles opérations, quand l'ensemble E est celui des fonctions continues données dans un intervalle fini $a \leqq x \leqq b$, peuvent toujours se mettre sous forme de limite d'une intégrale définie

$$U(f) = \lim_{n=+\infty} \int_a^b f(x)\, K_n(x)\, dx, \tag{57}$$

où $K_n(x)$ est une fonction continue dans le même intervalle.

*L'expression la plus simple et la plus générale d'une opération

107) Sur les opérations qui figurent dans la série (56), voir *B. Calò*, Atti R. Accad. Lincei *Rendic.* (5) 4 II (1895), p. 52/9.

108) Atti Accad. Torino 25 (1889/90), p. 432.

108a) *Ann. Ec. Norm. (3) 27 (1910), p. 193.*

109) Atti R. Accad. Lincei *Rendic.* (4) 5 I (1889), p. 342; Memorie Ist. Bologna (5) 5 (1895/6), p. 234.

110) C. R. Acad. sc. Paris 139 (1904), p. 848/50. Cf. *P. Montel*, Ann. Ec. Norm. (3) 24 (1907), p. 261.

111) C. R. Acad. sc. Paris 136 (1903), p. 351/4.

linéaire a été donnée par *F. Riesz*[112]) sous la forme

(58) $$U(f) = \int_a^b f(x) du(x),$$

où $u(x)$ est une fonction à variation bornée indépendante de $f(x)$, l'intégrale étant prise au sens de *T. J. Stieltjes*, c'est-à-dire étant la limite de

(59) $$[u(x_1) - u(a)]f(\xi_0) + [u(x_2) - u(x_1)]f(\xi_1) + \cdots + [u(b) - u(x_n)]f(\xi_n),$$

pour $a \leqq x_1 \leqq \ldots \leqq x_n \leqq b$ et pour ξ_i nombre quelconque de l'intervalle (x_i, x_{i+1}), en faisant tendre le plus grand des intervalles $(x_{i+1} - x_i)$ vers zéro, leur nombre croissant indéfiniment. *M. Fréchet*[113]) remarque que la fonction $u(x)$ est unique si on l'assujettit de plus à être partout régulière, c'est-à-dire telle que $2f(x) = f(x+0) + f(x-0)$.

H. Lebesgue[112a]) ramène cette intégrale à une intégrale de fonction sommable par un changement de variables.

M. Fréchet[113]) met en évidence des points singuliers fixes de l'opération linéaire et une partie principale en transformant l'expression de *F. Riesz* sous la forme

(60) $$U(f) = \int_a^b f(x) dv(x) + \sum A_i f(x_i)$$

où $v(x)$ est à variation bornée et est, en outre, continue, et où les x_i sont des points de l'intervalle (a, b); les A_i sont des constantes indépendantes de la fonction $f(x)$. La série $A_1 + A_2 + \cdots + A_i + \cdots\cdots$ est absolument convergente; les A_i, les x_i et $v(x)$ sont déterminés de façon unique par l'opération $U(f)$.

M. Fréchet[113a]) a défini sous le nom de *fonctionnelles* ou *opérations d'ordres entiers* des opérations fonctionnelles jouissant de propriétés analogues à celles des polynomes. Il généralise[108a]) le théorème de *K. Weierstrass* sur le développement des fonctions continues en séries de polynomes, en démontrant[113a]) qu'une *fonctionnelle continue* $U(f)$ dans l'ensemble E [c'est-à-dire telle que $U(f) - U(f_n)$ tende vers zéro quand f_n tend uniformément vers f dans l'intervalle (a, b)] peut être développée en opérations fonctionnelles d'ordres entiers. L'analogie se poursuit d'ailleurs plus loin.

20. *Espace fonctionnel à modules finis. Reprenons l'espace fonctionnel considéré comme l'ensemble des éléments

(61) $$\alpha(a_1, a_2, \ldots, a_n, \ldots\ldots)$$

112) *C. R. Acad. sc. Paris 149 (1909), p. 974.*

112a) *id. 150 (1910), p. 86.*

113) *id. 150 (1910), p. 1231.*

113a) *id. 148 (1909), p. 155/6, 279/80 (Texte et notes 112 à 113a de *M. Fréchet*).*

dépendant d'un nombre infini dénombrable de coordonnées, réelles ou non: ces coordonnées peuvent s'interpréter soit comme des coefficients de séries de puissances, et les α sont alors des fonctions analytiques, soit comme des constantes de Fourier ou comme des coefficients de développements analogues; les α sont alors des fonctions d'une variable réelle, ou de plusieurs variables réelles, représentées par la somme ordinaire ou la somme généralisée[114]) de la série de Fourier ou des séries analogues envisagées. Or, on peut réaliser dans cet espace une théorie des équations linéaires, et par suite l'exécution des opérations distributives, ainsi que l'inversion de ces opérations, pourvu que l'on ajoute une restriction importante, à savoir que la série

$$(62)\qquad |a_1|^2 + |a_2|^2 + \cdots + |a_n|^2 + \cdots\cdots$$

soit convergente. En regardant α comme un vecteur de l'espace considéré, la restriction précédente revient à dire qu'on se borne aux vecteurs ayant une longueur finie[115]).*

*Nous indiquerons par S_n l'espace ainsi défini qu'on peut appeler *espace à modules finis.* Si

$$\alpha(a_1, a_2, \ldots, a_n, \ldots\ldots),\quad \beta(b_1, b_2, \ldots, b_n, \ldots\ldots)$$

sont deux éléments de S_n, le *produit scalaire* (α, β) [IV 4, 8] des deux vecteurs α, β, c'est-à-dire la somme de la série

$$(63)\qquad a_1 b_1 + a_2 b_2 + \cdots + a_n b_n + \cdots\cdots,$$

est absolument convergent, sous la condition (62).

L'espace S_n est linéaire [n° **14**], c'est-à-dire que, si $\alpha, \beta, \ldots, \lambda$ appartiennent à cet espace,

$$a\alpha + b\beta + \cdots + l\lambda,$$

où $a, b, \ldots, l$ désignent des constantes, lui appartient aussi.

Si $\bar{\alpha}$ est l'élément conjugué de α, c'est-à-dire l'élément dont les coordonnées

$$\bar{a}_1, \bar{a}_2, \ldots, \bar{a}_n, \ldots\ldots$$

114) **L. Fejér*, Math. Ann. 58 (1904), p. 51/69.*

115) *L'espace fonctionnel ainsi limité se présente dans les recherches de *D. Hilbert* [Nachr. Ges. Gött. 1906, p. 157, 439], de *O. Toeplitz* [id. 1907, p. 101/9], de *F. Riesz* [id. 1907, p. 116/22; C. R. Acad. sc. Paris 144 (1907), p. 615/9, 734/6, 1409/11] et surtout de *Erhard Schmidt* [Rend. Circ. mat. Palermo 25 (1908), p. 53/77]. Voir aussi *E. Fischer*, C. R. Acad. sc. Paris 144 (1907), p. 1022/4, 1148/51.* *Dans l'exposé rapide donné dans le présent numéro, nous suivons *Erhard Schmidt*, Rend. Circ. mat. Palermo 25 (1908), p. 56 et suiv.*

*Pour les vues d'ensemble sur le sujet, voir la conférence préparée par *D. Hilbert* pour le congrès international de Rome: Wesen und Ziele einer Analysis der unendlich vielen unabhängigen Variabeln [Rend. Circ. mat. Palermo 27 (1909), p. 59/74].*

sont respectivement les nombres complexes conjugués des nombres $a_1, a_2, \ldots, a_n, \ldots\ldots$, l'orthogonalité de α et β est donnée par la condition

(64) $$(\alpha, \bar{\beta}) = 0.$$

La *norme* de $\alpha(a_1, a_2, \ldots\ldots)$ est donnée par

(65) $$(\alpha, \bar{\alpha}) = \sum_{(n)} |a_n|^2 = |\alpha|^2;$$

$|\alpha|$ représente la valeur absolue de α.

Si $\alpha, \beta, \gamma, \ldots\ldots$ sont orthogonaux deux à deux, on a le théorème de Pythagore

(66) $$|\alpha + \beta + \gamma + \cdots\cdots|^2 = |\alpha|^2 + |\beta|^2 + |\gamma|^2 + \cdots\cdots$$

On dit que les éléments $\alpha_1, \alpha_2, \ldots, \alpha_m$ sont *normaux* s'ils sont orthogonaux deux à deux et si, en outre, on a

(67) $$|\alpha_1| = |\alpha_2| = \cdots = |\alpha_m| = 1.$$

Les éléments normaux $\alpha_1, \alpha_2, \ldots, \alpha_m$ définissent un espace linéaire a_m à m dimensions: il ne peut y avoir entre $\alpha_1, \alpha_2, \ldots, \alpha_n$ de relation linéaire.

On peut décomposer tout élément β de S en deux composantes:

(68) $$\beta = \pi + \sigma,$$

où σ appartient à a_m et où π est orthogonal à a_m; on a

(69) $$\sigma = \sum_{r=1}^{r=m} (\beta, \bar{\alpha}_r)\alpha_r$$

et il en résulte l'inégalité, dite *inégalité de Bessel*[116]),

(70) $$\sum_{r=1}^{r=m} |(\beta, \bar{\alpha}_r)|^2 \leqq |\beta|^2.$$

On peut ensuite définir les éléments limites d'un espace contenu dans S, en introduisant le concept de convergence *forte*[117]): les éléments $\alpha_1, \alpha_2, \ldots, \alpha_n, \ldots\ldots$ convergent *fortement* vers δ quand on a

(71) $$\lim_{n=+\infty} |\delta - \alpha_n| = 0$$

ou, d'une façon plus précise, quand, en désignant par $\alpha_1, \alpha_2, \ldots, \alpha_n$ les coordonnées de δ et par

$$a_{n1}, a_{n2}, \ldots, a_{nn}$$

---

116) „*F. W. Bessel*, Astron. Nachr. (Altona) 6 (1828) col. 333; Abh. publ. par *R. Engelmann* 2, Leipzig 1876, p. 360."

117) „*Erhard Schmidt* [Rend. Circ. mat. Palermo 25 (1908), p. 58] désigne ce concept sous le nom de *starke Konvergenz*."

celles de α_n, à chaque $\varepsilon > 0$ correspond un indice $n_1 > 0$ tel que l'on ait

$$\sum_{m=1}^{m=n} |d_m - a_{nm}|^2 < \varepsilon$$

pour tout $n > n_1$.

De là le concept de séries vectorielles convergentes

$$e_1\alpha_1 + e_2\alpha_2 + \cdots + e_\nu\alpha_\nu + \cdots\cdots$$

Si les éléments $\alpha_1, \alpha_2, \ldots, \alpha_\nu, \ldots\ldots$ forment un système normal, la convergence de la série

$$|e_1|^2 + |e_2|^2 + \cdots + |e_\nu|^2 + \cdots\cdots$$

donne la condition nécessaire et suffisante de convergence de la série vectorielle.*

*Au moyen des principes précédents, on arrive à résoudre le système d'équations linéaires homogènes à un nombre infini d'inconnues

$$(72) \qquad a_{\nu,1}x_1 + a_{\nu,2}x_2 + \cdots + a_{\nu,n}x_n + \cdots\cdots = 0$$
$$(\nu = 1, 2, 3, \ldots\ldots, +\infty),$$

c'est-à-dire à trouver les *racines* d'une opération linéaire, dans l'hypothèse où les éléments $\alpha_\nu(a_{\nu,1}, a_{\nu,2}, \ldots\ldots)$ et $\xi(x_1, x_2, \ldots\ldots)$ appartiennent à S; le problème se résout par la détermination d'un espace K orthogonal à l'espace fermé A constitué par les éléments α_ν *et leurs éléments limites.*

On résout encore le système d'équations linéaires non homogènes à un nombre infini d'inconnues

$$(73) \qquad a_{\nu,1}x_1 + a_{\nu,2}x_2 + \cdots + a_{\nu,n}x_n + \cdots\cdots = k_\nu$$

par des méthodes analogues qui, parmi les solutions de (73), déterminent celle $(x_1, x_2, \ldots, x_n, \ldots\ldots)$ pour laquelle la somme $\sum_{n=1}^{n=+\infty} |x_n|^2$ a une valeur minimée. On obtient ainsi l'inversion d'une opération linéaire donnée.

La théorie qu'on vient d'esquisser se relie étroitement aux méthodes de résolution des équations intégrales et de développement d'une fonction arbitraire suivant un système de fonctions données, qui seront exposées dans d'autres articles du tome II de l'Encyclopédie.*

21. Opérations linéaires représentées par des intégrales définies. On a déjà vu que certaines classes d'opérations linéaires peuvent s'exprimer par des intégrales définies: ce sont celles qui font correspondre un nombre à chaque fonction d'un ensemble fonctionnel donné [n° **19**]. Les intégrales définies renfermant un paramètre servent à représenter des opérations plus générales.

Dans le champ des fonctions analytiques, si l'on remplace, dans la formule (51), la dérivée $D^n\varphi$ par son expression donnée par le théorème de Cauchy,

$$D^n\varphi(x) = \frac{n!}{2\pi i}\int_{(l)} \frac{\varphi(y)\,dy}{(y-x)^{n+1}}, \tag{74}$$

où (l) est une courbe fermée située tout entière dans le domaine d'existence de $\varphi(x)$, on obtient pour l'opération $A(\varphi)$ une expression de la forme

$$A(\varphi) = \int_{(l)} \pi(x, y)\,\varphi(y)\,dy. \tag{75}$$

Une expression semblable convient aussi à des champs fonctionnels plus généraux; $\pi(x, y)$ est une fonction qui dépend de la nature de l'opération A; (l) est un intervalle donné d'intégration; φ est l'objet auquel s'applique l'opération.

On a représenté de nombreuses opérations par la formule (75) ou par l'expression plus générale [118])

$$A(\varphi) = \int^{(r)} \pi(x; y_1, y_2, \ldots, y_r)\,\varphi(y_1, y_2, \ldots, y_r)\,dy_1 dy_2 \ldots dy_r; \tag{76}$$

nous en énumérerons quelques-unes aux n^os **22** à **24**. Le problème de la détermination de A^{-1}, opération inverse de celle indiquée par la formule (75) ou la formule (76), constitue le problème de l'inversion des intégrales définies ou, selon la terminologie de *D. Hilbert*, de la résolution des équations intégrales linéaires de première espèce [119]).

22. La transformation de Laplace. Parmi les opérations fonctionnelles linéaires représentées par des intégrales définies, une des plus importantes, à divers points de vue, est celle qu'on nomme *transformation de Laplace* et qui est représentée par

$$A(\varphi) = \int_{(l)} e^{xy}\,\varphi(y)\,dy, \tag{77}$$

ou, par le changement de y en $\log t$, par

$$B(\psi) = \int t^x\,\psi(t)\,dt. \tag{78}$$

---

118) *A. Viterbi* [Ann. mat. pura appl. (2) 26 (1897), p. 261; (3) 3 (1899), p. 299/343] considère les opérations fonctionnelles représentées par des intégrales définies comme les éléments d'un calcul dont il développe les principes.

119) *Voir l'article sur les équations intégrales [Encyclopédie II₆].*

Cette intégrale (77), lorsqu'on considère $\varphi(y)$ comme élément variable dans un champ fonctionnel donné E, donne comme résultat un élément variable dans un champ E'; dans cette transformation de E en E', l'étude des propriétés du champ E' en relation avec celles de E est très instructive, tant au point de vue formel, qui a été celui de *P. S. Laplace*, de *N. H. Abel*, de *S. F. Lacroix* etc., qu'au point de vue de la théorie des fonctions, auquel se sont placés les analystes modernes.

La transformation dont il s'agit a été étudiée d'abord par *P. S. Laplace*[120]) sous la forme (78): il a appelé $\psi(t)$ *fonction génératrice*; le résultat $B(\psi) = \alpha(x)$ est la *fonction déterminante*[121]). Ces dénominations dérivent de ce que, pour x entier, $B(\psi)$ donne le coefficient de t^{-x-1} dans le développement de $\psi(t)$ en série de puissances[122]).

L'inverse de la transformation (77) ou (78) est, sous des restrictions convenables pour la fonction génératrice et pour l'intervalle d'intégration, une transformation de la même espèce[123]). L'opération A jouit de la propriété

$$DA(\varphi(y)) = A(y\varphi(y)) \tag{79}$$

et aussi, sous des conditions convenables aux limites, de la propriété

$$xA\varphi(y) = -AD\varphi(y); \tag{80}$$

les relations (79) et (80) donnent, pour l'opération B,

$$B(t\varphi(t)) = \alpha(x-1), \quad B\left(t\frac{d\varphi}{dt}\right) = x\,\alpha(x). \tag{81}$$

Les propriétés (79) et (80) peuvent servir à caractériser l'opération

---

120) *La première recherche sur la transformation

$$A(\varphi) = \int e^{tx}\varphi(x)\,dx$$

est due à *L. Euler* [Comm. Acad. Petrop. 9 (1737), éd. 1744, p. 85/97 [1737]]. *L. Euler* applique cette transformation à l'intégration de certaines équations différentielles qu'il détermine en partant de cas particuliers de l'intégrale

$$y = \int e^{tx}\varphi(x)\,dx$$

correspondant à des choix particuliers de $\varphi(x)$. Voir aussi *L. Euler*, Institutiones calculi integralis 2, St Pétersbourg 1769, p. 278/309 (Note de *G. Eneström*).*

121) *P. S. Laplace*, Théorie analytique des probabilités, Paris 1812; (2e éd.) Paris 1814; (3e éd.) Paris 1820, p. 80 [Œuvres 7, Paris 1886, p. 80]; *N. H. Abel*, sur les fonctions génératrices et leurs déterminantes (mém. posth.) [Œuvres, éd. *L. Sylow* et *S. Lie* 2, Christiania 1881, p. 67].

122) *P. S. Laplace*, Hist. Acad. sc. Paris 1779, M. p. 207/9; Œuvres 10, Paris 1894, p. 213; *S. F. Lacroix*, Calcul diff.[3]) (2e éd.) 3, p. 322, 573.

123) *A. L. Cauchy*, Exercices math. 2, Paris 1827, p. 157; Œuvres (2) 7, Paris 1889, p. 149; *R. Murphy*, Trans. Cambr. philos. Soc. 4 (1830/2), éd. 1833, p. 358; *B. Riemann*, Über die Anzahl der Primzahlen, Werke, (2e éd.) publ. par *H. Weber*, Leipzig 1892, p. 149; trad. *L. Laugel*, Paris 1898, p. 170.

A[124]); leur combinaison réitérée donne lieu à de nombreuses applications, dont la plus importante est la transformation d'une équation différentielle linéaire à coefficients rationnels en une autre de même nature, mais où l'ordre est échangé avec le degré des coefficients: l'intégrale de l'une se déduit de celle de l'autre.

Ce qui donne un intérêt spécial à cette transformation, c'est qu'elle permet la transformation de certaines classes d'équations irrégulières en équations régulières, au sens de *L. Fuchs*; il en résulte une des méthodes les plus appropriées à l'étude des intégrales des équations irrégulières[125]).

Le cas le plus simple est celui de l'équation irrégulière, dite *équation de Laplace*,

$$\sum_{h=0}^{h=n} (a_h + x b_h) \frac{\partial^h f}{\partial x^h} = 0, \tag{82}$$

où l'ordre est arbitraire et où les coefficients sont du premier degré; la transformée de Laplace est du premier ordre, et cette remarque permet d'intégrer l'équation (82) par quadratures[126]).

Un cas particulier de l'équation (82) est l'équation bien connue des fonctions de Bessel[127]).

On a, entre une forme différentielle linéaire F, son adjointe de Lagrange $\overline{F}$, et sa transformée de Laplace $F_1 = AFA^{-1}$, la relation[128])

$$\overline{F} = A\overline{F}_1 A^{-1}. \tag{83}$$

Une autre application de la transformation de Laplace, qui a donné lieu à l'intégration d'équations linéaires aux différences finies et d'autres équations fonctionnelles, consiste dans la transformation d'une série de puissances en une forme différentielle linéaire d'ordre infini. Ainsi,

124) *S. Pincherle*, Memorie Ist. Bologna (4) 8 (1886/7), p. 125; *U. Amaldi*, Atti R. Accad. Lincei *Rendic.* (5) 7 II (1898), p. 117; *S. Pincherle* et *U. Amaldi*, Operazioni distributive[50]), p. 353/63.

125) Pour l'application de la transformation de *P. S. Laplace* aux équations différentielles linéaires, consulter *H. Poincaré*, Amer. J. math. 7 (1885), p. 217; Acta math. 8 (1886), p. 295; voir aussi *Ludwig Schlesinger*, Handbuch[82]) 1, p. 407/22; Jahresb. deutsch. Math.-Ver. 18 (1909), p. 170/3; *E. Picard*, Traité d'Analyse 3, Paris 1896, p. 372/86; *J. Horn*, Math. Ann. 49 (1897), p. 453; voir encore l'article II 18.

126) *C. Jordan*, Cours d'Analyse (1re éd.) 3, Paris 1887, p. 253; (2e éd.) 3, Paris 1896, p. 252.

127) *C. Jordan*, id. (1re éd.) 3, p. 255; (2e éd.) 3, p. 254/76; *N. Nielsen*, Handbuch der Zylinderfunktionen, Leipzig 1904, p. 129.

128) *Ludwig Schlesinger*, Handbuch[82]) 1, p. 426.

une somme d'exponentielles

$$\sum_{h=1}^{h=+\infty} c_h e^{hx}$$

peut se transformer[129]) en

(84) $$\sum_{(h)} \sum_{(n)} \frac{c_h}{n!} a_h^n D^n \varphi = \sum_{h=1}^{h=+\infty} c_h \varphi(x + a_h).$$

Au même point de vue appartient la transformation de l'identité de Legendre

(85) $$e^{\alpha x} = 1 + \alpha x e^{\beta x} + \frac{\alpha(\alpha - 2\beta)}{2!} x^2 e^{2\beta x} + \cdots\cdot\cdot$$

dans la série d'Abel[130])

(86) $$\varphi(t+\alpha) = \varphi(t) + \alpha\varphi'(t+\beta) + \frac{\alpha(\alpha-2\beta)}{2!}\varphi''(t+2\beta) + \cdots\cdot\cdot,$$

généralisation connue de la série de Taylor.

La „sommation exponentielle" dont *E. Borel* s'est servi pour l'interprétation analytique des séries de puissances divergentes, qui sont ainsi aptes à représenter des branches de fonctions analytiques[131]), est étroitement liée à la transformation de Laplace, qui par un choix approprié du chemin d'intégration, permet encore la transformation de x^n en $(-1)^n n!\, x^{-n-1}$ et réciproquement: c'est une transformation dont *E. Borel* a fait usage dans la théorie des fonctions analytiques[132]) et qui projette à l'infini, pour ainsi dire, dans la série résultante, les singularités que la série primitive avait sur son cercle de convergence. Le séries asymptotiques considérées par *H. Poincaré*[133]), et qui donnent les intégrales d'équations différentielles linéaires et aussi d'équations aux différences finies, se rattachent étroitement, elles aussi, à la transformation de Laplace[134]).

---

129) *N. H. Abel*, Théorie des transcendantes elliptiques (mém. posth.); Œuvres[121]) 2, p. 170.

130) J. reine angew. Math. 1 (1826), p. 159; Œuvres, éd. *L. Sylow* et *S. Lie*, 1, Christiania 1881, p. 102; (mém. posth.) id. 2, p. 73.

Cf. *G. H. Halphen*, Bull. Soc. math. France 10 (1882), p. 67; *V. Pareto*, J. reine angew. Math. 110 (1892), p. 290; *S. Pincherle*, Acta math. 28 (1904), p. 225.

131) Ann. Ec. Norm. (3) 16 (1899), p. 50; Leçons sur les séries divergentes, Paris 1901, p. 97.

132) Acta math. 21 (1897), p. 263.

133) Acta math. 8 (1886), p. 295.

134) *P. S. Laplace*, Théorie[121]); (3e éd.) p. 83; Œuvres 7, p. 83; Hist. Acad. sc. Paris 1779, M. p. 207/309; Œuvres 10, Paris 1894, p. 1/89; *S. Pincherle*, Reale Ist. Lombardo *Rendic.* (2) 19 (1886), p. 559; Acta math. 16 (1892/3), p. 341; *Hj. Mellin*, Acta math. 8 (1886), p. 79; 9 (1886/7), p. 137; 22 (1898/9), p. 19; 25 (1902), p. 139.

La transformation dont nous nous occupons sert non seulement au passage d'une classe à une autre d'équations différentielles linéaires, mais encore à la transformation d'équations linéaires différentielles en équations aux différences; c'est la forme (78) qui se prête le mieux à cette transformation et qui permet d'exprimer l'intégrale d'équations linéaires aux différences sous forme d'intégrales définies[134]).

C'est encore cette transformation qui fournit une des méthodes pour développer une fonction donnée en série de factorielles[135]), méthode qui se fonde sur ce que *L. Desaint*[49]) a appelé la „représentation exponentielle" de la fonction, et qui coïncide, au fond, avec la détermination de la transformée de Laplace.

Enfin cette transformation jette une parfaite clarté sur la théorie des dérivées d'indice quelconque, puisqu'elle transforme la dérivée D^s dans le produit par t^s de la fonction génératrice[136]).

*Parmi les généralisations qui ont été données de la transformation de Laplace, il faut citer celle dont *G. Mittag-Leffler* a fait usage pour la représentation d'une branche uniforme de fonction analytique dans une étoile qui tend, au moyen de la variation d'un paramètre, vers l'étoile principale qui constitue le domaine naturel d'existence de cette branche. Cette transformation a été présentée par *G. Mittag-Leffler* sous plusieurs formes[137]), dont la plus simple est donnée par l'expression

(87) $$A(e) = \int_0^{+\infty} e^{-t^\alpha} \varphi_\alpha(tx)\, dt^\alpha.$$

Appliquée à une série entière[138])

$$a_0 + a_1 x + a_2 x^2 + \cdots + a_n x^n + \cdots\cdots,$$

l'opération de Mittag-Leffler la transforme en

(88) $$a_0 + \frac{a_1 x}{\Gamma(a+1)} + \frac{a_2 x^2}{\Gamma(2a+1)} + \cdots + \frac{a_n x^n}{\Gamma(na+1)} + \cdots\cdots$$

qui contient comme cas particulier la transformation de *E. Borel*[132]).

135) Parmi les auteurs contemporains qui se sont occupés de la solution de ce problème, voir *J. C. Kluyver*, Nieuw Archief voor Wiskunde (2) 4 (1900), p. 74; C. R. Acad. sc. Paris 134 (1902), p. 587; *N. Nielsen*, C. R. Acad. sc. Paris 133 (1901), p. 1273; 134 (1902), p. 157; Ann. Éc. Norm. (3) 19 (1902), p. 409; Math. Ann. 59 (1904), p. 355; K. Danske Vidensk. Selsk. Skrifter (7) 2 (1904/6), p. 59/100 [1904]; *E. Landau* [Sitzgsb. Akad. München 36 (1906), p. 151] donne les fondements de la théorie générale de ces séries.

136) **S. Pincherle*, Mem. mat. fis. Soc. ital. delle scienze (3) 15 (1907), p. 4.*

137) *C. R. Acad. sc. Paris 136 (1903), p. 932; 137 (1903), p. 554; 138 (1904), p. 881, 941; Atti R. Accad. Lincei Rendic. (5) 13 I (1904), p. 3; Acta math. 24 (1901), p. 205; 26 (1902), p. 353; 29 (1905), p. 107.*

138) **G. Mittag-Leffler*, Atti R. Accad. Lincei *Rendic.* (5) 13 I (1904), p. 3.*

23. Fonctions déterminantes. „L'étude de la transformation de Laplace a été reprise dans ces derniers temps à un point de vue un peu différent, dans le but d'en déduire des conséquences sur les propriétés intimes des fonctions analytiques qui admettent une représentation de la forme

$$f(x) = \int_a^{+\infty} \varphi(t) e^{-xt} dt. \tag{89}$$

Suivant l'expression de *P. S. Laplace*[134]), $\varphi(t)$ est la *fonction génératrice*, $f(x)$ sa *fonction déterminante.*

Or, quand l'intégration est faite pour des valeurs réelles de t, on démontre que, si l'intégrale est convergente pour une valeur x_0 réelle ou complexe de x, elle l'est pour toute valeur x telle que l'on ait, en désignant par $\Re(x)$ la *partie réelle* de x,

$$\Re(x) > \Re(x_0) \tag{90}$$

et que cette intégrale représente, pour ces valeurs de x, une branche régulière de fonction analytique[139]).

La transformation fonctionnelle représentée par l'expression (89) a donc la propriété de faire correspondre à un ensemble de fonctions de variable réelle un ensemble de fonctions analytiques, et l'étude de cette transformation se propose de déduire des propriétés de $\varphi(t)$, en particulier de son allure asymptotique pour $t = +\infty$, les propriétés analytiques (position et nature des singularités) de la fonction analytique $f(x)$. Ainsi, par exemple, si la partie principale de $\varphi(t)$, pour $t = +\infty$, est de l'une ou l'autre des deux formes

$$ce^{qt} \quad \text{ou} \quad ce^{qt}t^m,$$

la fonction déterminante a, au point $x = q$, dans le cas de la première forme un pôle de premier ordre avec le résidu c, dans le cas de la seconde forme une singularité isolée, du type

$$(-1)^m \frac{k(x-q)^{\mu-1}}{(\mu-1)!} \log(x-q)$$

pour m entier négatif et égal à $-\mu$, et de la forme

$$k \frac{\Gamma(m+1)}{(x-q)^{m+1}} \tag{91}$$

pour toute autre valeur de m[140]); dans d'autres cas encore on peut,

139) „*E. Phragmén,* C. R. Acad. sc. Paris 132 (1901), p. 1396; *G. Franel,* cité par *A. Hurwitz,* Ann. Éc. Norm. (3) 19 (1902), p. 364; *M. Lerch,* Acta math. 27 (1903), p. 345; *S. Pincherle,* Ann. Éc. Norm. (3) 22 (1905), p. 9; *E. Landau,* Sitzgsb. Akad. München 36 (1906), p. 210.“

140) „*S. Pincherle,* Ann. Éc. Norm. (3) 22 (1905), p. 20/1. *W. Schnee,* Rend. Circ. mat. Palermo 27 (1909), p. 113.“

en partant de certaines propriétés quantitatives de $\varphi(t)$, déduire l'existence de singularités de $f(x)$[141]).

Aux fonctions déterminantes se rattachent étroitement les fonctions développables en séries de la forme[142])

$$f(x) = a_1 e^{-\lambda_1 x} + a_2 e^{-\lambda_2 x} + \cdots + a_n e^{-\lambda_n x} + \cdots,$$

ou séries de Lejeune Dirichlet, dont l'importance est considérable dans la théorie analytique des nombres [I 17, **17** à **20**]. Dans cette théorie, qui a donné lieu à de nombreuses recherches dans ces derniers temps[143]), il se présente des problèmes où la correspondance fonctionnelle qui a lieu entre la fonction analytique $f(x)$ et la fonction a_n de l'indice n joue un rôle important; la correspondance entre la série de puissances et la suite de ses coefficients[144]) en est un cas particulier.*

24. Opérations spéciales. Indiquons rapidement quelques autres opérations linéaires fonctionnelles, exprimées par des intégrales définies, et qui ont trouvé des applications dans l'analyse.

a. *La transformation fonctionnelle de L. Euler*[144a]), dite aussi parfois *transformation de Heine*[145]),

$$A_s(\varphi) = \int_{(l)} \frac{\varphi(y)\,dy}{(y+x)^s},$$

où (l) est un chemin convenable d'intégration. Elle sert à la transformation d'équations linéaires différentielles en équations analogues; si l'équation primitive appartient à la classe de Fuchs, il en est de

141) *E. Landau*, Math. Ann. 61 (1905), p. 548.*

142) *Dans ces séries, la suite $\lambda_1, \lambda_2, \ldots \lambda_n, \ldots\ldots$ est formée de nombres réels tendant vers $+\infty$, ou encore de nombres complexes dont les parties réelles tendent vers cette même limite $+\infty$.*

143) *J. L. W. V. Jensen*, Tidsskrift mat. Köbenhavn (Copenhague) (4) 5 (1881), p. 130; *E. Cahen*, Ann. Éc. Norm. (3) 11 (1894), p. 85; *E. Landau*, Math. Ann. 61 (1905), p. 527; Acta math. 30 (1906), p. 195; Sitzgsb. Akad. München 36 (1906), p. 151; Rend. Circ. mat. Palermo 24 (1907), p. 81; 26 (1908), p. 169; 27 (1909), p. 113; *J. Hadamard*, Rend. Circ. mat. Palermo 25 (1908), p. 326, 395; *W. Schnee*, Diss. Berlin 1908; Rend. Circ. mat. Palermo 27 (1909), p. 87 [1908]; Math. Ann. 66 (1909), p. 337 [1908]; *H. Bohr*, C. R. Acad. sc. Paris 148 (1909), p. 75/80.*

144) *J. Hadamard*, La série de Taylor[48]), Paris 1901 p. 10 (chap. 2).

144a) *Calc. integr.[120]) 2, p. 287/8, 294; cf. Nova Acta Acad. Petrop. 12 (1794), éd. 1801, math. p. 58/70 [1778].*

145) *H. E. Heine*, J. reine angew. Math. 60 (1862), p. 260; Handbuch der Kugelfunktionen (2e éd.) 1, Berlin 1881, p. 388/91.

Voir encore, pour la bibliographie de cette transformation, *L. Schlesinger*, Handbuch[63]) 2, p. XV/XVI; voir aussi l'article II 12 sur les équations différentielles linéaires.

même de sa transformée, et le groupe de la seconde se déduit aisément de celui de la première.

Les propriétés caractéristiques de l'opération A_s sont exprimées par les équations symboliques

$$A_s D\varphi = DA_s\varphi, \quad DA_s'\varphi = sA_s\varphi, \tag{92}$$

où A_s' est la dérivée fonctionnelle [n° **16**] de A. Si F est une forme différentielle linéaire, $\bar{F}$ son adjointe de Lagrange et F_1 sa transformée d'Euler, on a la relation[146])

$$\bar{F} = A_s \bar{F}_1 A_s^{-1} \tag{93}$$

semblable à celle qu'on a trouvée pour la transformée de Laplace [n° 22].

On a encore

$$A_s A_t = A_{s+t};$$

les transformations A_s forment donc un groupe continu à un paramètre, au sens de *S. Lie* (cf. II 23).

L'opération A_s, transformant l'équation hypergéométrique de *C. F. Gauss* en une équation du premier ordre, en ramène l'intégration à des quadratures[147]); elle s'applique aussi à l'équation hypergéométrique généralisée de *L. Pochhammer* et à son intégration par des intégrales définies[148]); elle s'applique encore à l'équation de *E. Goursat*[149])

$$\sum_{r=0}^{r=n} x^r(a_r x + b_r)\frac{d^r\varphi}{dx^r} = 0, \tag{94}$$

qui s'intègre par des intégrales définies multiples au moyen de la même transformation.

b. Des opérations représentées par

$$A_\pi(\varphi) = \int_{(l)} \pi(y-x)\,\varphi(y)\,dy, \tag{95}$$

où π est symbole d'une fonction donnée, tandis que φ est le type arbitraire du champ fonctionnel sur lequel on opère, se sont fré-

146) *L. Schlesinger*, Handbuch[63]) 2, p. 416; *S. Pincherle*, J. reine angew. Math. 119 (1898), p. 347; *A. Hirsch*, Math. Ann. 54 (1901), p. 202/322.

147) *C. Jordan*, Cours d'Analyse[128]), (1re éd.) 3, p. 241; (2e éd.) 3, p. 240; *B. Riemann*, Werke, Nachträge, publ. par *M. Nöther* et *W. Wirtinger*, Leipzig 1902, p. 88.

148) J. reine angew. Math. 71 (1870), p. 316; 73 (1871), p. 69; Math. Ann. 36 (1890), p. 84; 37 (1890), p. 500.

149) Ann. Ec. Norm. (2) 12 (1883), p. 261, 495; *S. Pincherle*, Giorn. mat. (2) 1 (1894), p. 273 (chap. 6).

quemment présentées tant dans le champ réel que dans le domaine des fonctions analytiques.

A cette catégorie appartient, entre autres, l'intégrale de Fourier[150]. Au point de vue du calcul des opérations, on peut remarquer que les opérations (95) forment un groupe infini, permutable avec la dérivation en général[151])

$$A_\pi D = D A_\pi. \tag{96}$$

Si l'opération (95) s'applique à une série de puissances, on obtient, comme transformée de x^n, un polynome $\alpha_n(x)$ qui vérifie la relation de récurrence:

$$\frac{d\alpha_n}{dx} = n\alpha_{n-1}. \tag{97}$$

Ces polynomes ont été étudiés d'abord par *G. H. Halphen*[152]), puis par *P. Appell*[153]), et leur expression générale est

$$\alpha_n(x) = a_0 x^n + n a_1 x^{n-1} + \frac{n(n-1)}{1\cdot 2} a_2 x^{n-2} + \cdots + a_n; \tag{98}$$

ce sont les arbitraires successives qui se présentent dans l'intégration multiple indéfinie.

c. Parmi les opérations linéaires particulières on peut distinguer *l'opération interpolaire*, définie par[154])

$$A_a(\varphi) = \frac{\varphi(x) - \varphi(a)}{x - a}. \tag{99}$$

Les opérations A_a, A_b sont permutables[155]). Elles permettent de donner une expression du reste dans la formule d'interpolation de Newton[156]) et servent en même temps au calcul des coefficients dans le développement d'une fonction en série de produits[157])

$$(x - a_1)(x - a_2)\ldots(x - a_n). \tag{100}$$

150) Voir par ex. *L. Kronecker*, Vorlesungen über die Theorie der einfachen und vielfachen Integrale, publ. par *E. Netto*, Leipzig 1894, p. 81; *H. Weber*, Die partiellen Differentialgleichungen der mathematischen Physik, nach Riemanns Vorlesungen 1, Brunswick 1901, p. 37; *A. Pringsheim*, Jahresb. deutsch. Math.-Verein. 16 (1907), p. 2.

151) *S. Pincherle*, Acta math. 10 (1887), p. 153; *T. Levi-Civita*, Reale Ist. Lombardo *Rendic.* (2) 28 (1895), p. 533.

152) C. R. Acad. sc. Paris 93 (1881), p. 833.

153) Ann. Ec. Norm. (2) 9 (1880), p. 119.

154) Note de *G. Peano*, dans *A. Genocchi*, Calcolo differenziale, Turin 1884, p. 90; id. Annotazioni, p. XX; trad. allemande par *G. Bohlmann* et *A. Schepp*, Differentialrechnung und Grundzüge der Integralrechnung, Leipzig 1899, p. 84; *J. L. W. V. Jensen*, Overs. Danske Videnskabernes Selsk. Forhandl. (Bull. Acad. Copenhague) 1894, p. 248.

155) *J. L. W. V. Jensen*, id. p. 248.

156) Id. p. 251.

157) *I. Bendixson*, Acta math. 9 (1886/7), p. 1.

d. Dans l'étude du développement, en série de puissances, des racines d'une équation algébrique

$$y^n + \varphi_1(x)y^{n-1} + \varphi_2(x)y^{n-2} + \cdots + \varphi_n(x) = 0,$$

dont les coefficients $\varphi_1(x)$, $\varphi_2(x), \ldots, \varphi_n(x)$ sont eux-mêmes des séries de puissances, *H. Schapira*[158]) a fait usage de trois opérations linéaires, auxquelles il a donné les noms d'opérations de *partialisation*, de *complément*[159]) et de *substitution différentielle*; elles se fondent essentiellement sur la substitution à x de

$$\varepsilon x, \varepsilon^2 x, \ldots, \varepsilon^{n-1} x,$$

ε étant une racine primitive de l'unité, et sur le produit des opérations D et θ^n définies au n° 7.

25. Opérations non linéaires. On n'a guère étudié les opérations fonctionnelles non linéaires d'une façon générale: le développement (56) donné par *V. Volterra* pour les fonctions de lignes [n° **18**] est peut-être ce qu'il y a de plus général sur ce sujet.

T. Levi-Civita[160]) a cherché à déterminer les groupes d'opérations qui sont des fonctions[161]) d'un seul et même symbole d'opération A, et qui ont en outre les propriétés que leurs produits $\mathfrak{L}_1 \mathfrak{L}_2$ s'expriment en fonction analytique de $\mathfrak{L}_1$, de $\mathfrak{L}_2$ et de A.

Il résout la question au moyen des méthodes générales de la théorie des groupes continus de transformations [cf. II 23] et trouve qu'une pareille expression du produit n'est possible que si le second membre est de la forme

$$(101) \qquad \lambda(\lambda^{-1}(\mathfrak{L}_1) + \lambda^{-1}(\mathfrak{L}_2)),$$

où λ est une fonction arbitraire et λ^{-1} son inverse; les *équations de définition* du groupe, selon la terminologie de *S. Lie*, doivent pouvoir se mettre sous la forme

$$\sum_{i=0}^{i=n} p_i(A) \frac{d^i \lambda^{-1} \mathfrak{L}}{d A^i} = 0.$$

C. Bourlet[162]) a cherché les opérations fonctionnelles les plus générales

158) Grundlagen zu einer Theorie allgemeiner Kofunctionen, Vienne 1881; Theorie allgemeiner Kofunktionen, Leipzig 1892.

159) En allemand „Partialisieren" et „Kompletieren".

160) Reale Ist. Lombardo *Rendic.* (2) 28 (1895), p. 458.

161) Le concept de *fonction d'un symbole* est pris ici dans son sens le plus général.

162) C. R. Acad. sc. Paris 124 (1897), p. 348; Ann. Ec. Norm. (3) 14 (1897), p. 141. *Cf. *N. H. Abel*, Recherche des fonctions de deux quantités variables indépendantes x et y, telles que $f(x, y)$, qui ont la propriété que $f[z, f(x, y)]$ est

telles que l'on ait

$$A(\pi(\alpha, \beta)) = f(A(\alpha), A(\beta)),$$

où f est une fonction quelconque et $\pi(\alpha, \beta)$ une fonction *indéfiniment symétrique*, c'est-à-dire telle que tous les termes de la suite

$$\pi(\alpha, \beta), \quad \pi[\pi(\alpha, \beta), \gamma], \quad \pi[\pi(\pi(\alpha, \beta), \gamma), \delta], \quad \ldots\ldots$$

soient des fonctions symétriques. Il résout la question au moyen de l'équation fonctionnelle d'Abel [cf. n° 32] et démontre que les opérations A peuvent se ramener aux opérations linéaires.

Équations fonctionnelles.

26. Équations fonctionnelles en général. Sous le nom d'équations fonctionnelles on comprend les équations ou les systèmes d'équations où les éléments inconnus sont une ou plusieurs fonctions.

En laissant de côté, pour le moment, les systèmes d'équations et en nous bornant au cas d'une seule équation et d'une seule fonction inconnue, on peut envisager l'équation fonctionnelle, soit comme l'expression d'une propriété qui doit être apte à caractériser la fonction cherchée, fonction qui peut contenir des éléments arbitraires (constantes ou fonctions arbitraires) en sorte que la solution peut être non seulement une fonction déterminée, mais une *classe* de fonctions; soit comme l'indication d'une opération fonctionnelle déterminée qui, exécutée sur la fonction inconnue, doit donner un résultat assigné d'avance. Bien entendu, la fonction qu'il s'agit de déterminer peut dépendre aussi bien de plusieurs variables indépendantes que d'une seule variable indépendante.

L'étude de certaines classes d'équations fonctionnelles a donné lieu à quelques-uns des chapitres les plus importants de l'Analyse. Il suffit de citer la théorie des équations différentielles ou aux dérivées partielles, envisagée sous ses divers aspects. La théorie des équations aux différences finies simples ou partielles, celle des équations mixtes différentielles et aux différences (aux différences mêlées); le calcul des variations; la théorie des équations intégrales qui, quoique de date relativement récente, a déjà donné lieu à un grand nombre de publications; *les équations intégrodifférentielles, récemment envisagées par *V. Volterra*[162a]), sont autant de chapitres des mathématiques consacrés à l'étude d'équations fonctionnelles. A cause du développement pris par ces diverses théories, l'Encyclopédie a dû leur consacrer des articles

---

une fonction symétrique de z, x et y [trad. en allemand par *A. L. Crelle*, J. reine angew. Math. 1 (1826), p. 11]; Œuvres[130]) 1, p. 61/5.*

162a) *Atti Accad. Lincei *Rendic.* (5) 19 I (1910), p. 169, 361, 425.*

spéciaux[163]). C'est pourquoi on ne s'occupera ici que des équations fonctionnelles particulières ou des classes d'équations qui ne rentrent pas immédiatement dans l'une des catégories que l'on vient de rappeler; parmi ces équations on n'envisagera d'ailleurs que celles qui offrent soit un intérêt historique, soit une importance spéciale au point de vue théorique, soit encore une importance due aux méthodes qui ont servi à les résoudre.*

27. Équations fonctionnelles depuis d'Alembert jusqu'à Babbage. Les analystes du 18ième siècle ont déjà rencontré certaines équations fonctionnelles; on en trouve dans les œuvres de *J. d'Alembert*, de *L. Euler*, de *J. L. Lagrange*, et quelques unes d'entre elles seront explicitement mentionnées ici [nos **28, 30**]. Mais il convient de citer auparavant quelques auteurs qui se sont proposé de ramener à des problèmes connus des classes particulières d'équations fonctionnelles données.

*Dans cet ordre d'idées *P. S. Laplace*[164]) a considéré des équations fonctionnelles qui se ramènent aux équations aux différences mêlées; *G. Monge*[165]) a donné de son côté quelques principes généraux et quelques procédés de calcul pour ramener aux équations aux différences finies certaines classes d'équations fonctionnelles de formes diverses;* *Ch. Babbage*[166]), après avoir traité de nombreux exemples rentrant dans l'une ou l'autre de ces classes, s'est occupé, d'une façon générale, des solutions de ces équations fonctionnelles (qu'on nomme aussi les *intégrales* de ces équations) et il distingue ces solutions, en les envisageant au point de vue de leur plus ou moins grande indétermination, en *solutions générales*, qui sont celles qui contiennent des fonctions arbitraires, et en *solutions particulières*, qui sont celles qui ne renferment que des constantes arbitraires en nombre fini.

On peut citer plusieurs cas où la solution générale d'une équation fonctionnelle s'obtient immédiatement dès qu'on connaît une solution particulière de cette équation.

---

163) *On aurait pu donner ici un résumé de la théorie des équations intégrales [cf. Encyklopädie der math. Wiss. II A 11, nos **28** à **34**]. Mais l'extension qu'a prise cette théorie dans ces dernières années a déterminé la Rédaction française à en faire l'objet d'un article spécial.*

164) Mém. présentés Acad. sc. Paris (1) 7 (1773), éd. 1776, p. 37; Œuvres 8, Paris 1891, p. 5.

165) Mém. présentés Acad. sc. Paris (1) 7 (1773), éd. 1776, p. 305.

166) Philos. Trans. London 105 (1815), p. 389; Appendice à *J. F. W. Herschel*, A collection of examples of the application on the calculus of finite differences, Cambridge 1820; Voir un extrait de cet article dû à *J. D. Gergonne*, Ann. math. pures appl. 12 (1821/2), p. 73.

Voir aussi *H. Laurent*, Traité d'Analyse 6, Paris 1890, p. 237 (chap. 6).

Ainsi quand on connaît une solution particulière $\omega(x)$ d'une équation donnée

(102) $$\varphi(x)=\varphi(ax),$$

la solution générale de cette équation est $f(\omega(x))$, où f désigne une fonction arbitraire.

Si donc on a à résoudre un système tel que

(103) $$\varphi(x)=\varphi(ax)=\varphi(bx)=\varphi(cx),$$

on envisagera d'abord l'équation

(104) $$\varphi(x)=\varphi(ax);$$

si φ_1 est une solution particulière de cette équation (104), on posera

(105) $$\varphi(\varphi_1(x))=\varphi(\varphi_1(bx));$$

si φ_2 est une solution particulière de l'équation (105), on posera

(106) $$\varphi[\varphi_1(\varphi_2(x))]=\varphi[\varphi_1(\varphi_2(cx))];$$

si enfin φ_3 est une solution de cette dernière équation (106), la solution générale du système donné sera, en désignant par f une fonction arbitraire,

$$f(\varphi_3[\varphi_2(\varphi_1(x))]).$$

D'une façon analogue, si

(107) $$\varphi(x, a_1, a_2, \ldots)$$

est une solution particulière de l'équation

(108) $$F[x, \varphi(x), \varphi(ax), \varphi(bx), \ldots]=0,$$

où $a_1, a_2, \ldots$ sont des constantes arbitraires, on aura la solution générale de l'équation (108) en substituant dans l'expression (107), à la place des constantes, des solutions arbitraires $\varphi_1, \varphi_2, \ldots$ du système

(109) $$\varphi(x)=\varphi(ax)=\varphi(bx)=\cdots;$$

la solution générale de l'équation (108) est ainsi

(110) $$\varphi(x, \varphi_1(x), \varphi_2(x), \ldots).$$

28. L'équation $f(x+y)=f(x)+f(y)$. Dans son „Analyse algébrique"[167]), *A. L. Cauchy* a considéré certaines équations fonctionnelles qui sont actuellement tout à fait classiques. Nous allons en parler avec quelques détails, d'une part en raison du rôle important qu'elles ont joué dans le développement des mathématiques au 19ième siècle et d'autre part parce qu'elles ont donné naissance, il y a

---

167) Cours d'Analyse de l'Ecole polyt. 1, Analyse algébrique, Paris 1821, p. 103; Œuvres (2) 3, Paris 1897, p. 98; voir aussi p. 220.

quelques années, à de nouvelles considérations théoriques très importantes.*

*La première de ces équations est l'équation fonctionnelle

$$f(x+y) = f(x) + f(y) \tag{111}$$

qui s'était déjà présentée à *A. M. Legendre*[168]) et dont l'étude s'impose dans la discussion critique du théorème fondamental de la géométrie projective et du principe de l'addition des vecteurs et de la composition des forces.

Si l'on admet que $f(x)$ doit être continue, on trouve sans peine[169]) que la solution générale, pour x réel, est donnée par

$$f(x) = ax, \tag{112}$$

a étant une constante arbitraire. Mais on retombe sur cette même solution en assujettissant $f(x)$ à des conditions infiniment moins restrictives que la continuité. Il suffit, par exemple, que $f(x)$ soit continue dans un intervalle arbitrairement petit comprenant $x = 0$[170]); que $f(x)$ soit positive pour x positif[171]); qu'elle soit bornée dans un intervalle quelconque[172]); que $f(x)$ soit supposée ponctuellement discontinue; qu'elle soit intégrable[173]); que, enfin, $f(x)$ ne puisse s'approcher, dans un intervalle arbitraire, d'un nombre arbitrairement donné[174]); pour qu'on puisse conclure que $f(x)$ doit coïncider avec ax.*

*Dans le cas où x est complexe de la forme $x = u + iv$, en admettant la continuité de $f(x)$ et en outre en ajoutant la condition

$$f(x^2) = \{f(x)\}^2, \tag{113}$$

on a les deux solutions

$$f(x) = a(u+iv), \quad \bar{f}(x) = a(u-iv) \tag{114}$$ [175]).

Mais la solution (112) est-elle la plus générale dans le champ réel, si on laisse de côté toute restriction concernant $f(x)$.

R. Volpi[176]) s'est posé cette question et a trouvé que, étant donné

---

168) *Éléments de géométrie, Paris an II; (12e éd.) Paris 1823; (14ième éd.) Bruxelles 1832, p. 285.*

169) *A. L. Cauchy*, Analyse alg.[167]), p. 104; Œuvres (2) 3, p. 99.

170) *Ch. J. de la Vallée Poussin*, Cours d'Analyse infinitésimale 1, Paris 1903, p. 30.

171) *G. Darboux*, Math. Ann. 17 (1880), p. 55.

172) *S. Pincherle* et *U. Amaldi*, Operazioni distributive[50]), p. 468 (note II).

173) **R. Schimmack*, Diss. Halle 1908, p. 15.*

174) **E. B. Wilson*, Annals of math. (2) 1 (1899/1900), p. 47; *G. Hamel*, Math. Ann. 60 (1905), p. 462.*

175) *C. Segre*, Atti Accad. Torino 25 (1889/90), p. 192, 287.

176) Giorn. mat. (2) 4 (1897), p. 104.

pour x l'ensemble des valeurs

$$x = c_1\alpha_1 + c_2\alpha_2 + \cdots + c_n\alpha_n,$$

où $\alpha_1, \alpha_2, \ldots, \alpha_n$ sont des nombres fixes et $c_1, c_2, \ldots, c_n$ des variables rationnelles, si l'on considère la fonction

$$f(x) = c_1 f(\alpha_1) + c_2 f(\alpha_2) + \cdots + c_n f(\alpha_n)$$

des éléments de cet ensemble, cette fonction jouit précisément de la propriété exprimée par l'équation (111). En s'appuyant sur ce résultat, *R. Volpi* a construit une fonction discontinue qui est définie pour l'ensemble des nombres réels et qui vérifie l'équation (111); mais cette construction est fautive[177]).*

*En admettant la proposition de *E. Zermelo*[178]), que le *continuum* réel peut être bien ordonné, *G. Hamel*[179]) a obtenu la solution générale de l'équation (111) sous la forme

$$af(\alpha) + bf(\beta) + cf(\gamma) + \cdots\cdots, \tag{115}$$

$\alpha, \beta, \gamma, \ldots\ldots$ étant une *base* du continuum en ce sens que tout nombre réel x peut s'écrire

$$x = \alpha a + b\beta + c\gamma + \cdots\cdots$$

et a, b, c étant des coefficients rationnels; cette solution est totalement discontinue, sauf dans le cas où

$$\frac{f(\alpha)}{\alpha} = \frac{f(\beta)}{\beta} = \frac{f(\gamma)}{\gamma} = \cdots\cdots, \tag{116}$$
$$(a = b = c = \cdots)$$

auquel cas on retombe sur la solution (112).

R. Schimmack[180]) propose, pour la solution discontinue générale de l'équation (111), le symbole $\mathfrak{D}(x)$.*

29. Équations de Cauchy. **A. L. Cauchy* a encore envisagé deux autres équations fonctionnelles qu'il convient de citer ici:

a. Dans le premier paragraphe du chapitre 5 de son „Analyse algébrique" il étudie l'équation

$$f(x + y) = f(x)f(y), \tag{117}$$

et, dans l'hypothèse de la continuité, il trouve qu'elle admet la solution

$$f(x) = a^x. \tag{118}$$

---

177) *S. Pincherle* et *U. Amaldi*, Operazioni distributive[50]), p. 469; *R. Schimmack*, Diss. Halle 1908, p. 18.

178) Math. Ann. 59 (1904), p. 514.

179) Math. Ann. 60 (1905), p. 459.

180) *Diss. Halle 1908, p. 22.*

Mais en laissant à $f(x)$ toute sa généralité, et en ne tenant pas compte de la solution évidente $f(x) = 0$, on a pour l'équation (117), outre cette solution a^x, la solution[181])

$$a^{\mathfrak{D}(x)}, \tag{119}$$

où $\mathfrak{D}(x)$ représente [n° 28] la solution discontinue générale de l'équation (111).*

b. *La troisième équation de *A. L. Cauchy*

$$f(xy) = f(x) + f(y) \tag{120}$$

admet comme solution continue, la fonction

$$f(x) = a \log x, \tag{121}$$

où x désigne une variable réelle essentiellement positive. Si l'on admet que x prenne la valeur zéro et que la valeur correspondante $f(0)$ soit finie, on a la solution $f(x) = 0$. En excluant cette valeur, on a comme solutions de l'équation (120), pour x complexe quelconque, la solution continue

$$f(x) = \log|x| \tag{122}$$

et la solution générale

$$f(x) = \mathfrak{D}(\log|x|), \tag{122a}$$

où les logarithmes $\log x$ peuvent être pris dans une base quelconque positive et différente de l'unité[182]).*

c. **A. L. Cauchy*[169]) montre aussi que l'équation

$$f(xy) = f(x) f(y) \tag{123}$$

est vérifiée par x^a, dans l'hypothèse de la continuité et de la variable positive x.

R. Schimmack[183]) donne les solutions particulières

$$f(x) = 1, \quad f(x) = 0, \quad f(x) = |\operatorname{sgn} x|, \quad f(x) = \operatorname{sgn} x; \tag{124}$$

les solutions continues (sauf éventuellement pour la valeur $x = 0$)

$$f(x) = |x|^c, \quad \operatorname{sgn} x \cdot |x|^c, \quad c \gtrless 0 \text{ [184])} \tag{125}$$

et les solutions totalement discontinues

$$f(x)\, a^{\mathfrak{D}(\log x)}, \quad \operatorname{sgn} x \cdot a^{\mathfrak{D}(\log x)}, \tag{126}$$

où a est positif et différent de 1.*

---

181) *Diss. Halle 1908, p. 29.*

182) *Id. p. 29/30.*

183) *Id. p. 30/1. La notation sgn x signifie 0 pour $x = 0$, $+1$ pour $x > 0$, -1 pour $x < 0$.*

184) *Il faut ajouter, pour $c < 0$, la condition $f(0) = 0$; il en est de même pour les solutions (126).*

30. Équation de d'Alembert. *A. L. Cauchy*[185]) a aussi étudié l'équation

(127) $$\varphi(y+x)+\varphi(y-x)=2\varphi(x)\varphi(y)$$

dont, depuis *J. d'Alembert*[186]), on avait reconnu l'importance pour établir le théorème du parallélogramme des forces[187]); cette équation est d'ailleurs intéressante, comme l'a montré *J. Andrade*[187a]), parce qu'elle peut servir de définition aux fonctions circulaires.

En supposant d'abord que $\varphi(x)$ soit comprise entre 0 et 1 pour x assez petit, on a pour solution

(128) $$\varphi(x)=\cos cx;$$

si $\varphi(x)$ est plus grand que l'unité pour x assez petit, on trouve, a étant une constante arbitraire positive,

(129) $$\varphi(x)=\tfrac{1}{2}(a^x+a^{-x}).$$

Rappelons que *P. S. Laplace*[188]) avait ramené la démonstration du théorème du parallélogramme des forces à la solution de l'équation fonctionnelle

(130) $$(\varphi(x))^2+\left(\varphi\left(\frac{a}{2}-x\right)\right)^2=1,$$

dont la solution s'obtient sans peine sous la forme

(131) $$\varphi(x)=\sqrt{\frac{1}{2}+f(x)-f\left(\frac{a}{2}-x\right)},$$

$f(x)$ étant une fonction arbitraire.

31. Équation de Babbage. Nous avons désigné par S_ψ [n° 7] l'opération qui consiste à effectuer la substitution $x=\psi(x)$ dans une fonction arbitraire $\alpha(x)$.

---

185) Analyse alg.[167]), p. 103; Œuvres (2) 3, Paris 1897, p. 98.

186) Hist. Acad. sc. Paris 1769, M. p. 278.

187) *Par ex. *S. D. Poisson*, Correspondance sur l'Ec. polyt. (publ. par *J. N. P. Hachette*) 1 (1804/8), p. 357; Traité de mécanique 1, Paris 1811, p. 12; *S. D. Poisson* admet la possibilité de développer $\varphi(x)$ en série de puissances.

J. Andrade [Bull. Soc. math. France 28 (1900), p. 58] réduit les hypothèses sur $\varphi(x)$. Voir aussi à ce sujet l'article IV 1.

D'autres démonstrations du théorème du parallélogramme des forces, fondées sur l'équation (127), se trouvent dans *F. Siacci* [Rendic. Accad. Napoli (3) 5 (1899), p. 34/9, 69/78, 147/51] qui donne aussi une analyse des postulats employés. Cette analyse est critiquée et complétée par *R. Schimmack*, Diss. Halle 1908, p. 57 (section 5).*

187a) *J. Andrade*, Bull. Soc. math. France 28 (1900), p. 58.

188) Mécanique céleste 1, Paris an VII, p. 5; Œuvres 1, Paris 1878, p. 6.

On a donc

(132) $$S_\psi(x) = \psi(x), \quad S_\psi^2(x) = \psi(\psi(x)), \ldots$$

Plusieurs auteurs font usage de la notation

(133) $$x = \psi_0(x), \quad \overset{\circ}{\psi}(x) = \psi_1(x), \quad \psi(\psi(x)) = \psi_2(x), \ldots;$$

$S_\psi^n(x)$ ou $\psi_n(x)$ s'appelle *l'itérée* $n^{\text{ième}}$ de $\psi(x)$.

On s'est posé, à ce sujet, la question suivante: quelle est la fonction dont la $n^{\text{ième}}$ itérée reproduit la variable indépendante?

Répondre à cette question équivaut à résoudre l'équation

(134) $$\psi_n(x) = x,$$

ou symboliquement

$$S_\psi^n = 1;$$

c'est l'équation que *J. D. Gergonne*[189]) a désignée sous le nom *d'équation de Babbage.*

De cette équation on peut donner plusieurs solutions particulières; par exemple

$$a - x, \quad \frac{x}{ax-1}, \quad \frac{2-x}{1-x} \quad \text{pour} \quad n = 2;$$

$$\frac{2}{2-x} \quad \text{pour} \quad n = 4;$$

$\varepsilon_n x$ pour un entier n quelconque, si ε_n est une racine $n^{\text{ième}}$ de l'unité; et bien d'autres encore.

Si φ est une solution particulière de l'équation de Babbage (134) et si f désigne une fonction arbitraire, l'expression

$$f^{-1}\varphi f$$

sera la solution générale de l'équation de Babbage au sens défini au n° 27.

Le mémoire de *Ch. Babbage*[166]), résumé par *J. D. Gergonne*[189a]), contient de nombreux exemples d'équations particulières qui se réduisent à la forme (134).

L. Leau[190]) étudie l'équation de Babbage (134) dans le cas où $\psi(x)$ est une fonction analytique uniforme régulière dans un domaine donné.

L'équation

135) $$F[x, S_\psi(x), \; S_\psi^2(x), \ldots, S_\psi^n(x)] = 0$$

---

189) Ann. math. pures appl. 12 (1821/2), p. 80.

Cf. *O. Rausenberger*, Math. Ann. 18 (1881), p. 379; Lehrbuch der Theorie der periodische Functionen, Leipzig 1884, p. 162; *E. Iaggi*, Nouv. Ann. math. (3) 19 (1900), p. 483.

189a) Ann. math. pures appl. 12 (1821/2), p. 73/103.

190) Bull. Soc. math. France 26 (1898), p. 5.

représente une généralisation de l'équation de Babbage. On peut la réduire jusqu'à ne plus contenir d'itérée, en posant autant de fois qu'il est nécessaire

$$\psi = \varphi^{-1} f \varphi,$$

où f est arbitraire et[191])

$$x = \varphi^{-1}(z).$$

L'équation (135) renferme, comme cas particulier, l'équation linéaire à coefficients constants

(136) $$a_0 x + a_1 S_\psi(x) + \cdots + a_n S_\psi^n(x) = 0,$$

qui rentre dans la catégorie des équations (27) et se résout par la méthode indiquée au n° **10**; sa solution[192]) s'obtient donc aisément en fonction de la solution de l'intégrale de l'équation 134.

32. Les équations d'Abel et de Schröder. Une équation fonctionnelle, à laquelle ont été ramenées plusieurs autres et que l'on rencontre souvent dans certaines recherches mathématiques, est l'équation

(137) $$\varphi(\alpha(x)) = \varphi(x) + c$$

ou, symboliquement,

(138) $$S_\alpha \varphi = \varphi + c;$$

cette équation a déjà été considérée par *N. H. Abel*[193]).

On peut ramener sans difficulté la solution de cette équation à celle d'une équation aux différences finies du premier ordre: si l'on pose

$$x = \psi(y), \quad \alpha(x) = \psi(y+1)$$

il suffit, en effet, de résoudre l'équation

(139) $$\varphi(\psi(y+1)) = \varphi(\psi(y)) + c$$

par rapport à $\psi(y)$ pour avoir aussi résolu l'équation (137). Il faut toutefois observer que la résolution de l'équation (139) n'est pas en général plus facile que celle de l'équation (137).

N. H. Abel a remarqué que, si l'on connaît une solution particulière $\varphi(x)$ de l'équation (137), la solution générale de cette équation est fournie par l'expression

$$\varphi(x) + \omega(x),$$

où $\omega(x)$ est une solution de l'équation

$$S_\alpha(\omega) = \omega,$$

ce qu'on a appelé plus tard un *invariant* par rapport à S_α[194]).

---

191) Voir note 166. Cf. *O. Spiess*, Diss. Bâle 1902.

192) *E. M. Lémeray*, C. R. Acad. sc. Paris 125 (1897), p. 524; Bull. Soc. math. France 26 (1896), p. 10; *O. Spiess*, Math. Ann. 62 (1906), p. 226.

193) Mém. posth.; Œuvres[121]) 2, p. 36.

194) *A. N. Korkine* [Bull. sc. math. 2 (6) (1882), p. 235] et *G. Koenigs* [Bull.

Comme application, *N. H. Abel* donne la solution générale de l'équation

$$\varphi(x^n) = \varphi(x) + 1, \tag{140}$$

qui admet

$$\varphi(x) = \frac{\log \log x}{\log n} \tag{141}$$

comme solution particulière, quelle que soit la base dans laquelle on prenne les logarithmes.

L'équation (137) rentre, comme cas particulier, dans la classe des équations

$$F[x, \varphi(\alpha(x)), \varphi(\beta(x))] = 0, \tag{142}$$

qu'on peut aussi ramener aux équations aux différences finies[195]).

Dans le cas où $\alpha(x)$ est une fonction analytique, on peut obtenir une solution analytique de l'équation d'Abel: le développement en série s'obtient par la méthode des coefficients indéterminés[196]).

En remplaçant $\varphi(x)$ par $\log \varphi(x)$, l'équation (137) se transforme en la suivante:

$$\varphi(\alpha(x)) = c\varphi(x) \tag{143}$$

ou, symboliquement,

$$S_\alpha \varphi = c\varphi; \tag{144}$$

*on peut regarder cette dernière équation comme l'équation de définition des *invariants*[197]) de l'opération S_α.*

L'équation (143) porte le nom d'*équation de Schröder*[198]); ses solutions et la détermination de leur domaine de valabilité se déduisent de celles de l'équation d'Abel.

J. Farkas[199]) a démontré que si la fonction $\alpha(x)$ est régulière dans un cercle de rayon > 1 ayant pour centre un point racine z de l'équation

$$\alpha(x) - x = 0,$$

et si l'on a en outre

$$\sum \frac{1}{n!} |\alpha^{(n)}(z)| < 1, \tag{145}$$

---

sc. math. (2) 7 (1883), p. 343; Ann. Éc. Norm. 3 (1) (1884), supplément p. 6; (3) 2 (1885), p. 385] qui retrouvent ce théorème n'ont pas remarqué qu'il avait été énoncé par *N. H. Abel*, Mém. posth., Œuvres[121]) 2, p. 36.

195) *N. H. Abel*, Mém. posth., Œuvres[121]), 2, p. 38.

196) *A. N. Korkine*, Bull. sc. math. (2) 6 (1882), p. 235.

197) Voir l'équation (43) du n° **14**.

198) *E. Schröder*, Math. Ann. 3 (1871), p. 296. Cf. *O. Rausenberger*, Math. Ann. 18 (1881), p. 379; 20 (1882), p. 187; Period. Funct.[189]), p. 142.

199) J. math. pures appl. (3) 10 (1884), p. 108.

l'équation de Schröder admet une solution régulière dans un cercle de centre z et de rayon 1. Par un passage à la limite, *G. Koenigs*[200]) forme une solution de l'équation (143) et en démontre la validité: cette démonstration dépend des théorèmes généraux sur la convergence des procédés d'itération [n^{os} **33** à **36**].

P. Appell[201]) a considéré une classe d'équations différentielles linéaires en relation avec l'équation de Schröder; ce sont des équations qui se transforment en elles-mêmes par une substitution

$$x = \alpha(t), \quad y = z\beta(t);$$

or cette propriété en entraîne une autre très remarquable, à savoir qu'une au moins des intégrales $\varphi(x)$ de ces équations vérifie une équation fonctionnelle de la forme

$$\varphi(\alpha(x)) = c\beta(x)\varphi(x), \tag{146}$$

équation fonctionnelle qui se ramène à celle de Schröder.

L. Leau, qui a étendu l'étude des équations d'Abel et de Schröder aux fonctions de plusieurs variables[202]), considère des équations aux dérivées partielles qui jouissent d'une propriété analogue[203]).*

33. Le calcul d'itération. *Les équations classiques qu'on a considérées au numéro **32** appartiennent à un chapitre de l'analyse dans lequel on rencontre encore un grand nombre d'autres équations fonctionnelles, toutes engendrées par un même procédé, et dont les applications sont aussi nombreuses que variées: c'est le *calcul d'itération*[204]).

Nous allons indiquer quelques-uns des résultats principaux de ce calcul, en commençant par le cas où il s'applique aux fonctions d'une seule variable; ce cas, qui a été étudié le premier, est aussi celui où l'on a obtenu les résultats les plus complets.*

Si α est une fonction donnée, et si l'on forme les itérées successives

$$S_\alpha(x), \quad S_\alpha^2(x), \ldots, \quad S_\alpha^r(x), \ldots\ldots \tag{147}$$

---

200) Ann. Ec. Norm. (3) 1 (1884), suppl. p. 3; (3) 2 (1885), p. 385.

201) *C. R. Acad. sc. Paris 93 (1881), p. 699/701; Acta math. 15 (1891), p. 281/315.*

202) Thèse, Paris 1897, p. 71.

203) Id. p. 97.

204) *Pour la bibliographie de ce calcul, voir *I. Aristov* [Bull. Soc. phys.-math. Kazan (2) 10 (1900), p. 14/49, 85/131] qui donne (p. 19/20) une liste de 33 travaux s'y rapportant; *L. E. Böttcher*, id. (2) 13 (1903), p. 1; (2) 14 (1904), p. 155; *O. Nicoletti*, Mem. mat. fis. Soc. ital. delle scienze (3) 14 (1906), p. 181.

On trouve des remarques très générales sur l'itération dans *H. Schapira*, Jahresb. deutsch. Math.-Ver. 3 (1892/3), éd. Berlin 1894, p. 88; voir aussi *C. Isenkrahe*, Das Verfahren der Funktionswiederholung, Leipzig 1897.*

on peut se demander si cette suite converge vers une limite déterminée, et si cette limite reste la même quand r tend vers l'infini autrement que par valeurs positives entières croissantes; ce problème comprend deux questions distinctes: l'une se rapporte à la détermination formelle de la limite de la suite, l'autre à la recherche des conditions de convergence de la suite. En ce qui concerne la première question on a montré, d'abord en se bornant au cas des fonctions rationnelles[205]), que la limite de $S_\alpha^r(x)$, si elle existe, vérifie l'équation

$$\alpha(x) - x = 0. \tag{148}$$

E. Schröder[206]), qui reconnaît d'ailleurs devoir une partie de ses résultats à *H. Eggers*, s'est ensuite occupé d'une façon générale de cette question. Il démontre que le théorème exprimé par l'équation (148) s'applique non seulement dans le cas des fonctions rationnelles mais encore pour les fonctions algébriques et aussi pour les fonctions transcendantes, sous certaines conditions; d'autre part il montre l'usage que l'on peut faire de ce théorème dans la recherche et dans le calcul approché des racines d'équations algébriques ou de certaines équations transcendantes données.

J. Farkas[207]) démontre le théorème que voici:

Si $y = \alpha(x)$ est une fonction analytique régulière et telle que, quand la variable x décrit une aire T, la variable y décrive une aire $\alpha(T)$ *intérieure* à T, il existe pour $S^r(x)$ une limite indépendante de la façon dont on fait tendre r vers l'infini. Ce théorème a d'ailleurs lieu même si T se réduit à un point.

Dans ces recherches, on est conduit à la généralisation suivante: au lieu de supposer que l'indice r prend nécessairement des valeurs entières positives, on admet que cet indice prenne des valeurs entières négatives, des valeurs fractionnaires ou même des valeurs complexes quelconques; l'itérée générale est, quel que soit r, définie dans le champ des fonctions analytiques en résolvant le problème suivant[208]): étant donnée une fonction $\alpha(x)$, déterminer une fonction analytique $F(r, x)$ des deux variables r et x, régulière dans un domaine convenable et telle que l'on ait

$$F(r, x) = F(r-1, \alpha(x)) \tag{149}$$

---

205) **L. Sancery* [Nouv. Ann. math. (2) 1 (1862), p. 305, 384] applique ce théorème à la recherche des racines d'équations algébriques spéciales et développe le cas de l'équation du second degré.*

206) Math. Ann. 2 (1870), p. 317; 3 (1871), p. 296.

207) J. math. pures appl. (3) 10 (1884), p. 102.

208) *E. Schröder*, Math. Ann. 3 (1871), p. 298.

avec

$$F(1,\ x) = \alpha(x).$$

Les conditions de convergence, en d'autres termes les conditions sous lesquelles une solution de l'équation (148) fournit effectivement une limite des itérées successives (147), ont été données dans plusieurs cas.

Dans le champ réel, *J. Farkas*[207]) démontre que la limite des itérées existe quand $\alpha(x)$ croît avec x et qu'en outre pour $p < x < q$ les inégalités

$$p < \alpha(p) < \alpha(x) < \alpha(q) < q$$

sont vérifiées.

G. Koenigs[209]) traite la question dans le cas des fonctions analytiques: soit $\alpha(x)$ une fonction analytique supposée régulière au point z solution de l'équation (148); soit en outre $|\alpha'(z)| < 1$: il existe alors un cercle de centre z tel que pour tout point x intérieur à ce cercle on a

(150) $$\lim_{r=+\infty} S_\alpha^r(x) = z.$$

Si $\varphi(x)$ est régulière au point z et si $\varphi(z) = 0$, on peut déterminer une valeur de h assez grande pour que la série

$$S_\alpha^h(\varphi) + S_\alpha^{h+1}(\varphi) + \cdots + S_\alpha^n(\varphi) + \cdots\cdots$$

converge uniformément dans ce cercle et y représente par suite [II 8] une fonction analytique régulière[210]).

Il peut arriver que S_α^r ait un nombre k fini de points-limites; ces points-limites sont alors des racines de l'équation

(151) $$S_\alpha^k(x) = x$$

et ces racines s'échangent circulairement par la substitution S; c'est le cas que *G. Koenigs* a appelé *cas de convergence irrégulière.*

On a aussi donné des conditions[211]) sous lesquelles les racines de (151) sont effectivement des limites de l'itération.

Si $\alpha(x)$ est une fonction rationnelle entière, l'équation

(152) $$\frac{S_\alpha^r(x) - x}{\alpha(x) - x} = 0,$$

dans laquelle on laisse aux coefficients de $\alpha(x)$ toute leur généralité, a la propriété que ses racines se trouvent distribuées en systèmes dont

---

209) Bull. sc. math. (2) 7 (1883), p. 340.

210) *G. Koenigs*, Ann. Éc. Norm. (3) 1 (1884), supplément p. 14.

211) *G. Koenigs*, Bull. sc. math. (2) 7 (1883), p. 349; *F. Podetti*, Giorn. mat. 2) 4 (1897), p. 264.

chacun contient n racines; si $x_1, x_2, \ldots, x_n$ sont les racines d'un de ces systèmes, on a[212])

$$x_2 = \alpha(x_1), \quad x_3 = \alpha(x_2), \ldots, x_n = \alpha(x_{n-1}).$$

34. Itérations particulières. *Le théorème fondamental exprimé par l'équation (148) démontre clairement l'importance de l'emploi des procédés d'itération dans la résolution des équations.

Au fond, toutes les méthodes d'approximation des racines peuvent se ramener à des calculs d'itération: il n'entre pas dans le plan de cet article de donner plus de détails sur ce sujet [voir I 12]; aussi nous bornerons-nous ici à mentionner quelques uns des cas où l'emploi des principes généraux concernant l'itération, en particulier du théorème exprimé par l'équation (148), se présente d'une façon spontanée en permettant d'éviter de recourir à des procédés auxiliaires d'approximation.

Sans parler des traces de cette méthode qu'on trouve déjà dans *I. Newton*[213]) dont la méthode classique d'approximation des racines

---

212) *E. Netto,* Math. Ann. 29 (1887), p. 148.

213) De analysi per aequationes numero terminorum infinitas, rédigé en 1669, éd. Londres 1711; Opuscula, éd. *J. Castillon* 1, Lausanne et Genève 1744, Opusc. I p. 10/5; Opera, éd. *S. Horsley* 1, Londres 1779, p. 250; cf. Methodus fluxionum et serierum infinitorum, ouvrage écrit vers 1671, publié en trad. anglais par *J. Colson,* Londres 1736; trad. française par *G. C. Leclerc* comte de *Buffon,* Paris 1740; Opuscula, éd. *J. Castillon* 1, Lausanne et Genève 1744, Opusc. II, p. 37/9 [cf. II 15, note 6].

*Déjà au moyen âge on rencontre un procédé d'itération à propos du calcul approché de racines carrées. Ce procédé équivaut à l'emploi de la formule

$$a_{n+1} = a_n - \frac{a_n^2 - A}{2a_n}$$

qui fournit successivement pour $n = 0, 1, 2, \ldots$ les valeurs approchées $a_1, a_2, a_3, \ldots$ de $\sqrt{A}$, si l'on prend pour a_0 le plus grand entier contenu dans $\sqrt{A}$. Le procédé général a été indiqué expressément par le mathématicien arabe *El-Haṣṣâr* [qui vivait probablement au 12ième siècle; cf. *H. Suter,* Bibl. math. (3) 2 (1901), p. 37/8; *G. Eneström,* id. (3) 10 (1909/10), p. 166/7]. En Europe, *Léonard de Pise* [Liber abbaci (1228); Scritti pubbl. da *B. Boncompagni* 1, Rome 1857, p. 355] y a fait allusion et *L. Paciuolo* [Summa de arithmetica, Venise 1494, fol. 45a] l'a exposé en détail [cf. *F. Wöpcke,* Bull. bibl. storia mat. 7 (1874), p. 255/627]. Si l'on voulait prendre en considération les procédés géométriques équivalents à des formules d'itération, on pourrait même faire remonter la méthode à *Archimède* [cf. κύκλου μέτρησις (de la mesure du cercle), prop. 3; Opera, éd. *J. L. Heiberg* 1, Leipzig 1880, p. 262/71; trad. *F. Peyrard,* Paris 1807]; si l'on pose

$$A_n = \operatorname{coséc} \frac{\pi}{3 \cdot 2^n}, \quad a_n = \cot \frac{\pi}{3 \cdot 2^n},$$

n'est qu'un calcul d'itération, nous citerons *C. J. D. Hill*[214]) qui applique l'itération à la résolution de l'équation cubique et *E. Galois*[215]) qui l'applique à la résolution des équations numériques.*

L'itération de fonctions irrationnelles conduit, en certains cas, rapidement au but; ainsi l'équation trinome

$$x^n - x - a = 0 \tag{153}$$

se résout par l'itération de $\sqrt[n]{x+a}$, et l'équation

$$x^m - px^n + q = 0 \tag{154}$$

par celle de[216])

$$\sqrt[n]{\frac{q}{p - x^{m-n}}} \quad \text{ou de} \quad \sqrt[m-n]{p - \frac{q}{x^n}}. \tag{155}$$

E. Netto[217]) étudie les algorithmes auxquels donne naissance l'itération de

$$\sqrt[n]{x+a}, \tag{156}$$

celle de

$$\sqrt[n]{ax^{n-1} + bx^{n-2} + \cdots + c} \tag{157}$$

et les conditions de leur convergence; il détermine aussi quelle est celle des racines de l'équation

$$x^n - ax^{n-1} - bx^{n-2} - \cdots - c = 0 \tag{158}$$

qui est déterminée par les limites de l'itération de l'expression (157), quand on se donne une valeur initiale de x.

C. Isenkrahe[218]), qui applique aussi le calcul d'itération à la recherche des racines d'équations algébriques ou transcendantes, démontre que si l'on isole x dans l'équation (158), d'une façon quelconque, sous la forme

$$x = \alpha(x),$$

et si l'on applique ensuite l'itération $S_\alpha^n(x_0)$ en partant d'une valeur quelconque x_0 de x, réelle ou complexe, le procédé conduit à une racine ξ de l'équation (158) pourvu que $|\alpha'(\xi)|$ soit plus petit que

---

les procédés d'*Archimède* sont équivalents à l'emploi des formules

$$A_{n+1} = \sqrt{2A_n(A_n + \sqrt{A_n^2 - 1})},$$
$$a_{n+1} = a_n + \sqrt{1 + a_n^2}.$$

(Note de *G. Eneström*).*

214) J. reine angew. Math. 11 (1834), p. 93, 262.

215) Bull. sc. math. astr. phys. chim. 13 (1830), p. 413; J. math. pures appl. (1) 11 (1846), p. 397; Œuvres, publ. par *E. Picard*, Paris 1897, p. 13.

216) *K. E. Hoffmann*, Archiv Math. Phys. (1) 66 (1881), p. 35.

217) Math. Ann. 29 (1887), p. 141. Cf. *A. L. Cauchy*, Analyse alg.[167]) note III; Œuvres (2) 3, p. 388.

218) Math. Ann. 31 (1888), p. 307; Progr. Trèves 1897.

l'unité; par un choix convenable de $\alpha(x)$ et de x_0, l'itération de

$$\frac{\alpha(x) - x\alpha'(x)}{1 - \alpha(x)} \tag{159}$$

peut conduire à l'une quelconque de ces racines.

35. Les fonctions de Koenigs. Le calcul d'itération conduit à la résolution des équations fonctionnelles d'Abel et de Schröder [n° **32**].

Si $\alpha(x)$ est une fonction analytique régulière dans un domaine du point z, si l'on a $|\alpha'(z)| < 1$ et si z est la limite pour $r = +\infty$ de $S_\alpha^r(x)$, l'expression

$$B(x) = \lim_{r=+\infty} \frac{S_\alpha^r(x) - z}{(\alpha'(z))^r} \tag{160}$$

donne une fonction analytique régulière dans un domaine de z. Si l'on pose

$$\alpha'(z) = a,$$

cette fonction $B(x)$ vérifie l'équation de Schröder

$$S_\alpha \varphi = a\varphi,$$

qui se trouve ainsi résolue.[219])

Une solution quelconque de cette équation, régulière dans un domaine de z, ne diffère d'une puissance de $B(x)$ que par un facteur constant. De la solution de l'équation de Schröder on déduit, comme on l'a vu [n° **32**], la solution de l'équation d'Abel donnée par $\log B(x)$.

La fonction $B(x)$ de *G. Koenigs* sert encore à la résolution d'autres équations fonctionnelles[220]), telles que

$$S_\varphi^r = S_\alpha,$$

ou

$$S_\varphi S_\alpha = S_\alpha S_\varphi,$$

où α est donnée et φ une fonction inconnue.

A. Grévy[221]) a traité l'équation (144) dans le cas où $\alpha'(z) = 0$; *L. Leau*[222]) dans celui où $|\alpha'(z)| = 1$, l'argument de $\alpha'(z)$ étant commensurable avec 2π.

---

219) **G. Koenigs*, C. R. Acad. sc. Paris 99 (1884), p. 1016; Ann. Ec. Norm. (3) 1 (1884), supplément p. 19; (3) 2 (1885), p. 385; *H. von Koch* [Bihang Svenska Vetenskaps Akad. Handl., Afdelning I math. 25 (1900), mém. n° 5, p. 1/24 [1899]] résout cette équation par les déterminants d'ordre infini.*

220) *Ann. Ec. Norm. (3) 2 (1885), p. 385. Des développements ultérieurs des recherches de *G. Koenigs* se trouvent dans *I. Aristov*, Bull. Soc. phys.-math. Kazan (2) 10 (1900), p. 14/49, 85/131; *L. E. Böttcher*, id. (2) 13 (1903), p. 1/37; (2) 14 (1904), p. 155/200.*

221) Ann. Ec. Norm. (3) 11 (1894), p. 287.

222) Thèse, Paris 1897, p. 41.

Les fonctions $B(x)$ de *G. Koenigs* ont donné lieu à d'autres applications. C'est au moyen de ces fonctions qu'on intègre les équations différentielles linéaires invariantes par une transformation[223])

$$x = \alpha(t), \quad y = \beta(t);$$

ce sont aussi ces fonctions qui donnent la solution des équations fonctionnelles[224])

$$\pi_0 \varphi + \pi_1 S_\alpha \varphi + \pi_2 S_\alpha^2 \varphi + \cdots + \pi_n S_\alpha^n \varphi = 0, \tag{161}$$

dont les coefficients π_h sont des fonctions analytiques et qui, lorsqu'on cherche leurs solutions analytiques régulières dans un domaine aux environs du point

$$z = \lim_{r=+\infty} S_\alpha^r,$$

offrent une remarquable analogie, dans l'ensemble de leur théorie, avec les équations différentielles linéaires.

Ainsi la condition nécessaire et suffisante pour que n fonctions

$$\varphi_1, \varphi_2, \ldots, \varphi_n$$

soient liées par une relation linéaire à coefficients invariants par rapport à S_α s'exprime en égalant à zéro le déterminant

$$\begin{vmatrix} \varphi_1, & \varphi_2, & \ldots, & \varphi_n \\ S_\alpha\varphi_1, & S_\alpha\varphi_2, & \ldots, & S_\alpha\varphi_n \\ \cdot & \cdot & \cdot & \cdot \\ S_\alpha^{n-1}\varphi_1, & S_\alpha^{n-1}\varphi_2, & \ldots, & S_\alpha^{n-1}\varphi_n \end{vmatrix} \tag{162}$$

analogue au wronskien[225]); d'où il suit que l'équation (161) n'a que n solutions linéairement indépendantes au sens indiqué. L'existence des solutions, qu'on construit au moyen des fonctions $B(x)$, se démontre par une méthode entièrement analogue à celle des fonctions majorantes employée pour le théorème d'existence des intégrales des équations différentielles linéaires[226]). Les équations linéaires aux différences finies à coefficients analytiques (elles correspondent au cas où $z = +\infty$) rentrent dans la forme (161).

---

223) *P. Appell*, Acta math. 15 (1891), p. 286.

224) *A. Grévy*, Ann. Ec. Norm. (3) 11 (1894), p. 249.

225) Sur la généralisation du wronskien et sur les équations fonctionnelles linéaires dont la théorie présente des analogies avec celle des équations différentielles linéaires, voir *S. Pincherle*, Atti R. Accad. Lincei *Rendic.* (5) 6 I (1897), p. 301; *E. Bortolotti*, id. (5) 7 I (1898), p. 46; *C. Bourlet*, C. R. Acad. sc. Paris 124 (1897), p. 1431. „Sur le déterminant (162), voir *L. E. Böttcher*, Bull. intern. Acad. sc. Cracovie 1900, éd. 1900, p. 227/8."

226) *A. Grévy*, Ann. Ec. Norm. (3) 11 (1894), p. 255.

Un procédé analogue, également fondé sur l'usage des fonctions majorantes[227]), sert à démontrer l'existence d'un système de solutions pour le système d'équations

$$(163) \qquad \varphi_i = \beta_{i1} S_\alpha \varphi_1 + \beta_{i2} S_\alpha \varphi_2 + \cdots + \beta_{in} S_\alpha \varphi_n, \quad (i = 1, 2, \ldots n)$$

analytiques et régulières dans un domaine voisin des racines de l'équation

$$\alpha(x) = x;$$

dans le système d'équations (163), $\varphi_1, \varphi_2, \ldots, \varphi_n$ sont les fonctions inconnues tandis que les fonctions α et β_{im} $(i, m = 1, 2, \ldots n)$ sont des fonctions données.

L. Leau[228]) étend encore ses recherches au cas où il s'agit de fonctions de plusieurs variables.

36. Formation des itérées. a. „La question de la formation effective des itérées d'une fonction donnée $\alpha(x)$, pour une valeur entière de r, ne présente pas seulement un intérêt formel au point de vue algorithmique, elle est aussi d'une importance pratique essentielle lorsqu'on veut appliquer le calcul d'itération à la résolution numérique des équations algébriques ou transcendantes."

Ce problème, en dehors de quelques cas très particuliers, offre toutefois de grandes difficultés; même dans des cas très simples, comme celui de la fonction linéaire

$$(164) \qquad \alpha(y) = \frac{ax + b}{cx + d},$$

dont plusieurs auteurs[229]) se sont occupés[230]), le calcul direct se présente déjà d'une façon assez compliquée.

---

227) *L. Leau*, Thèse, Paris 1897, p. 4.

228) Id. p. 10.

229) Voir déjà *J. de Condorcet* [Acta Acad. Petrop. 1 (1777) I, éd. 1778, p. 34/7] qui considère les itérées

$$a^{a^{\cdot^{\cdot^{\cdot^{a^x}}}}}, \quad \frac{n}{\cos\cos\ldots\cos(a+x)}, \quad \sqrt[n]{a + \sqrt[n]{a + \cdots \sqrt[n]{a+x}}}.$$

Cf. *Ch. Babbage*[166]); *J. A. Serret*, J. math. pures appl. (1) 15 (1850), p. 159; Algèbre supérieure 1, Paris 1879, p. 356; *E. R. E. Hoppe*, Z. Math. Phys. 5 (1860), p. 136; *E. Schröder*, Math. Ann. 3 (1871), p. 196; *O. Rausenberger*, id. 18 (1881), p. 379; etc.

230) L'itération des fonctions (164) se présente fréquemment dans la théorie des groupes discontinus et des fonctions automorphes; voir par ex. *H. Poincaré*, Acta math. 1 (1882/3), p. 8; *F. Klein*, Vorlesungen über das Ikosaeder, Leipzig 1884, p. 32 et suiv.; *O. Rausenberger*, Period. Funkt.[189]), p. 355; *F. Klein*, Vorlesungen über elliptische Modulfunktionen, publ. par *R. Fricke* 1, Leipzig 1890, p. 163.

Il est difficile de mentionner tous les travaux où se trouvent des recherches sur les itérées de fonctions particulières. Pour en citer quelques-uns, rappelons ici *J. de Condorcet*[229]), *Ch. Babbage*[231]), *G. Eisenstein*[232]) et *L. Seidel*[233]) qui ont étudié les itérées de a^x et de x^x.

C'est dans cette étude que *G. Eisenstein* a cherché le fondement de la théorie de l'opération arithmétique *de rang quatre* [I 1, 29] qui procède de la puissance comme celle-ci procède de la multiplication et comme la multiplication procède de l'addition[234]).

E. Schröder[235]) a cherché les itérées des fonctions quadratiques entières ou fractionnaires; *K. B. Hoffmann*[212]) celles des fonctions $\sqrt{x+a}$; *A. Sommerfeld*[236]) celles de la fonction

$$\frac{a}{\log x}$$

et plus généralement celles des fonctions de la forme

$$f\left(\frac{a}{\varphi(x)}\right).^*$$

Pour la formation des itérées en général, il faut tout d'abord citer un essai de *A. Cayley*[237]). Mais c'est *E. Schröder*[238]) qui a déduit du développement de Maclaurin, la série générale

$$(165)\quad S_a{}^r = S^0 + r(S - S^0) + \frac{r(r-1)}{1\cdot 2}(S^2 - 2S + S^0) + \cdots\cdots$$

Une autre méthode pour la formation générale des itérées s'appuie sur la remarque[239]) qu'on peut former les itérées de β si l'on a

$$(166)\qquad S_\beta = S_\psi S_\alpha S_\psi^{-1}$$

et si l'on connaît les itérées de α; par cette méthode on peut déduire les itérées de plusieurs fonctions en partant de celles de la fonction linéaire (164).

On peut encore former les itérées de α lorsqu'on connaît une fonction ψ qui admet un théorème d'addition de la forme

$$(167)\qquad \psi(x+c) = \alpha(\psi(x))$$

231) Philos. Trans. London 105 (1815), p. 389 (cf. note 166).

232) J. reine angew. Math. 28 (1844), p. 49.

233) Abh. Akad. München 11 (1874), Abt. I (1871), p. 3/10.

234) Voir sur ce sujet l'article I 1, 29.

235) Math. Ann. 3 (1871), p. 296.

236) Nachr. Ges. Gött. 1898, p. 360.

237) Quart. J. pure appl. math. 3 (1860), p. 366; 15 (1878), p. 319; Papers 4, Cambridge 1891, p. 470/2; 10 Cambridge 1896, p. 302.

238) Math. Ann. 2 (1870), p. 317. Cf. *H. Brunn*, Z. Math. Phys. 37 (1892), p. 60.

239) *E. Schröder*, Math. Ann. 3 (1871), p. 300.

ou un théorème de multiplication de la forme

(168) $$\psi(cx) = \alpha(\psi(x));$$

en partant de ce fait, *E. Schröder* ramène, dans le cas de l'équation (167), le problème de l'itération à la solution de l'équation (137) et dans le cas de l'équation (168) à la solution de l'équation (143). *C. Formenti*[240]) déduit directement de l'équation d'Abel la formation des itérées dans plusieurs cas; *A. N. Korkine*[241]) et *J. Farkas*[242]) ramènent aussi, mais par d'autres méthodes, la même question aux équations citées.

b. *Comme on l'a remarqué au n° **33**, on peut définir l'itération non seulement pour r entier, mais pour r quelconque, et considérer S_α^r comme une fonction de x et de r et même comme une fonction analytique de cette dernière variable. L'équation (149) ou l'équation plus générale

(169) $$F[r, F(r_1, x)] = F(r + r_1, x),$$

avec les conditions initiales[243])

(170) $$F(0, x) = x, \quad F(1, x) = \alpha(x),$$

sert de définition à cette fonction, dont il s'agit ensuite de déterminer des expressions analytiques.

C. Bourlet[244]) obtient ce résultat en étendant la formule (165) à des valeurs complexes de r, dans un domaine convenable fixé autour de $r = 0$, et sous la condition que $\alpha(x)$ soit régulière pour un domaine fixé autour d'une racine z de l'équation $\alpha(x) = x$, pourvu que l'on ait $|\alpha'(z)| < 1$.

D'autres expressions, sous forme de limites, ont été données par *E. M. Lémeray*[245]); ainsi, pour z réel et transporté à l'origine, et pour $\alpha(0)$ réel et $0 < \alpha'(0) < 1$, il donne l'expression suivante, valable pour r quelconque:

(171) $$S_\alpha^r = \lim_{m=+\infty} \alpha_{-m}(\alpha'(0)^r \alpha_m(x));$$

il donne d'autres expressions analogues dans le cas où $\alpha'(0) = 1$ et dans celui où $\alpha'(0) = 0$.*

c. *Les itérées non plus de fonctions, mais d'opérations fonctionnelles, ont à peine été considérées; citons seulement *A. Gutzmer*[246]) qui a étudié les itérées d'expressions différentielles linéaires.*

240) Reale Ist. Lombardo *Rendic.* (2) 8 (1875), p. 276.

241) Bull. sc. math. (2) 6 (1882), p. 228.

242) J. math. pures appl. (3) 10 (1884), p. 104.

243) *E. Schröder*, Math. Ann. 3 (1871), p. 298.

244) Ann. Fac. sc. Toulouse (1) 12 (1898), mém. n° 3, p. 1/12.

245) C. R. Acad. sc. Paris 128 (1899), p. 278.

37. Itération à plusieurs variables. Cas particuliers. *On a considéré jusqu'ici [nos **33** à **36**] l'itération relative à une fonction d'une seule variable; l'itération par rapport à une fonction de plusieurs variables, ou à un système de fonctions de plusieurs variables, donne lieu à des problèmes plus complexes qui ont été l'objet d'un certain nombre de travaux importants.

Les questions qu'il s'agit ici de résoudre sont d'abord les suivantes:

Soit un système de valeurs

$$x_1,\ x_2,\ \ldots,\ x_p$$

attribuées à p variables et qui définissent un point x d'un espace S_p à p dimensions; soit

$$A(x) = A(x_1,\ x_2,\ \ldots,\ x_p)$$

un algorithme qui, appliqué à ce point, donne un point

$$x^{(1)} = A(x)$$

du même espace. Qu'on répète l'opération A sur le point

$$x^{(1)} \equiv (x_1^{(1)},\ x_2^{(1)},\ \ldots,\ x_p^{(1)})$$

de façon à obtenir un point

$$x^{(2)} = A(x^{(1)}) = A^2(x),$$

et ainsi de suite: on formera ainsi la suite des itérées de A,

$$(172)\qquad A^0(x) = x,\quad A(x) = x^{(1)},\quad A^2(x) = x^{(2)},\ \ldots\ldots,$$

et l'on aura à se poser au sujet de la suite (172) les mêmes questions que celles qui se sont présentées aux nos **33** et suivants pour la suite (147), en particulier les problèmes d'existence de limites, de convergence, de formation des itérées.*

L'itération pour les fonctions de plusieurs variables donne lieu à l'étude des lignes, des surfaces, et en général des variétés invariantes; elle se rattache par là à la théorie des groupes, continus ou non.

*Un des premiers exemples d'itération à plusieurs variables est fourni par l'algorithme, qui a été étudié, au point de vue algébrique[246a]),

---

246) Sitzgsb. böhm. Ges. Prag, 1892, p. 54/9.

246a) *Il serait inexact de faire remonter l'origine de cet algorithme à *Archimède* [Opera[213]), éd. *J. L. Heiberg* 1, p. 258/70]; en réalité il n'y a pas d'algorithme équivalent dans *Archimède*, où il n'est d'ailleurs nullement question de moyenne arithmétique-géométrique. Les relations obtenues par *Archimède* pourraient, il est vrai, se mettre sous la forme

$$\frac{\alpha_{n+1}}{\beta_{n+1}} = \frac{1+\alpha_n}{\beta_n},$$

$$\alpha_n^2 + \beta_n^2 = 1,$$

par *J. L. Lagrange*[247]) et par *C. F. Gauss*[248]), de la moyenne arithmétique-géométrique.

Étant donné un point $x \equiv (x_1, x_2)$, où x_1 et x_2 sont des nombres positifs[249]), si l'on pose

$$(173)\qquad A(x_1, x_2) \equiv (x_1^{(1)}, x_2^{(1)}) \equiv \left(\frac{x_1 + x_2}{2}, \sqrt{x_1 x_2}\right),$$

et que l'on itère A, on obtient une suite

$$(x_1^{(2)}, x_2^{(2)}), (x_1^{(3)}, x_2^{(3)}), \ldots, (x_1^{(n)}, x_2^{(n)}), \ldots\ldots$$

qui est convergente en ce sens que

$$\lim_{n=+\infty} x_1^{(n)} = \lim_{n=+\infty} x_2^{(n)} = \xi,$$

où ξ est un nombre positif déterminé[250]).

Une première généralisation de la question a été donnée par *H. Schapira*[251]), qui généralise l'opération (173) par les équations de définition

$$(174)\qquad \begin{cases} p\ \ x_1^{(n+1)} = x_1^{(n)} + x_2^{(n)} + \cdots + x_p^{(n)}, \\ \binom{p}{2} x_2^{(n+1)} = \sqrt{x_1^{(n)} x_2^{(n)} + x_1^{(n)} x_3^{(n)} + \cdots + x_{p-1}^{(n)} x_p^{(n)}}, \\ \cdot\quad\cdot\quad\cdot\quad\cdot\quad\cdot\quad\cdot\quad\cdot\quad\cdot\quad\cdot\quad\cdot \\ \binom{p}{p} x_p^{(n+1)} = \sqrt[p]{x_1^{(n)} x_2^{(n)} \ldots x_p^{(n)}}, \end{cases}$$

$$(n = 1, 2, 3, \ldots, +\infty)$$

où $x_1, x_2, \ldots, x_p$ sont des nombres positifs et où l'on prend les radicaux avec leur détermination arithmétique. *H. Schapira* a démontré que, quand $p = 3$, 4 ou 5, les p suites de nombres

$$x_i^{(2)}, x_i^{(3)}, \ldots, x_i^{(n)}, \ldots\ldots (i = 1, 2, \ldots, p)$$

ainsi définies admettent chacune une limite et que ces p limites sont

---

où figurent deux variables; mais on voit immédiatement qu'il est possible de transformer ces relations en deux équations ne contenant chacune qu'une seule variable. En posant $\alpha_n = a_n \beta_n$ et $\beta_n A_n = 1$, on retombe sur les formules citées note 213 (Note de *G. Eneström*).*

247) *Mémoires Acad. Turin 2 (1784/5), éd. 1786, p. 218 [1785]; Œuvres 2, Paris 1868, p. 252.*

248) *Commentat. Soc. Gott. recent. 4 (1816/8), math. p. 43/4; Werke 3, Göttingen 1876, p. 352. Voir aussi la lettre de *C. F. Gauss* à *H. C. Schumacher* datée de 1816; Briefwechsel zwischen Gauss und Schumacher publ. par *C. A. F. Peters* 1, Altona 1860, p. 125.*

249) *Les nombres x_1, x_2 peuvent aussi être complexes [Cf. *T. Lohnstein*, Z. Math. Phys. 33 (1888), p. 129].*

250) *On a, depuis longtemps, remarqué la relation de cette limite avec l'intégrale elliptique complète. Parmi les travaux récents sur ce sujet, voir *L. Schlesinger*, Sitzgsb. Akad. Berlin 1898, p. 346.*

251) *Verh. des naturhist. medic. Vereins Heidelberg (2) 4 (1887), p. 25/46.*

égales, en sorte que, pour $p = 3, 4, 5$, quel que soit le nombre naturel n que l'on envisage, on a[252])

$$\lim_{n=+\infty} x_1^{(n)} = \lim_{n=+\infty} x_2^{(n)} = \cdots = \lim_{n=+\infty} x_p^{(n)}. \tag{175}$$

L. von Dávid[253]), après avoir démontré l'existence de ces limites pour p quelconque, a étendu le théorème au cas où $x_1, x_2, \ldots, x_p$ sont des nombres quelconques et où les radicaux sont pris aussi d'une façon quelconque, pourvu que l'on convienne de déduire $x_\nu^{(n+1)}$ de $x_\nu^{(n)}$ en prenant, dans les formules (174), la même détermination de la racine que celle qui a servi à déduire $x_\nu^{(n)}$ de $x_\nu^{(n-1)}$, et cela pour $\nu = 1, 2, \ldots p$.*

38. Itération à plusieurs variables; cas général. *Passons maintenant à la question générale[254]). L'algorithme A sera généralement défini par un système d'équations

$$x_\nu^{(n+1)} = f_\nu(x_1^{(n)}, x_2^{(n)}, \ldots, x_p^{(n)}) \qquad \begin{pmatrix} \nu = 1, 2, \ldots, p \\ n = 0, 1, 2, \ldots, +\infty \end{pmatrix} \tag{176}$$

qu'on supposera compatibles, indépendantes et aptes à définir, dans une certaine région de S_p, le point $x^{(n+1)}$ d'une façon univoque en dépendance de $x^{(n)}$. Le point $x^{(n)}$ s'appelle *antécédent* de $x^{(n+1)}$, celui-ci *conséquent* de $x^{(n)}$. La question de la convergence de l'algorithme, c'est-à-dire de l'existence du point

$$X \equiv (X_1, X_2, \ldots, X_p)$$

tel que

$$X_\nu = \lim_{r=+\infty} x_\nu^{(r)}, \qquad (\nu = 1, 2, \ldots p) \tag{177}$$

se ramène à celle de la convergence des séries

$$x_\nu = \sum_{n=1}^{n=+\infty} (x_\nu^{(n)} - x_\nu^{(n-1)}) \qquad (\nu = 1, 2, \ldots p); \tag{178}$$

ces conditions de convergence se modifient, en appliquant aux différences $x_\nu^{(n)} - x_\nu^{(n-1)}$ la formule des accroissements finis appliquée aux équations (176), et il y a lieu de considérer des *degrés* dans la convergence de l'algorithme[255]).

Si la limite existe, elle vérifie une condition analogue au théorème fondamental exprimé par l'équation (148), en d'autres termes, s'il

---

252) *Le cas $p = 3$ avait été traité par *E. Meissel*, Archiv Math. Phys. (1) 57 (1875), p. 446.*

253) *J. reine angew. Math. 135 (1909), p. 62; Math.-Naturw. Ber. Ungarn 24 (1909), p. 153.*

254) *Voir *O. Nicoletti*, Mem. mat. fis. Soc. ital. delle scienze (3) 14 (1906), p. 181.*

255) *Id. p. 194 et suiv.*

existe un point limite X, ce point limite vérifie la relation

$$X = A(X)$$

ou, explicitement,

$$(179) \qquad X_\nu = f_\nu(X_1, X_2, \dots X_p), \qquad (\nu = 1, 2, \dots p);$$

en d'autres termes X est un point double de la transformation (176).

O. Nicoletti[256]) donne encore des conditions suffisantes pour que la limite X soit finie, continue et dérivable par rapport aux variables dont elle dépend, à savoir les coordonnées du point initial et les paramètres des équations (176).

On peut supposer enfin que le nombre q des équations (176) est plus grand que n; on doit alors recourir à des considérations spéciales[257]) pour caractériser la variété où se déplacent les itérées et à laquelle appartient aussi la limite, lorsqu'elle existe.*

39. Équations fonctionnelles à plusieurs variables.

a. *Parmi les classes d'équations fonctionnelles qui se rapportent aux fonctions de plusieurs variables, il en est une qui a été l'objet d'études plus suivies que les autres. C'est celle qui établit des relations entre les valeurs que prend une fonction inconnue pour des valeurs quelconques des variables et les valeurs que prend cette fonction pour des valeurs qui sont des fonctions données des précédentes. Ce cas est particulièrement intéressant à cause des applications géométriques qu'il comporte et le calcul d'itération y joue un rôle important.

Le type de cette classe d'équations fonctionnelles est

$$(180) \quad f(x_1, x_2, \dots, x_p) = f(\alpha_1(x_1, x_2, \dots, x_p), \dots, \alpha_n(x_1, x_2, \dots, x_p));$$

f est la fonction inconnue, $\alpha_1, \alpha_2, \dots, \alpha_p$ sont des fonctions données. La fonction f est un invariant par rapport à la transformation

$$(181) \quad x_1' = \alpha_1(x_1, x_2, \dots, x_p), \dots, x_p' = \alpha_n(x_1, x_2, \dots, x_p).$$

Si les fonctions α_ν contiennent des paramètres, la question rentre dans la théorie des fonctions et des variétés invariantes dans les systèmes continus de transformation et, en particulier, dans les groupes continus de transformations; ce sujet sort du cadre de notre article [voir II 23].*

Les questions concernant la périodicité dans les fonctions de plusieurs variables rentrent aussi dans l'étude de cette classe d'équations fonctionnelles, de même que la théorie des fonctions hyperfuchsiennes et hyperabéliennes de *E. Picard*[258]) [cf. II 12].

256) *Mem. mat. fis. Soc. ital. delle scienze (3) 14 (1906), p. 224.*

257) *Id. p. 184. Pour ces conditions, *O. Nicoletti* se sert de la théorie des modules d'un système de fonctions suivant *L. Kronecker*.*

258) C. R. Acad. sc. Paris 98 (1884), p. 289, 563, 665; 108 (1889), p. 557;

b. Des équations fonctionnelles à plusieurs variables, d'une forme différente, ont permis à *E. Picard* [cf. nº **41 b**] de définir et d'étudier d'autres classes de transcendantes nouvelles; si les équations (181) définissent une substitution birationnelle, ces transcendantes sont définies par les relations[259])

$$(182)\qquad \begin{cases} f_1(a_1x_1,\ a_2x_2,\ \ldots,\ a_px_p) = \alpha_1(f_1,\ f_2,\ \ldots,\ f_p), \\ \cdots\cdots\cdots\cdots\cdots\cdots \\ f_p(a_1x_1,\ a_2x_2,\ \ldots,\ a_px_p) = \alpha_p(f_1,\ f_2,\ \ldots,\ f_p); \end{cases}$$

le système étant supposé régulier dans le domaine de

$$x_1 = x_2 = \cdots = x_p = 0,$$

il peut être vérifié par des fonctions méromorphes qu'on arrive à construire par la méthode des approximations successives.

c) Parmi les équations fonctionnelles où l'inconnue est une fonction de plusieurs variables, nous citerons encore la suivante, qui s'est présentée dans une question de géométrie énumérative:

$$(183)\quad \varphi(x_1 + x_1', \ldots, x_p + x_p') = \varphi(x_1, \ldots, x_p) + \varphi(x_1', \ldots, x_p') + f(x_1, \ldots, x_p;\ x_1', \ldots, x_p'),$$

où f est une fonction donnée et φ la fonction inconnue; la solution s'obtient sous la forme

$$(184)\qquad \varphi(x_1,\ x_2,\ \ldots,\ x_p) = c_1x_1 + c_2x_2 + \cdots + c_px_p + S,$$

où S est une somme de termes qu'on obtient en annulant successivement une, deux, ..., $p-1$ variables dans la fonction[260])

$$f(x_1, \ldots, x_p;\ x_1', \ldots, x_p').$$

40. Interprétation géométrique: courbes et surfaces invariantes; stabilité. *Les équations fonctionnelles (180) donnent lieu, comme nous l'avons dit plus haut, à une interprétation géométrique dont nous allons dire quelques mots, en nous bornant au cas le plus simple des fonctions de deux variables.

Une transformation réelle ponctuelle sur ces variables

$$(185)\qquad x' = \alpha(x, y), \quad y' = \beta(x, y)$$

donne lieu à l'itération

$$(186)\qquad x^{(n+1)} = \alpha(x^{(n)}, y^{(n)}), \quad y^{(n+1)} = \beta(x^{(n)}, y^{(n)}),$$

et d'après le nº **38**, un point limite des $(x^{(n)}, y^{(n)})$ est un point double

---

Ann. Éc. Norm. (3) 2 (1885), p. 357; J. math. pures appl. (4) 1 (1885), p. 87. Voir l'article II 12.

259) C. R. Acad. sc. Paris 139 (1904), p. 6.

260) *F. Severi*, Atti Accad. Torino 36 (1900/1), p. 76.

de la transformation (185). En portant ce point à l'origine, et en réduisant la transformation à la forme canonique, elle s'écrira

$$(187) \qquad x' = kx + \varphi(x, y), \quad y' = k_1 x + \psi(x, y),$$

où k et k_1 sont les racines de l'équation fondamentale relative aux termes linéaires de α et β.*

*Cela posé, *H. Poincaré*[261]) a démontré que, dans le cas où la substitution (185) est analytique, si l'on a $0 < k < 1 < k_1$, il existe deux courbes analytiques invariantes $y = f(x)$ pour la substitution, passant par l'origine et régulières dans un domaine de ce point vérifiant l'équation fonctionnelle

$$(188) \qquad \beta(x, f(x)) = f[\alpha(x, f(x))].$$

S. Lattès[262]) a étendu ce résultat au cas où k et k_1 sont quelconques; il démontre qu'il existe deux courbes invariantes analytiques passant par l'origine, et deux seulement, si $|k|$, $|k_1|$ sont différents de zéro et de l'unité et si aucun des nombres k n'est une puissance entière de l'autre.

Les courbes invariantes, ou solutions de l'équation (188), sont les limites des suites des courbes conséquentes d'une courbe donnée, pourvu qu'une telle suite soit convergente. C'est en se fondant sur cette remarque que *J. Hadamard*[263]) a démontré l'existence de la courbe invariante passant par le point double dans le cas où la substitution (185) n'est pas analytique: il suffit que les fonctions α, β et leurs dérivées soient continues.

Plusieurs de ces résultats s'étendent à l'itération à trois variables[264]), et l'on peut trouver les surfaces et les courbes invariantes par l'itération d'une tranformation

$$(189) \qquad x' = \alpha(x, y, z), \quad y' = \beta(x, y, z), \quad z' = \gamma(x, y, z),$$

ou, ce qui revient au même, les solutions de l'équation fonctionnelle, où f est la fonction inconnue:

$$(190) \qquad \gamma(x, y, f(x, y)) = f[\alpha(x, y, f(x, y)), \ \beta(x, y, f(x, y))].$$

Il est à remarquer que la discussion qualitative ou morphologique relative aux solutions de ces équations, dans le voisinage d'un point double de la transformation, offre la plus grande analogie avec la discussion des courbes intégrales réelles définies par une équation diffé-

261) *J. math. pures appl. (4) 2 (1886), p. 193.*

262) *Thèse, Paris 1906; réimpr. Ann. mat. pura appl. (3) 13 (1907), p. 1/188.*

263) *Bull. Soc. math. France 29 (1901), p. 224.*

264) **S. Lattès*, Thèse, Paris 1906, p. 38.*

rentielle ordinaire au voisinage des points singuliers[265]): *nœuds*, *cols* et *foyers*. Cette analogie s'explique aisément par le fait que l'équation différentielle se présente comme cas limite de l'équation fonctionnelle[266]).*

*Au même ordre de recherches se rattache l'étude des courbes invariantes par une transformation

$$(191) \qquad x' = \alpha\left(x, y, \frac{dy}{dx}\right), \quad y' = \beta\left(x, y, \frac{dy}{dx}\right);$$

cette étude équivaut à celle de l'équation fonctionnelle-différentielle

$$(192) \qquad \beta[x, f(x), f'(x)] = f[\alpha(x, f(x), f'(x))],$$

où $f(x)$ est la fonction inconnue; en particulier les relations (191) peuvent définir une transformation de contact. *S. Lattès*, auquel est due l'étude systématique de ces courbes, se place d'abord dans le cas où la courbe passe par le point double[267]), puis dans celui où il existe un cycle de courbes qui se permutent circulairement[268]); ce dernier cas est analogue à celui de la convergence irrégulière de l'itération à une variable, considéré par *G. Koenigs* [n° **33**].

L'interprétation géométrique de l'itération et des solutions des équations fonctionnelles des types (188) et (190) permet de mettre en lumière les concepts de stabilité et d'instabilité, qui se présentent ici sous une forme analogue à celle qu'avait envisagée *H. Poincaré*[269]) dans la théorie des courbes définies par une équation différentielle.

C'est *T. Levi-Civita*[270]) qui a abordé l'étude de cette question. On convient de dire qu'il y a stabilité dans l'itération lorsqu'il existe autour de l'origine (point double de la transformation) un domaine fini c aussi petit que l'on veut et un domaine fini c' intérieur à c, tels que pour tout point de c', les itérées soient en c; on dira qu'il y a instabilité dans le cas contraire. Il résulte des recherches de *T. Levi-Civita* que, comme l'avait démontré *H. Poincaré* pour les équations différentielles, ici encore l'instabilité est la règle et la stabilité l'exception.*

---

265) **H. Poincaré*, J. math. pures appl. (3) 7 (1881), p. 375; (3) 8 (1882), p. 251; (4) 1 (1885), p. 167; (4) 2 (1886), p. 167.*

266) **H. Poincaré*, J. math. pures appl. (4) 2 (1886), p. 195; *S. Lattès*, Thèse, Paris 1906, p. 63.*

267) **S. Lattès*, Thèse, Paris 1906, p. 71.*

268) *C. R. Acad. sc. Paris 143 (1906), p. 765/7; Ann. Éc. Norm. (3) 25 (1908), p. 221. Pour une transformation particulière, voir aussi Nouv. Ann. math. (4) 6 (1906), p. 308.*

269) *J. math. pures appl. (4) 1 (1885), p. 167.*

270) *C. R. Acad. sc. Paris 131 (1900), p. 103, 170, 236; Ann. mat. pura appl. (3) 5 (1901), p. 221. La troisième note des Comptes rendus donne l'application de la question au problème restreint des trois corps.*

⁎*T. Levi-Civita* étudie d'ailleurs la question en général, pour un nombre quelconque de variables réelles et il précise les résultats pour le cas de deux variables réelles[271]); dans ce cas il réduit les transformations (185) aux types

$$x' = x + \alpha(x, y), \quad y' = y + \beta(x, y), \tag{193}$$

$$x' = x + \alpha(x, y), \quad y' = x + y + \beta(x, y), \tag{194}$$

$$x' = x \cos\theta - y \sin\theta + \alpha(x, y), \quad y' = x \sin\theta + y \cos\theta + \beta(x, y); \tag{195}$$

il démontre que dans le cas du type (193) il y a nécessairement instabilité et que dans le type (194) il y a instabilité sauf pour des cas exceptionnels; le type (195) est étudié dans le cas où θ est supposé commensurable avec π. *A. Cigala*[272]) a étendu le critère d'instabilité au cas de θ réel quelconque.*

41. Les équations fonctionnelles dans la théorie des fonctions analytiques. a. Dans la théorie des fonctions analytiques, parmi les diverses façons de définir de nouvelles classes de transcendantes, la définition par équations fonctionnelles est une des plus remarquables.

La périodicité ne caractérise pas par elle-même une classe intéressante de fonctions, puisqu'on obtient cette propriété par la simple substitution

$$x = e^t;$$

mais la double périodicité, jointe à une restriction sur la nature des singularités et à l'hypothèse de l'uniformité, caractérise la classe des transcendantes elliptiques [cf. II 11] qui forment une classe particulièrement importante de fonctions analytiques tant par l'importance du rôle qu'elles ont joué en mathématiques au 19ième siècle que par le grand nombre des applications dont elles sont susceptibles.

Les fonctions doublement périodiques de deuxième et celles de troisième espèce sont aussi définies par des équations fonctionnelles très simples [cf. II 11].

A la double périodicité on peut substituer l'équation fonctionnelle

$$f(ax) = f(x), \tag{196}$$

où a est une constante, et fonder sur cette relation la théorie des fonctions elliptiques[273]).

---

271) ⁎Ann. mat. pura appl. (3) 5 (1901), p. 240.*

272) ⁎Ann. mat. pura appl. (3) 11 (1905), p. 67.*

273) *S. Pincherle*, Giorn. mat. (1) 18 (1880), p. 92; *O. Rausenberger*, Period. Funkt.[169]), p. 221 (Abschn. VI); *A. R. Forsyth*, Theory of functions of a complex variable, Cambridge 1893, p. 586; (2e éd.) Cambridge 1900.

On peut d'ailleurs, comme l'a mis en évidence *O. Rausenberger*[274]), généraliser la périodicité en partant de l'équation fonctionnelle

(197) $$\varphi(\alpha(x)) = \varphi(x),$$

que l'on peut mettre sous la forme symbolique

$$S_\alpha \varphi = \varphi.$$

Un système de relations du type (197) tel que

(198) $$S_\alpha \varphi = \varphi, \quad S_\beta \varphi = \varphi, \ldots\ldots,$$

supposées compatibles, permet de conclure que les opérations S_α, S_β, ... forment un groupe. Si les fonctions α, β, ... sont linéaires et donnent lieu à un groupe discontinu, on obtient ainsi la classe des fonctions automorphes, invariantes par rapport au groupe (198); ce sont les fonctions *fuchsiennes* et *kleinéennes* de *H. Poincaré* et *F. Klein* [cf. II 12].

On a déjà cité [n° **39**] la généralisation de cette classe de fonctions, due à *E. Picard*, qui l'a étendue au cas des fonctions de plusieurs variables (fonctions hyperfuchsiennes et hyperabéliennes) [cf. II 12].

La solution formelle de l'équation de la périodicité généralisée (197) est donnée par la somme

(199) $$\varphi(x) = \sum_{n=-\infty}^{n=+\infty} S_\alpha^n f(x)$$

de la série dont le terme général est $S_\alpha^n f(x)$, où $f(x)$ est une fonction arbitraire de x, en particulier une fonction rationnelle de x.

Pour démontrer *l'existence* des fonctions définies par l'une ou l'autre des équations fonctionnelles que l'on vient de citer il faut ensuite démontrer que dans un domaine approprié la série (199) est absolument et uniformément convergente. C'est ainsi que l'on peut procéder dans la théorie des fonctions elliptiques et de nombreuses classes de fonctions automorphes.

En choisissant convenablement $f(x)$ on peut obtenir, pour la série du second membre, la convergence uniforme dans un domaine approprié et arriver ainsi à la démonstration des théorèmes d'existence des fonctions demandées.

b. *E. Picard*[275]) a défini de nouvelles transcendantes au moyen

---

274) Period. Funkt.[189]), p. 160 et suiv. Voir aussi, pour une généralisation de la périodicité qui s'étend aux fonctions non uniformes, *E. Iaggi*, Nouv. Ann. math. (4) 1 (1901), p. 146, 450, 529.

275) C. R. Acad. sc. Paris 117 (1893), p. 472, 603; Acta math. 18 (1894), p. 133; 23 (1900), p. 333.

d'équations fonctionnelles qui peuvent, en un certain sens, être envisagées comme fournissant une généralisation de la périodicité [cf. n° **39 b**].

Il envisage r fonctions analytiques d'une variable, périodiques à période ω, et qui par le changement de x en $x+\omega'$ donnent les relations

$$(200)\qquad \begin{cases} f_1(x+\omega') = R_1[f_1(x), f_2(x), \ldots, f_n(x)], \\ \cdot\ \cdot\ \cdot\ \cdot\ \cdot\ \cdot\ \cdot\ \cdot\ \cdot\ \cdot\ \cdot\ \cdot\ \cdot\ \cdot \\ f_r(x+\omega') = R_r[f_1(x), f_2(x), \ldots, f_n(x)], \end{cases}$$

où

$$x_1' = R_1(x_1, x_2, \ldots, x_n),\ x_2' = R_2(x_1, x_2, \ldots, x_n), \ldots, x_n' = R_n(x_1, x_2, \ldots, x_n)$$

est une transformation birationnelle quelconque effectuée sur n variables. En appliquant la méthode des approximations successives on peut démontrer qu'il existe de telles fonctions $f_1(x), \ldots, f_r(x)$ univoques dans tout le plan et méromorphes.

c. D'importantes classes de transcendantes peuvent être définies par un *théorème d'addition*, qui n'est autre chose que la traduction d'une équation fonctionnelle.

Ainsi la fonction linéaire est définie par le théorème d'addition (111), si l'on y joint une des conditions, très peu restrictives d'ailleurs, énoncées au n° 28; la fonction exponentielle est définie par le théorème d'addition (117); le cosinus est défini par l'équation (127) ou, si l'on veut, le sinus par l'équation

$$(201)\qquad \varphi(2x)\varphi\left(\frac{\pi}{2}\right) = 2\varphi(x)\varphi\left(x+\frac{\pi}{2}\right);$$

sur l'une ou l'autre de ces dernières équations, en y adjoignant des conditions accessoires, fort simples d'ailleurs, on peut fonder toute la théorie des fonctions circulaires.

La décomposition en fractions simples de la fonction méromophe $\cot x$ se déduit de la propriété[276]) exprimée par l'équation fonctionnelle

$$(202)\qquad \varphi(x)\varphi(y) + \varphi(x)\varphi(z) + \varphi(y)\varphi(z) = \pi^2, \quad \text{pour} \quad x+y+z=0,$$

qui est vérifiée par

$$\varphi(x) = \pi \cot \pi x,$$

et la méthode ainsi employée pour la cotangente s'applique aussi[277]) à la décomposition de la fonction $\zeta(x)$ de *K. Weierstrass*, qu'on peut définir par l'équation fonctionnelle

$$(203)\qquad (\zeta(x)+\zeta(y)+\zeta(z))^2 + \zeta'(x)+\zeta'(y)+\zeta'(z) = 0 \text{ pour } x+y+z=0.$$

Dans plusieurs des cours qu'il a professés sur les fonctions ellip-

276) *F. Schottky*, J. reine angew. Math. 110 (1892), p. 324.

277) Id. p. 329.

tiques[278]), *K. Weierstrass* a pris comme point de départ de la théorie de ces fonctions le théorème fondamental que voici:

Toute fonction analytique $\varphi(x)$, telle que l'on ait

$$F[\varphi(x),\ \varphi(y),\ \varphi(x+y)] = 0, \tag{204}$$

où F désigne une fonction rationnelle, est nécessairement soit algébrique soit périodique.

E. Phragmén[279]) a donné de ce théorème une démonstration simplifiée; *H. Petrini*[280]) a démontré que la proposition est valable même en ne supposant pas que la fonction $\varphi(x)$ soit analytique, mais simplement que cette fonction soit univoque et continue dans les environs d'un point donné.

*Rappelons encore les transcendantes, considérées par *H. Poincaré*[281]), qui admettent un théorème de multiplication, en d'autres termes les transcendantes

$$\varphi_1,\ \varphi_2,\ \ldots,\ \varphi_m$$

telles que, pour m entier, on ait

$$\varphi_i(mx) = R_i(\varphi_1,\ \varphi_2,\ \ldots\ \varphi_n) \qquad (i = 1, 2, \ldots n),$$

où $R_1, R_2, \ldots, R_n$ sont des fonctions rationnelles.

Remarquons enfin que les équations fonctionnelles peuvent servir à étendre, dans un champ de validité plus vaste, des fonctions analytiques définies d'abord dans un domaine restreint.*

d. Bien que la théorie des équations aux différences finies rentre dans un autre article, on ne saurait manquer de signaler ici que ces équations peuvent servir à définir des classes remarquables de fonctions analytiques. Quand on suit cette voie, il suffit ordinairement, comme dans le cas où l'on part des théorèmes d'addition, d'ajouter à l'équation fonctionnelle quelque condition accessoire, pour caractériser entièrement la fonction.

Un exemple classique de transcendantes définies de cette façon est celui de la fonction $\Gamma(x)$ de *C. F. Gauss*, qui vérifie l'équation fonctionnelle

$$\Gamma(x+1) - x\Gamma(x) = 0.$$

Citons aussi l'intégrale finie $\varphi(x)$ d'une fonction entière $G(x)$

278) *H. A. Schwarz*, Formeln und Lehrsätze zum Gebrauche der elliptischen Funktionen, (2e éd.) Berlin 1893, trad. française par *H. Padé*, Paris 1894; cf. *O. Rausenberger*, Period. Funct.[189]), p. 140. Voir le théorème d'addition des fonctions elliptiques et abéliennes [articles II 11, 13].

279) Acta math. 7 (1885/6), p. 33.

280) Öfversigt Vetensk. Akad. förhandl. (Stockholm) 58 (1901), p. 297/305.

281) *J. math. pures appl. (4) 6 (1890), 313; cf. *F. de Brun*, Archiv mat. astron. och fys. (Stockholm) 2 (1905/6), mém. no 10, p. 1/12.*

définie par la relation

(205) $$\varphi(x+1)-\varphi(x)=G(x);$$

elle a été étudiée par *C. Guichard*[282]) et par *A. Hurwitz*[283]).

Citons encore les transcendantes qui vérifient l'équation

$$\varphi(x+1)-r(x)\varphi(x)=s(x),$$

qu'on peut envisager comme une généralisation de l'équation fonctionnelle de la fonction Γ. Ces transcendantes s'expriment toujours au moyen de la fonction $\Gamma(x)$ quand $r(x)$ et $s(x)$ sont des fonctions rationnelles de x[284]).

*Des équations du type considéré, par exemple l'équation

(206) $$\varphi(x+1)-\varphi(x)=x^k$$

et l'équation

$$\varphi(x+1)-\varphi(x)=\frac{1}{1-x},$$

peuvent aussi s'intégrer par des séries divergentes sommables[285]); il en est de même des équations plus générales de la forme

(207) $$\sum_{\nu=1}^{\nu=n} h_\nu \varphi(x+a_\nu)=f(x),$$

équations fonctionnelles qui généralisent les équations linéaires aux différences finies[286]).

Ces équations (207), où $f(x)$ est une fonction donnée, se rattachent aux équations différentielles linéaires d'ordre infini [cf. II 18]; on peut les intégrer formellement par des intégrales définies, au moyen de la transformation de Laplace, et déterminer ensuite les conditions qui donnent à la solution formelle une valeur effective. La méthode s'applique non seulement quand les coefficients h_ν, qui figurent dans la relation (207), sont des constantes, mais aussi quand ce sont des fonctions rationnelles de x.*

e. *O. Hölder*[287]) a démontré que la fonction Γ, qui vérifie l'équation fonctionnelle

(208) $$f(x+1)=xf(x),$$

---

282) Ann. Ec. Norm. (3) 4 (1887), p. 361.

283) Acta math. 20 (1896/7), p. 285.

284) *Hj. Mellin*, Acta math. 3 (1883/4), p. 322; 8 (1886), p. 37; 25 (1902), p. 139.

285) **L. Fejér*, C. R. Acad. sc. Paris 137 (1903), p. 839; *L. Galvani*, Reale Ist. Lombardo Rendic (2) 37 (1904), p. 671.*

286) *G. H. Halphen*, C. R. Acad. sc. Paris 93 (1881), p. 781; *S. Pincherle*, Memorie Ist. Bologna (4) 9 (1887/8), p. 45/71, 181/204; Rend. Circ. mat. Palermo 18 (1904), p. 273; Memorie mat. fis. Soc. ital. delle scienze (3) 15 (1907), p. 3.

287) Math. Ann. 28 (1887), p. 1.

ne peut vérifier aucune équation algébrique-différentielle d'ordre fini. Il en est de même[288]) pour la fonction $\zeta(x)$ de Riemann.

E. H. Moore[289]) exprime ce fait en donnant à ces fonctions l'épithète de *transcendentalement transcendantes,* et démontre qu'une telle propriété s'applique à toute fonction analytique vérifiant une équation fonctionnelle de la forme

$$(209) \qquad f[G(x)] = H[f(x)],$$

où $G(x)$, $H(x)$ sont des fonctions données liées par certaines conditions de rationalité fonctionnelle; le concept de *domaine de rationalité* est pris ici dans un sens plus général que celui qu'il a en Algèbre.

**H. Tietzke*[290]) a montré que la propriété d'être transcendentalement transcendante appartient à toute fonction analytique qui vérifie une équation fonctionnelle

$$(210) \qquad f(x)f(x+1) = f(x) + r(x),$$

sans solution rationnelle et où $r(x)$ s'annule à l'infini.*

42. Équations fonctionnelles diverses. a. A côté des équations fonctionnelles envisagées dans les numéros **27** à **41**, il y en a d'autres qui ont encore été, en diverses occasions, l'objet de recherches particulières. Il ne serait pas difficile de multiplier les citations, mais elles seraient loin d'offrir toutes un bien grand intérêt: nous nous bornerons ici à quelques cas choisis parmi les moins spéciaux.

N. H. Abel[291]) a remarqué que, si $\alpha, \beta, \gamma, \ldots$ sont des fonctions données de x, y et si V est une fonction donnée de plusieurs variables, une équation, non contradictoire en elle-même, de la forme

$$(211) \qquad V[x, y, \varphi(\alpha), f(\beta), F(\gamma), \ldots] = 0$$

permet en général de déterminer les fonctions inconnues $\varphi, f, F, \ldots$.

Comme application, *N. H. Abel* détermine la fonction φ satisfaisant à l'équation

$$(212) \qquad \varphi(\alpha) = V[x, y, \varphi(\beta), \varphi(\gamma)];$$

à cet effet, il commence par supposer x et y liés par l'équation

$$\alpha(x, y) = c,$$

où c est une constante; dans cette hypothèse il prend les dérivées des deux membres de l'équation (212) par rapport à x, ce qui lui

288) *D. Hilbert*, Nachr. Ges. Gött. 1900, p. 287.

289) Math. Ann. 48 (1897), p. 70.

290) *Monatsh. Math. Phys. 16 (1905), p. 329.*

291) Magazin for Naturvidenskaberne (Christiania) 1^2 (1823); Œuvres[130]) 1, p. 1.

fournit une relation que nous désignerons, pour abréger, par (212a); puis, en exprimant x et y en fonction de γ à l'aide des relations

$$\beta(x, y) = c, \qquad \gamma(x, y) = \gamma$$

et en remplaçant, dans l'équation (212a), x et y par les fonctions de γ ainsi obtenues, il ramène le problème à l'intégration d'une équation différentielle du premier ordre entre $\varphi(\gamma)$ et γ.

*En particulier *N. H. Abel* obtient par cette méthode les expressions sous forme d'intégrales de $\log x$ et de $\operatorname{arc\,tg} x$ en partant des équations fonctionnelles de ces deux fonctions[291a]).*

H. W. Pexider[292]) pose le problème de déterminer les dérivées de fonctions inconnues qui satisfont à des équations fonctionnelles données. Soit l'équation

$$F[f_1(x_1), f_2(x_2), \ldots, f_n(x_n)] = 0, \tag{213}$$

où $x_{k+1}, x_{k+2}, \ldots, x_n$ sont des fonctions des variables réelles ou complexes $x_1, x_2, \ldots, x_k$.

En égalant à zéro les dérivées partielles de la fonction F, prises successivement par rapport à chacune des variables $x_1, x_2, \ldots, x_k$, on a, pour $i = 1, 2, \ldots, k$,

$$\frac{\partial F}{\partial f_i} f_i'(x_i) + \sum_{\nu=k+1}^{\nu=n} \frac{\partial F}{\partial f_\nu} f_\nu'(x_\nu) \frac{\partial x_\nu}{\partial x_i} = 0; \tag{214}$$

ces k relations permettent de déterminer les k fonctions $f_1', f_2', \ldots, f_k'$ au moyen de $f_{k+1}', f_{k+2}', \ldots, f_n'$; d'où, sous des conditions et des hypothèses de caractère assez restrictif, on peut déduire une solution de l'équation fonctionnelle.

*Par une autre voie, *H. W. Pexider*[293]) parvient à déterminer l'intégrale d'une fonction qui vérifie une équation fonctionnelle, sans qu'il soit nécessaire de déterminer la fonction elle-même; il applique sa méthode aux équations fonctionnelles

$$f(x) f(y) = \Phi(x + y) \tag{215}$$

et

$$f(x) f(y) [f(x) + f(y)] = \Phi(xy).* \tag{215a}$$

Un autre problème fonctionnel posé par *N. H. Abel* consiste dans la recherche des fonctions de deux variables $f(x, y)$, telles que

$$f[z, f(x, y)]$$

soit symétrique en x, y, z[294]).

291a) *Voir *A. Cayley*, Ann. sc. mat. fis. 8 (1857), p. 201/3; Papers 4, Cambridge 1891, p. 5/6.*

292) Monatsh. Math. Phys. 14 (1903), p. 297.

293) *Rend. Circ. mat. Palermo 17 (1903), p. 236.*

294) J. reine angew. Math. 1 (1826), p. 11; Œuvres[150]) 1, p. 61.

N. H. Abel trouve qu'à chacune de ces fonctions correspond une fonction $\varphi(x)$ d'une variable, telle que l'on ait

(216) $$\varphi[f(x, y)] = \varphi(x) + \varphi(y);$$

la solution qu'il déduit de cette remarque est la plus générale[295]) si l'on suppose $f(x, y)$ dérivable par rapport à x et y.

Une extension au cas de plusieurs variables a été donnée par *T. Hayashi*[296]).

Les fonctions qui jouissent de la propriété indiquée, comme par exemple les fonctions

$$xyz, \quad x + y + z, \quad \ldots,$$

ont été désignées par *C. Bourlet*[297]) sous le nom de fonctions *indéfiniment symétriques.*

Les propriétés associatives générales des fonctions, dont la symétrie indéfinie est un cas particulier, sont, au point de vue formel, étudiées par *F. Pietzker*[298]).

*Parmi les équations fonctionnelles particulières, qui ne se rattachent pas d'une façon immédiate à celles dont on vient de parler, on peut citer d'une part l'équation

(217) $$f'(x) = f(x + c),$$

considérée par *E. Beke*[299]) en supposant $f(x)$ et $f'(x)$ développables en série trigonométrique, et dont la solution générale se ramène à une expression de la forme

$$a \cos x + b \sin x,$$

résultat qui s'obtiendrait aussi par la tranformation de Laplace; d'autre part, l'équation de forme assez étrange:

(218) $$f(mx) = a_0[f(x)]^m + a_1[f(x)]^{m-1} + a_2[f(x)]^{m-2} + \cdots + a_{m-1}f(x) + a_m,$$

où les coefficients $a_0, a_1, a_2, \ldots, a_{m-1}, a_m$ sont en général des fonctions de m, et qui a été étudiée per *S. Kaba*[300]) dans le cas où $f(x)$ est une fonction analytique.*

b. *Revenons enfin aux équations des types les plus simples, celles qui ont été considérées par *A. L. Cauchy*, afin d'indiquer quelques généralisations qu'on en a données récemment.

I. Zignago[301]) généralise l'équation (111) sous la forme

(219) $$f(x + y) = a_0[f(x)]^m + a_1[f(x)]^{m-1}f(y) + \cdots + a_m[f(y)]^m$$

295) *P. Stäckel*, Z. Math. Phys. 42 (1897), p. 323.

296) *Tōkyō sūgaku-butsurigaku kwaikiji (1) 8 (1897/1900), p. 129 [1899].*

297) Ann. Éc. Norm. (3) 14 (1897), p. 141.

298) Beiträge zur Funktionenlehre, Leipzig 1899, p. 1/38.

299) *Mathematikai és Physikai lapok (Budapest) 11 (1902), p. 218/9.*

300) *Tōkyō sūgaku-butsurigakkwai kijo-gaiyō (2) 2 (1903/5), p. 1/3 [1903].*

301) *Atti Accad. pontif. Nuovi Lincei 53 (1899/1900), p. 139.*

et, dans l'hypothèse de la continuité, trouve les seules solutions

$$f(x) = c, \quad f(x) = ax, \quad f(x) = a^x.^*$$

H. W. Pexider[302]) généralise les équations de Cauchy en y introduisant une nouvelle fonction inconnue; les types qui se présentent ainsi sont

$$f(x) + \varphi(y) = \psi(x + y),$$
$$f(x)\varphi(y) = \psi(x + y),$$
$$f(x)\varphi(y) = \psi(xy),$$
$$f(x) + \varphi(y) = \psi(xy);$$

en admettant qu'il s'agisse de fonctions réelles continues, on trouve comme solutions, respectivement

$$f(x) = ax + c, \quad \varphi(x) = ax + c'; \quad f(x) = ba^x, \quad \varphi(x) = b'a^x;$$
$$f(x) = bx^a, \quad \varphi(x) = b'x^a; \quad f(x) = a\log x + b, \quad \varphi(x) = a\log x + b'.$$

Pour les fonctions continues complexes d'une variable réelle on obtient des résultats analogues.

*L'équation fonctionnelle

(220) $$f(x + y) = af(x) + bf(y) + c,$$

généralisation immédiate de l'équation (111), a été considérée par *R. Schimmack*[303]), qui démontre que si l'on a

$$a = b = 1$$

$f(x)$ est donnée par la fonction continue (où C est une constante)

$$f(x) = Cx - c$$

ou par la fonction discontinue[304])

$$f(x) = \mathfrak{D}(x) - c,$$

c étant arbitraire.

Si l'on n'a pas $a = b = 1$, la seule solution est la constante

$$f(x) = \frac{c}{1 - a - b}.$$

R. Schimmack[305]) démontre encore que l'équation générale

(221) $$f[\varphi(x, y)] = \psi[f(x), f(y)],$$

où φ et ψ sont données tandis que $f(x)$ désigne la fonction cherchée, ne peut admettre pour solution qu'un fonction totalement continue ou totalement discontinue.*

302) Monatsh. Math. Phys. 14 (1903) p. 293.
303) *Diss. Halle 1908, p. 25.*
304) *La signification du symbole $\mathfrak{D}(x)$ a été donnée au n° 28.*
305) *Diss. Halle 1908, p. 32.*

*Enfin *D. Sincov*[306]) étudie l'équation

$$(222)\qquad \varphi^2(y)\,\theta(y-x)\,\varphi^2(x)=\varphi(y+x)\,\varphi(y-x),$$

sans supposer φ et θ dérivables; le même auteur s'occupe aussi des équations de Cauchy et d'autres encore[307]), comme

$$\varphi(x,y)+\varphi(y,z)=\varphi(x,z),$$

toujours sans admettre la dérivabilité pour les fonctions considérées.*

43. Équations opérationnelles. De même qu'une *fonction* peut être déterminée au moyen d'une ou de plusieurs de ses propriétés, exprimées par des équations fonctionnelles, de même une *opération* peut être définie par des propriétés exprimées au moyen d'équations qui contiennent, comme inconnues, des symboles opératifs.

Par exemple, le système d'équations symboliques

$$(223)\qquad DX=XM,\quad MX=-XD,$$

où D est le symbole de la dérivation et M celui de la multiplication par x, définit la transformation X de Laplace (n° **22**).

Les équations (134) de Babbage et (136) de Lémeray fournissent aussi des exemples d'équations symboliques du même type. On ne possède pas encore de théorie générale de ces équations, quoiqu'elles aient, à plusieurs égards, quelque ressemblance avec les équations différentielles.

Nous nous contenterons de citer ici l'équation[308])

$$(224)\qquad \lambda_0X+\lambda_1X'+\lambda_2X''+\cdots+\lambda_nX^{(n)}=0,$$

où $\lambda_0, \lambda_1, \ldots, \lambda_n$ sont des fonctions données de x, tandis que X est l'opération demandée et $X', X'', \ldots$ ses dérivées fonctionnelles (n° **16**): la solution générale de cette équation est une combinaison linéaire de l'opération S de substitution (n° **7**) et des produits $SD, SD^2, \ldots$, dont les coefficients sont des fonctions arbitraires.

**Remarque finale.* Les équations fonctionnelles où la fonction inconnue entre sous un signe d'intégration (équations intégrales, linéaires ou non) seront l'objet d'un article spécial[309]), où l'on traitera en particulier du problème d'inversion des intégrales définies.*

306) *Bull. Soc. phys.-math. Kazan (2) 11 (1901), p. 13; cf. sur la même équation *D. N. Zěiligěr* (*Seeliger*), id. (2) 10 (1900), p. 187; (2) 11 (1901), p. 103.*

307) *Id. (2) 13 (1903), p. 48/72.*

308) *S. Pincherle* et *U. Amaldi*, Operazioni distributive[50]), p. 144 (chap. 7).

309) Voir le volume 6 du tome II de l'Encyclopédie.

II 27. INTERPOLATION TRIGONOMÉTRIQUE.

Exposé, d'après l'article allemand de **H. BURKHARDT** (Munich)
par **E. ESCLANGON** (Bordeaux).

Introduction.

1. Définitions. Une fonction d'une variable indépendante t est dite *périodique* et de période T si elle ne change pas quand on augmente l'argument t de la valeur T, c'est-à-dire si l'on a, quel que soit t,

$$f(t+T) = f(t). \tag{1}$$

Il est clair que si le nombre T est une période de la fonction $f(t)$ tout nombre de la forme mT, m étant un entier quelconque positif ou négatif, est aussi une période de $f(t)$. Dans la plus large acception du mot, toute fonction périodique possède donc une infinité de périodes.

Lorsque les valeurs des fonctions considérées sont données *empiriquement* pour un nombre fini de valeurs de la variable t, ce qui sera toujours le cas dans les exemples que nous examinerons ici, il est naturel de supposer que ces valeurs sont reliées au moyen d'une fonction *continue* de t.

*Si une fonction $f(t)$ est *continue*, une de ses périodes est plus petite que toutes les autres, ces dernières étant des multiples de la première. Pour chacune des fonctions que nous considérerons on pourra donc parler d'une *période minimée* qui sera la période proprement dite; les autres périodes n'en seront que des multiples[1]).*

*Il serait possible évidemment de relier par une fonction discontinue les valeurs données empiriquement pour un nombre fini de valeurs de la variable t; la fonction pourrait alors admettre des périodes aussi petites que l'on veut. Mais comme dans la pratique on n'emploie jamais de telles fonctions, nous pouvons, dans cet article,

1) *Voir *E. Esclangon*, Thèse, Paris 1904, p. 12/5; Ann. Observ. Bordeaux 11 (1904), p. 12/5; tirage à part publié sous le titre: Les fonctions quasi-périodiques, Paris 1904, p. 12/5.*

négliger ce point de vue trop exclusivement théorique et peu conforme au caractère essentiellement continu que nous attribuons aux phénomènes physiques.*

Si une fonction périodique $f(t)$ admet une dérivée, cette dérivée admet la même période que la fonction $f(t)$.

*Si l'intégrale indéfinie d'une fonction périodique est périodique, elle admet aussi la même période. Dans tous les cas, si $f(t)$ est une fonction périodique on a

$$\int f(t)dt = kt + \varphi(t) + c,$$

$\varphi(t)$ étant une fonction périodique de même période que $f(t)$, et k, c désignant des constantes.*

Les fonctions périodiques les plus simples sont celles qui sont définies par les *vibrations simples*[2]), c'est-à-dire de la forme

$$(2) \quad y = A \cos kt + B \sin kt = R \sin (kt - \alpha) = R \cos k(t - t_0);$$

le nombre

$$T = \frac{2\pi}{k}$$

définit la *période* de la vibration; A, B et R sont des coefficients constants; R définit l'*amplitude*[3]); R^2 définit l'*intensité* et l'angle fixe α la *phase*. La quantité variable y s'appelle aussi l'*élongation*; l'élongation est maximée pour $t = t_0$ et $t = t_0 + nT$, où n désigne un nombre entier quelconque, positif ou négatif.

Toute fonction périodique dont la période est un sous-multiple de T est en même temps une fonction périodique de période T; il en est évidemment de même d'une somme de telles fonctions.

Une somme de vibrations simples dont les périodes sont chacune un sous-multiple d'un même nombre T est dite une *vibration composée*. La vibration composante qui possède la période la plus grande, c'est-à-dire ici la période T, définira, en employant par extension des termes d'acoustique, le *son fondamental*; les autres correspondent aux *sons harmoniques supérieurs* de la première vibration.

Toute fonction *analytique* périodique peut être représentée par une vibration composée; le nombre de termes de cette vibration composée est souvent infini. Il est aisé de s'en rendre compte en développant en série[4]), à l'aide du *théorème de Laurent* [II 8], la fonction

2) *W. Thomson*, Trans. R. Soc. Edinb. 22 (1861), p. 405; Papers 3, Cambridge 1890, p. 261.

3) Dans certains ouvrages on appelle amplitude la quantité $2R$.

4) *A. L. Cauchy*, C. R. Acad. sc. Paris 12 (1841), p. 323; Œuvres (1) 6, Paris 1888, p. 79.

envisagée, après avoir fait la substitution

$$z = e^{it} = \cos t + i \sin t.$$

La question de savoir jusqu'à quel point des fonctions, même non analytiques, comportent une telle représentation sort du cadre des questions dont nous parlerons dans cet article.

Lorsque dans la suite il sera question de fonctions périodiques, au *sens habituel du mot*, on supposera, pour simplifier les formules, que l'unité choisie pour la variable t est telle que la période du son fondamental soit égale à 2π [5]).

Par extension, nous dirons encore qu'une fonction est *périodique* au *sens général du mot* quand elle pourra s'exprimer par une somme finie ou infinie de termes de la forme

$$A \cos kt + B \sin kt,$$

les constantes k étant quelconques. Chacun des termes de la somme s'appellera une *composante*; mais, pour ces fonctions périodiques au sens général, les périodes des diverses composantes ne sont plus nécessairement les sous-multiples d'un même nombre T [6]).

Dans la suite on traitera le problème suivant[7]) qui si l'on ne se plaçait qu'au point de vue analytique serait indéterminé: trouver l'expression d'une fonction périodique au sens général lorsque, pour un certain nombre de valeurs t_μ de l'argument, les valeurs correspondantes y_μ de la fonction sont données. Les valeurs y_μ seront, pour abréger, désignées sous le nom d'*observations* et les valeurs t_μ seront appelées les *instants* correspondant à ces observations. La *durée* des

5) *A. Schuster* [Terrestrial magnetism (Baltimore) 3 (1898), mém. n° 15, p. 35] propose de réserver la locution périodique au cas où, dans une période de temps égale à T, la fonction passe par un seul maximé et un seul minimé; dans tous les autres cas qui peuvent se présenter il propose de désigner l'ensemble des termes correspondant à T ou à ses sous-multiples, sous le nom d'*oscillation* ou de *variation*.

6) *De telles fonctions ont été étudiées d'abord par *P. Bohl* [Diss. Dorpat (Jurjev) 1893]. *E. Esclangon* [Thèse [1]), p. 180/226] a fait une étude systématique de ces développements en recherchant tous ceux qui s'appliquent à une même fonction et en déterminant tous les systèmes de périodes qui s'y rattachent.*

7) L'expression *analyse harmonique* pour désigner la solution de ce problème est usuelle en Angleterre; elle paraît remonter aux environs de 1860; il semble d'ailleurs difficile d'indiquer l'auteur qui l'a employée le premier. Elle n'a, du reste, de sens précis que dans les problèmes correspondant aux questions traitées dans la première partie de cet exposé; lorsqu'il s'agit des problèmes traités dans la seconde partie son emploi est un non-sens, qu'il serait cependant aussi difficile qu'inutile de songer à déraciner.

observations est l'intervalle qui s'écoule entre le premier et le dernier instant d'observation.

*C'est ce problème que, l'on désignera sous le nom d'*interpolation trigonométrique*. Il est clair que, si $f(t)$ est une fonction de cette nature, la fonction

$$f(t) + \varphi(t),$$

dans laquelle $\varphi(t)$ est une fonction s'annulant pour les valeurs de t correspondant aux observations considérées, répond encore à la question. Le degré d'indétermination de $\varphi(t)$ dépendra du nombre d'observations par rapport au nombre de termes de la formule.*

2. Formules auxiliaires. Les formules suivantes, qui donnent la somme d'un nombre quelconque m de sinus ou de cosinus dont les arcs sont en progression arithmétique, sont fondamentales dans le calcul par interpolation trigonométrique:

$$(3)\quad \left\{\begin{aligned} \sum_{\mu=1}^{\mu=m} \sin \mu t &= \frac{\sin \frac{mt}{2}}{\sin \frac{t}{2}} \cdot \sin \frac{(m+1)t}{2} \\ \sum_{\mu=1}^{\mu=m} \cos \mu t &= \frac{\cos \frac{mt}{2}}{\sin \frac{t}{2}} \cdot \sin \frac{(m+1)t}{2} \end{aligned}\right.$$

ou

$$\frac{1}{2} + \sum_{\mu=1}^{\mu=m} \cos \mu t = \frac{\sin \frac{(2m+1)t}{2}}{2 \sin \frac{t}{2}}.$$

La première de ces formules est déjà contenue dans une proposition d'*Archimède*[8]); la seconde, sous la deuxième forme, a été donnée par *W. Snellius*[9]).

Les formules plus générales

$$(4)\quad \left\{\begin{aligned} \sum_{\mu=0}^{\mu=m} \sin (a + \mu t) &= \frac{\sin \frac{(m+1)t}{2}}{\sin \frac{t}{2}} \cdot \sin\left(a + \frac{mt}{2}\right) \\ \sum_{\mu=0}^{\mu=m} \cos (a + \mu t) &= \frac{\sin \frac{(m+1)t}{2}}{\sin \frac{t}{2}} \cdot \cos\left(a + \frac{mt}{2}\right) \end{aligned}\right.$$

ont été obtenues par *L Euler*[10]) au moyen d'une formule de récurrence.

8) *Περὶ σφαίρας καὶ κυλίνδρου* (de la sphère et du cylindre), livre 1, prop. 22; Opera, éd. *J. L. Heiberg* 1, Leipzig 1880, p. 98; (2e éd.) 1, Leipzig 1910, p. 88. Voir *G. Eneström*, Bibl. math. (3) 2 (1901), p. 444.

9) Doctrinae triangulorum canonicae libri quatuor, mémoire posthume,

Le procédé le plus simple pour faire ce calcul, sans introduire de grandeurs complexes, consiste à multiplier les premiers membres par[11])

$$2 \sin \frac{t}{2}$$

et à transformer en sommes les produits des fonctions trigonométriques figurant dans l'expression obtenue.

Si dans les formules (3) on remplace t par $\frac{2p\pi}{n}$, où p et n désignent des nombres entiers, on obtient

$$(5)\quad \begin{cases} \sum_{\nu=1}^{\nu=n-1} \sin \frac{2p\nu\pi}{n} = 0, \\ \sum_{\nu=0}^{\nu=n-1} \cos \frac{2p\nu\pi}{n} = \begin{cases} 0, \text{ si } p \text{ n'est pas} \equiv 0 \pmod{n}, \\ n, \text{ si } p \equiv 0 \pmod{n}. \end{cases} \end{cases}$$

De ces formules on déduit les suivantes:

$$(6)\quad \begin{cases} \left.\begin{array}{l} \sum_{\nu=0}^{\nu=n-1} \cos\frac{2p\nu\pi}{n}\cos\frac{2q\nu\pi}{n} \\ \sum_{\nu=0}^{\nu=n-1} \sin\frac{2p\nu\pi}{n}\sin\frac{2q\nu\pi}{n} \end{array}\right\} = \begin{cases} = 0, \text{ si ni } p+q \text{ ni } p-q \text{ ne sont} \equiv 0 \pmod{n}, \\ = \frac{n}{2} \text{ ou } \pm\frac{n}{2}, \text{ si } p-q\equiv 0 \text{ ou } p+q\equiv 0 \pmod{n}, \\ = n \text{ ou } 0, \text{ si } p+q\equiv 0 \text{ et } p-q\equiv 0 \pmod{n}, \end{cases} \\ \sum_{\nu=0}^{\nu=n-1} \sin\frac{2p\nu\pi}{n}\cos\frac{2q\nu\pi}{n} = 0 \qquad \text{dans tous les cas.} \end{cases}$$

Leyde 1627, p. 44, prop. 3; voir *A. von Braunmühl*, Vorles. über Geschichte der Trigonometrie 1, Leipzig 1900, p. 240.

10) Misc. Berolin. 7 (1743), p. 133.

L. Euler [Introductio in analysin infinitorum 1, Lausanne 1748, p. 218; trad. *J. B. Labey*, Introduction à l'analyse infinitésimale 1, Paris an IV, p. 203] obtient aussi les formules (4) en formant la différence de deux séries infinies divergentes; il donne aussi [Novi Comm. Acad. Petrop. 18 (1773), éd. 1774, p. 26 [1772]] ces mêmes formules comme conséquences des relations existant entre les fonctions trigonométriques réelles et les exponentielles à variable purement imaginaire.

Une partie des théorèmes généraux communiqués sans démonstration en 1746 par *M. Stewart* [Some general theorems of considerable use in the higher parts of mathematics, Edimbourg 1746] se rapporte également aux identités (4) ou même, d'une façon plus générale, aux formules donnant les sommes des puissances de fonctions trigonométriques. Voir sur ce point *R. L. Ellis*, Cambr. math. J. 2 (1839/41), p. 271; *T. S. Davies*, Trans. R. Soc. Edinb. 15 (1844), p. 573 (à la page 603 se trouvent des indications concernant la bibliographie plus ancienne); Cambr. Dublin math. J. 1 (1846), p. 229; *P. Breton (de Champ)*, J. math. pures appl. (1) 13 (1848), p. 281.

11) Cette remarque de *A. J. Lexell* [Novi Comm. Acad. Petrop. 18 (1773), éd. 1774, p. 38] semble être passée presque inaperçue. Elle a été faite à nouveau par *M. Chr. Dippe* [Archiv Math. Phys. (1) 7 (1846), p. 110].

On obtient ces relations en transformant en sommes les produits qui figurent dans les premiers membres.

3. Historique. Le problème consistant à développer une fonction donnée $y = f(t)$ en une série de la forme

$$(7) \qquad A_0 + A_1 \cos t + A_2 \cos 2t + \cdots + A_\mu \cos \mu t + \cdots\cdot\cdot$$

a déjà été traité par *A. C. Clairaut*[12]) comme problème d'interpolation[13]). Supposons que, au degré d'approximation donné, on ait à tenir compte, dans ce développement, d'un nombre de termes égal à M. Fixons alors arbitrairement un nombre $m \geqq M$.

A. C. Clairaut substitue à t successivement les valeurs

$$(8) \qquad \frac{2\pi}{m}, \frac{4\pi}{m}, \frac{6\pi}{m}, \cdots\cdot\cdot$$

et en vertu de la deuxième des relations (5) il obtient d'abord[14])

$$(9) \qquad A_0 = \frac{1}{m}\sum_{\nu=1}^{\nu=m} f\left(\frac{2\nu\pi}{m}\right).$$

La même formule lui donne ensuite les autres coefficients, à condition de remplacer au préalable dans l'expression $f(t) \cos \mu t$ les produits deux à deux des cosinus, par des sommes de cosinus.

D'autre part, *J. L. Lagrange* dans ses premières recherches sur le problème des cordes vibrantes fut conduit à résoudre par rapport aux inconnues B un système d'équations de la forme[15])

$$(10) \qquad Y_\nu = \sum_{\mu=1}^{\mu=m-1} B_\mu \sin \frac{\mu\nu\pi}{m} \qquad (\nu = 1, 2, \ldots, m-1).$$

Il ramène le problème à la résolution d'un système linéaire d'équations

12) Hist. Acad. sc. Paris 1754, éd. 1759, M. p. 545 [1757]. Les formules de *A. C. Clairaut* ne sont applicables que si l'on a soin de prendre $m \geqq M$.

13) *Dès 1742, *L. Euler* semble s'être occupé du problème du développement d'une fonction algébrique en une série de la forme (7). Voir sa lettre à *Nicolas Bernoulli* datée du 10 novembre 1742 [Opera postuma 1, St Pétersbourg 1862, p. 529] (Note de *G. Eneström*).*

14) Pour les valeurs particulières $m = 1, 2, 3$, les formules finales de *A. C. Clairaut*, la formule (9) entre autres, avaient déjà été publiées, sous une forme un peu cachée, par *L. Euler* dans son mémoire sur les inégalités du mouvement de Jupiter et de Saturne, Paris 1749, p. 28; ce mémoire était destiné à être publié dans le tome 6 ou le tome 7 du «Recueil des pièces qui ont remporté le prix de l'Académie des sciences» mais il n'a pas été inséré dans ce recueil et a paru à part. Il est difficile de discerner si *L. Euler* a obtenu ces formules directement, comme formules d'interpolation, ou uniquement comme expressions approchées des intégrales définies (17).

15) Misc. Taurinensia 1 (1759), math. p. 42; Œuvres 1, Paris 1867, p. 87.

de récurrence et obtient, après un calcul assez long,

$$B_\mu = \frac{2}{m}\sum_{\nu=1}^{\nu=m-1} Y_\nu \sin\frac{\mu\nu\pi}{m}. \tag{11}$$

Quelques années plus tard seulement il remarque[16]) que ces formules fournissent la solution du problème suivant:

Par $(m-1)$ points donnés, dont les abscisses sont en progression arithmétique, faire passer une courbe résultant de la superposition de $(m-1)$ sinusoïdes données.

Le problème de l'interpolation trigonométrique est traité par *J. L. Lagrange* dans toute sa généralité à propos de la question des inégalités des orbites planétaires. *J. L. Lagrange*[17]) résout le problème en n'envisageant comme données que les observations réellement faites et il considère comme inconnues, non seulement les amplitudes, mais aussi les constantes des phases et même les périodes.

J. H. Lambert[18]) recommande aussi l'emploi des formules d'interpolation trigonométrique dans la représentation des courbes qui «montent et descendent avec l'allure de serpents»; mais seulement dans le cas où l'on admet un retour périodique des «anomalies isolées». *J. H. Lambert* n'indique d'ailleurs aucune méthode pour le calcul des coefficients.

---

16) Misc. Taurinensia (Mélanges de philos. et de math.) 3 (1762/5), math. p. 258; Œuvres 1, Paris 1867, p. 552. *J. L. Lagrange* se propose seulement ici d'obtenir des formules d'interpolation et non, comme on pourrait le croire d'après la notation dont il fait usage, des développements de fonctions en séries trigonométriques. Cela résulte clairement des explications qu'il a cru utile de donner lui-même plus tard à ce sujet [voir par exemple, *J. L. Lagrange*, Mécanique analytique, (2e éd.) 1, Paris 1811, p. 420 (2e partie, chap. 6); Œuvres 11, Paris 1888, p. 436]; il convient de remarquer que ces explications sont postérieures aux communications, faites à l'Académie en 1807 par *J.-B. J. Fourier*, sur les développements des fonctions périodiques en séries trigonométriques [voir II 1, note 47]; il n'est pas certain d'ailleurs qu'elles aient été données par *J. L. Lagrange* lui-même [voir, au début du tome 1 des Œuvres de *J. L. Lagrange*, la notice biographique sur *J. L. Lagrange* écrite par *J.-B. J. Delambre*].

17) Hist. Acad. sc. Paris 1772[1] (éd. 1775), p. 513; Œuvres 6, Paris 1873, p. 506. Pour plus de détails voir n° 21.

18) Beyträge zum Gebrauche der Mathematik 3, Berlin 1772, p. 74. Dans une œuvre posthume de *J. H. Lambert* [Pyrometrie, Berlin 1779, p. 317] qui est quelquefois citée à ce propos, il s'agit en réalité, non pas de l'interpolation trigonométrique, mais du développement en série trigonométrique d'une fonction analytique.

Dans les œuvres inédites de *Tobias Mayer* [Opera inedita, Göttingue 1775] que l'on cite aussi quelquefois, il s'agit uniquement d'une représentation des observations par une seule et même fonction trigonométrique.

Phénomènes à période connue.

4. Création par Bessel de l'interpolation trigonométrique dans le cas où les valeurs de l'argument sont en progression arithmétique. C'est *F. W. Bessel* qui le premier traita complètement le problème général de la détermination des coefficients dans la formule d'interpolation trigonométrique[19])

$$(12) \qquad Y = \frac{1}{2} A_0 + \sum_{\mu=1}^{\mu=m} [A_\mu \cos \mu t + B_\mu \sin \mu t],$$

$$(13) \qquad = R_0 + \sum_{\mu=1}^{\mu=m} R_\mu \sin \mu (t - t_\mu),$$

d'après des valeurs données de la fonction, correspondant à un système de valeurs de t divisant la période en un nombre entier de parties égales.

Ce problème se ramène à la résolution du système d'équations

$$(14) \qquad Y_\nu = \frac{1}{2} A_0 + \sum_{\mu=1}^{\mu=m} \left[A_\mu \cos \frac{2\mu\nu\pi}{n} + B_\mu \sin \frac{2\mu\nu\pi}{n}\right]$$
$$(\nu = 0, 1, 2, \ldots, n-1)$$

par rapport à A_μ et B_μ. Ce même problème a été envisagé par *F. W. Bessel*[20]) dans l'étude d'un cercle divisé. Il commence par considérer le cas où le nombre n des équations est supérieur au nombre $2m + 1$ des inconnues. Il obtient alors les valeurs les plus probables des inconnues en rendant minimée la somme des carrés des différences entre les valeurs données par le calcul et celles fournies par l'observation.

Les équations résultant de cette condition se réduisent, en tenant

---

19) Dans chaque cas particulier la formule (12) est plus facile à obtenir que la formule (13) correspondante, mais, une fois obtenue, la formule (13) est d'un emploi plus commode que la formule (12).

20) Astronomische Beobachtungen auf der Universitäts-Sternwarte zu Königsberg 1 (1815), p. III; Abh., publ. par *R. Engelmann* 2, Leipzig 1876, p. 24. Des indications sur le caractère pratique de ces formules, dans la représentation des phénomènes périodiques naturels, se trouvent déjà dans l'analyse d'un journal de voyages, donnée par *F. W. Bessel*: Jenaische Literaturzeitung 1814 quatrième trimestre, p. 412 [*F. W. Bessel*, Rezensionen, publ. par *R. Engelmann*, Leipzig 1878, p. 100]. Voir aussi sur ce point une lettre de *F. W. Bessel* à *C. F. Gauss*, datée du 30 décembre 1813 [Briefwechsel zwischen Gauss und Bessel, Leipzig 1880, p. 182, 187].

compte[21]) des formules (6), à

$$(15) \qquad \begin{cases} nA_\mu = 2\sum\limits_{\nu=0}^{\nu=n-1} Y_\nu \cos\dfrac{2\mu\nu\pi}{n}, \\ nB_\mu = 2\sum\limits_{\nu=0}^{\nu=n-1} Y_\nu \sin\dfrac{2\mu\nu\pi}{n}. \end{cases}$$

Un mémoire de *F. W. Bessel*[22]) paru postérieurement donne en

21) Cette propriété, que les valeurs les plus probables des coefficients [formules (15)] sont indépendantes du nombre de termes que l'on veut considérer, a été formulée explicitement par *F. W. Bessel* et est restée d'un usage courant, en particulier en météorologie.

Mais dans d'autres recherches où elle aurait pu cependant être utile, elle paraît être restée pour ainsi dire ignorée; dans le cas limite où $n = +\infty$ (cas où les sommes se transforment en intégrales), elle a été en quelque sorte découverte à nouveau par *G. Plarr* [C. R. Acad. sc. Paris 44 (1857), p. 984] puis par *A. Töpler* [Anz. Akad. Wien (math.-naturw.) 13 (1876), p. 205] et enfin par *Kirsch* [Die Bewegung der Wärme in den Cylinderwandungen der Dampfmaschine, Leipzig 1886, p. 25].

Du reste cette propriété n'a lieu que si le nombre des équations est supérieur ou égal à celui des coefficients à calculer. On l'a parfois appliquée dans le cas contraire, ce qui n'est pas légitime. Voir par exemple *Maurice Lévy*, Théorie des marées 1, Paris 1898, p. 78.

Dans le cas particulier où d'un nombre pair d'observations $n = 2l$ on doit tirer un nombre égal de coefficients, le dernier coefficient A_{2l} est égal à la moitié seulement de celui que donnent les formules (15). Ce résultat se trouve déjà dans *C. F. Gauss*, Theoria interpolationis methodo nova tractata (mém. posth.); Werke 3, Göttingue 1876, p. 299; et plus récemment dans: *F. R. Helmert*, Die Ausgleichungsrechnung nach der Methode der kleinsten Quadrate, Leipzig 1872, p. 287; (2e éd.) Leipzig et Berlin 1907; *T. R. Robinson*, Philos. Trans. London 165 (1875), p. 420; *K. Weihrauch*, Schriften Naturf.-Ges. Univ. Dorpat (Jurjev) 5 (1890), p. 15; *P. S. Schreiber*, Nova Acta Acad. Leop. (Halle) 58 (1893), p. 171; *H. Pipping*, Acta Soc. scient. Fennicae 20 (1895), mém. nº 11, p. 18; *J. Macé de Lépinay*, J. phys. théor. appl. (3) 8 (1899), p. 141; *H. Bruns*, Grundlinien des wissenschaftlichen Rechnens, Leipzig 1903, p. 117.

22) Astron. Nachr. (Altona) 6 (1828), col. 340; Abh., publ. par *R. Engelmann* 2, Leipzig 1876, p. 368; ce mémoire est traduit en anglais: Quarterly weather report of the meteorological office (Londres) 1870, append. IV p. [23]; *F. W. Bessel* lui-même fait remarquer à ce propos que, en partant de cette formule, on ne peut obtenir l'erreur probable de la valeur d'observation que si l'on connaît d'avance le nombre des termes. Dans certains cas où il n'en est pas ainsi la question a été cependant discutée, notamment à l'occasion de l'analyse harmonique des sons de la voix humaine.

Si l'on fait l'hypothèse qu'à une valeur isolée observée correspond une erreur probable déterminée, les formules données [I 22, **11**] fournissent les erreurs probables relatives aux coefficients et aussi la probabilité pour que l'erreur réelle dépasse un multiple donné de l'erreur probable.

outre, pour la somme des carrés des différences, l'expression suivante:

$$(16)\quad \sum_{\nu=0}^{\nu=n-1}\left[Y_\nu-\frac{1}{2}A_0-\sum_{\mu=1}^{\mu=m}\left(A_\mu\cos\frac{2\mu\nu\pi}{n}+B_\mu\sin\frac{2\mu\nu\pi}{n}\right)\right]^2$$

$$=\sum_{\nu=0}^{\nu=n-1}Y_\nu^2-\frac{n}{4}A_0^2-\frac{n}{2}\sum_{\mu=1}^{\mu=m}(A_\mu^2+B_\mu^2).$$

Les formules (15), dans le cas particulier où le nombre des équations est égal à celui des inconnues, ont été obtenues avant *F. W. Bessel* par *C. F. Gauss*[23]) et par *J-B. J. Fourier*[24]) mais n'avaient pas été publiées.

Si l'on considère les valeurs données Y_μ comme des valeurs numériques particulières d'une fonction

$$y=f(t)$$

Mais la probabilité pour que l'erreur réelle commise sur les coefficients annule approximativement leur valeur est bien plus faible; elle est infiniment petite, pour ainsi dire, pour qu'il en soit de même pour plusieurs coefficients simultanément. Si, à partir d'un certain rang, on obtient pour les coefficients des valeurs très petites, on sera donc autorisé à regarder ces coefficients comme réellement nuls. Si cette conclusion est fondée, l'accord des observations avec la formule ainsi abrégée permettra de justifier ainsi la formule elle-même.

Quant à savoir si de telles conditions sont réellement remplies dans tel ou tel cas particulier, cela n'est pas du ressort de l'Analyse. Dans tous les cas, elles ne sont pas remplies lorsqu'on a quelque raison de supposer que les coefficients, ou du moins que quelques coefficients d'ordre plus élevé, ne sont pas effectivement nuls.

Voir *H. Pipping*, Zeitschrift für Biologie 27 (1890), p. 273; 31 (1895), p. 550; Acta Soc. scient. Fennicae 20 (1895), mém. n° 11, p. 19; *E. Lindelöf* dans *H. Pipping*, id. mém. n° 11, p. 63; *E. Lindelöf* 29 (1902), mém. n° 9, p. 1/24; Archiv für die gesamte Physiologie des Menschen und der Tiere 87 (1901), p. 597; *E. Lindelöf* et *H. Pipping*, id. 85 (1901), p. 59; 91 (1902), p. 310. Voir d'autre part *L. Hermann*, id. 61 (1895), p. 176; 83 (1901), p. 33; 86 (1901), p. 92; 89 (1902), p. 600.

Voir aussi dans *R. Strachey* [Proc. R. Soc. London 42 (1887), p. 65] un travail sur la détermination de l'erreur probable des coefficients d'après les erreurs d'observation.

23) Werke 3, Göttingue 1876, p. 295. Ce mémoire a été écrit en 1805) [cf. *C. F. Gauss*, Tagebuch (journal) n° 124 (1805) [Festschrift zur Feier des 250 jährigen Bestehens der Gesellschaft der Wissenschaften zu Göttingen, éd. Berlin 1901; reproduit: Math. Ann. 57 (1903), p. 29]; voir aussi Briefwechsel von Gauss und Olbers [*H. W. M. Olbers*, Werke 2, Berlin 1900, p. 281, 286]. *C. F. Gauss* suppose bien que l'intervalle des observations est un sous-multiple de la période mais non qu'une observation se trouve précisément au commencement de la période.

24) Théorie analytique de la chaleur, Paris 1822, n° 271; Œuvres 1, Paris 1888, p. 287; *J-B. J. Fourier* lui-même dit [Mém. Acad. sc. Institut France (2) 5 (1821/2), éd. 1826, p. 246; Œuvres 2, Paris 1890, p. 94] que ses recherches à cet égard datent de l'époque où il a commencé à travailler, en sorte qu'elles remontent au moins à 1807 [voir II 1, notes 47, 49].

S. D. Poisson [J. Éc. polyt. (1) cah. 19 (1823), p. 444; Théorie mathématique de la chaleur, Paris 1835, p. 202] ne donne que la formule (11).

de la variable continue t, on peut déterminer les coefficients du développement de $f(t)$ suivant les fonctions trigonométriques des multiples de t par les intégrales définies (qu'on étudiera de plus près à l'article II 29:

$$(17)\qquad A_\mu^{(+\infty)} = \frac{1}{\pi}\int_0^{2\pi} f(t)\cos\mu t dt,\quad B_\mu^{(+\infty)} = \frac{1}{\pi}\int_0^{2\pi} f(t)\sin\mu t dt$$

$$(\mu = 0, 1, 2, \ldots, +\infty).$$

Les formules (15) peuvent aussi s'obtenir en calculant par la méthode des rectangles inscrits la valeur approchée des intégrales (17); mais si, pour le calcul des valeurs approchées de ces intégrales, on emploie la méthode des trapèzes inscrits, on obtient des valeurs qui contiennent encore les facteurs[25])

$$(18)\qquad \frac{4n^2}{\mu^2\pi^2}\sin^2\frac{\mu\pi}{2n}.$$

Entre les valeurs exactes (17) et les valeurs approchées (15) (ou plus généralement entre les valeurs calculées d'après un grand nombre d'observations et celles calculées d'après un petit nombre d'observations) on a les relations[26])

$$(19)\qquad \begin{cases} A_\mu = A_\mu^{(+\infty)} + \sum_{s=1}^{s=+\infty}\left(A_{\mu+sn}^{(+\infty)} + A_{\mu-sn}^{(+\infty)}\right) \\ B_\mu = B_\mu^{(+\infty)} + \sum_{s=1}^{s=+\infty}\left(B_{\mu+sn}^{(+\infty)} - B_{\mu-sn}^{(+\infty)}\right) \end{cases}$$

25) *Kirsch*, Die Bewegung[21]), p. 29. Le procédé par lequel *P. S. Schreiber* [Nova Acta Acad. Leop. (Halle) 58 (1893), p. 152] obtient des valeurs approchées des coefficients revient également à l'emploi de la formule du trapèze.

On voit clairement, par la comparaison des deux sortes de formules, qu'on ne peut regarder comme certains les coefficients calculés d'après n observations que si les facteurs (18) ne sont pas essentiellement distincts de un; c'est une condition à laquelle on ne prend pas toujours garde, ainsi qu'il arrive, par exemple, dans la discussion de la variation diurne de la température[51]); ce point est omis également dans la discussion *Hermann-Lindelöf*[22]).

26) Les premières des formules (19) relatives aux coefficients A_μ se trouvent déjà dans *L. Euler* [Nova Acta Acad. Petrop. 11 (1793), éd. 1798, p. 111 [1777]]; les deuxièmes, relatives aux coefficients B, se trouvent aussi dans *C. F. Gauss* [Theoria interpolationis methodo nova tractata (mém. posth.); Werke 3, Göttingue 1876, p. 298]; plus récemment: dans *F. R. Helmert* [Ausgleichungsrechnung[21]), (2e éd.) p. 411], *K. Weihrauch* [Schriften Naturf.-Ges. Univ. Dorpat [Jurjev] 4 (1888), p. 33], *L. Grossmann* [Aus dem Archiv der deutschen Seewarte (Hambourg) 17 (1894), mém. n° 5, p. 1].

Dans *H. Bruns* [Wiss. Rechnen[21]), p. 116] la formule donnée pour A_i se trouve exactement; seule la notation employée est un peu différente.

sauf un cas d'exception, celui où, n étant pair, $\mu = \frac{n}{2}$; dans ce cas, en posant $\frac{n}{2} = l$, on a

$$A_l = A_l^{(+\infty)} + A_{3l}^{(+\infty)} + A_{5l}^{(+\infty)} + \cdots\cdot\cdot$$

La formule (12) n'est, à proprement parler, qu'une formule d'interpolation, dans laquelle on peut faire entrer des observations quelconques; la possibilité d'une telle représentation ne permet pas de conclure à une signification physique des termes séparés et des coefficients de la formule. Quoique ce caractère ait été mis en évidence par *J. Lamont*[27]) et par *A. Bravais*[28]), on trouverait encore des auteurs portés à mettre au premier rang l'interprétation physique de la formule (12), plutôt que son caractère de formule d'interpolation[29]).

L'introduction des nombres complexes a permis à *A. L. Cauchy*[30]) de mettre les formules d'interpolation trigonométrique sous une forme condensée.

Des formules d'interpolation trigonométrique où figurent seulement des multiples impairs de l'argument ont été données par *E. H. Dirksen*[31]), par *K. Weihrauch*[32]) et par *L. Gegenbauer*[33]).

5. Interpolation trigonométrique dans le cas où les valeurs données pour l'argument sont quelconques. Dans les méthodes précédentes, les valeurs données de la fonction envisagée $f(t)$ correspondent à des valeurs de l'argument t en progression arithmétique. Lorsque cette dernière condition n'est pas remplie, c'est-à-dire lorsque les valeurs de l'argument sont quelconques, on peut faire usage, pour représenter la fonction $f(t)$, d'une formule analogue à la formule d'interpolation de *J. L. Lagrange* dans le cas des polynomes entiers [I 21, 23]:

Si $a, b, c, \ldots$ sont les valeurs de l'argument t correspondant aux

27) Abh. Akad. München 3 (1843), Abt. I (1837/40), p. 82.

28) Voyages de la Commission scientifique du Nord, publiés par *P. Gaimard*, Météorologie 2, Paris (s. d.) [entre 1844 et 1848], p. 305.

29) *B. A. Gould*, Amer. J. of science (3) 19 (1880), p. 212; *L. Grossmann*[26]), p. 3. *A. Nippoldt junior* [Z. Math.-Naturw. Unterricht 29 (1898), p. 401] oppose nettement l'interprétation météorologique au point de vue mathématique. Il développe du reste ailleurs [Aus dem Archiv der deutschen Seewarte (Hambourg) 26 (1903), mém. n° 3, p. 3], quoique sous une forme atténuée, le même point de vue.

30) Extrait du Mémoire présenté à l'Académie de Turin le 11 octobre 1831, (lithographié) Turin 1832, p. 117; trad. italienne: Opuscoli mat. e fis. di diversi autori 2 (1834), p. 291; C. R. Acad. sc. Paris 12 (1841), p. 290; Œuvres (1) 6, Paris 1888, p. 69.

31) Abh. Akad. Berlin 1827, éd. 1830, math. Klasse p. 101.

32) Schriften Naturf.-Ges. Univ. Dorpat [Jurjev] 4 (1888), p. 15, 41.

33) Sitzgsb. Akad. Wien 100 IIa (1891), p. 655.

valeurs données $f(a), f(b), f(c), \ldots$ de la fonction $f(t)$, on posera[34])

$$Y = \sum \frac{\sin\frac{t-b}{2}\sin\frac{t-c}{2}\cdots}{\sin\frac{a-b}{2}\sin\frac{a-c}{2}\cdots} f(a), \tag{20}$$

où la somme est formée d'autant de termes qu'il y a de valeurs a, b, $c, \ldots$ et où les divers termes composant cette somme s'obtiennent en permutant de toutes les manières possibles les lettres $a, b, c, \ldots$.

Cette formule s'applique que le nombre des valeurs $a, b, c, \ldots$ soit pair ou impair, mais elle ne fournit une fonction de période 2π, et c'est là une condition du problème, que si ce nombre est impair. On peut d'ailleurs remplacer les produits de sinus figurant dans les numérateurs par des fonctions linéaires de lignes trigonométriques[35]) des multiples de l'arc t.

Si le nombre des valeurs $a, b, c, \ldots$ de l'argument correspondant aux valeurs connues $f(a), f(b), f(c), \ldots$ de la fonction à représenter est pair on peut appliquer la formule[36])

$$\begin{aligned} Y = {} & k \sin\frac{t-a}{2}\sin\frac{t-b}{2}\cdots \\ & + \sum \frac{\sin\frac{t-b}{2}\sin\frac{t-c}{2}\cdots}{\sin\frac{a-b}{2}\sin\frac{a-c}{2}\cdots}\cos\frac{t-a}{2}\cdot f(a), \end{aligned} \tag{21}$$

dans laquelle k est une constante arbitraire et où la somme est étendue aux mêmes valeurs que dans la formule (20).

34) *A. L. Cauchy*, C. R. Acad. sc. Paris 12 (1841), p. 290; Œuvres (1) 6, Paris 1888, p. 69; *C. F. Gauss*[23]), Werke 3, Göttingue 1876, p. 279; *H. Bruns* [Wiss. Rechnen[21]), p. 129].

H. Bruns se propose de savoir comment on pourrait, par un choix convenable des instants $a, b, c, \ldots$, diminuer l'influence des erreurs provenant de ce qu'on a arrondi les nombres résultant des observations, dans l'expression des valeurs $f(a), f(b), f(c), \ldots$ que prend une fonction $f(x)$, supposée représenter le phénomène; on se trouve ici dans le cas où l'on connaît une expression analytique de $f(x)$ mais où cette expression ne se prête pas bien à l'application des méthodes *analytiques* de développement de cette fonction, en sorte qu'on cherche à lui appliquer les méthodes d'interpolation.

Les erreurs pourraient devenir sensibles si, dans la formule (20), le coefficient de $f(a)$ par exemple était un grand nombre.

35) Ce calcul, indiqué seulement par *C. F. Gauss*, a été exécuté par *K. Weihrauch* [Schriften Naturf.-Ges. Univ. Dorpat [Jurjev] 4 (1888), p. 2]. Ce dernier traite particulièrement le cas où l'on dispose, non seulement d'une série complète d'observations équidistantes, mais encore de quelques observations isolées [id. 4 (1888), p. 33].

36) *C. F. Gauss*[23]), Werke 3, Göttingue 1876, p. 281. *B. Baillaud* [Ann. Observ. Toulouse 2 (1886), seconde pagination p. 11] indique une manière plus commode d'obtenir cette formule au moyen de la relation (20).

On peut encore employer les formules[37])

(22) $$Y = \sum \frac{(\cos t - \cos b)(\cos t - \cos c)\cdots}{(\cos a - \cos b)(\cos a - \cos c)\cdots} f(a)$$

ou

(23) $$Y = \sum \frac{\sin t\,(\cos t - \cos b)(\cos t - \cos c)\cdots}{\sin a\,(\cos a - \cos b)(\cos a - \cos c)\cdots} f(a),$$

dans lesquelles figurent uniquement les sinus ou cosinus de l'arc t. Dans ces formules, les sommes sont étendues aux mêmes valeurs que dans la formule (20).

6. Interpolation trigonométrique dans le cas de valeurs très nombreuses de l'argument. Lorsque le nombre des *observations* est très grand par rapport au nombre des coefficients à calculer on peut appliquer la méthode de *P. L. Čebyšëv*[38]) dans laquelle les observations (c'est-à-dire les valeurs données de la fonction) se combinent simplement par voie d'addition et de soustraction. D'après *H. Bruns*[39]) cette méthode serait particulièrement à recommander dans les problèmes d'interpolation trigonométrique.

On forme pour $n = 1, 2, \dots N$, c'est-à-dire aussi loin que le permet le nombre des observations intercalées dans la période, les sommes

(24) $$\begin{aligned} U_n &= \frac{1}{2n}\left[\sum_{\nu=0}^{\nu=n-1} f\left(\frac{4\nu\cdot 2\pi}{4n}\right) - \sum_{\nu=0}^{\nu=n-1} f\left(\frac{(4\nu+2)\cdot 2\pi}{4n}\right)\right], \\ V_n &= \frac{1}{2n}\left[\sum_{\nu=0}^{\nu=n-1} f\left(\frac{(4\nu+1)\cdot 2\pi}{4n}\right) - \sum_{\nu=0}^{\nu=n-1} f\left(\frac{(4\nu+3)\cdot 2\pi}{4n}\right)\right], \end{aligned}$$

et l'on a alors pour les coefficients A et B

(25) $$A_\mu = \sum_{k=1}^{k=x} a_{2k+1}\, U_{(2k+1)\mu}, \quad B_\mu = \sum_{k=1}^{k=x} b_{2k+1}\, V_{(2k+1)\mu},$$

où x est un nombre quelconque satisfaisant à l'inégalité $(2x+1)\mu \leqq N$;

---

37) *C. F. Gauss*[28]), Werke 3, Göttingue 1876, p. 290.

38) Mém. Acad. Pétersbourg (7) 1 (1859), mém. n° 5; Bull Acad. Pétersb. (2) 16 (1858), col. 353; Œuvres 1, St Pétersbourg 1899, p. 385, 711. De nouveaux développements et des exemples se trouvent aussi dans: *O. Backlund*, Bull. Acad. Pétersbourg (3) 29 (1884), col. 477; *P. Harzer*, Astron. Nachr. (Kiel) 115 (1886), col. 337; *R. Radau*, Bull. astron. 8 (1891), p. 425.

39) Astron. Nachr. (Kiel) 146 (1898), col. 161; exposé beaucoup plus clair: Wiss. Rechnen[21]), p. 130. Dans ce dernier exposé on trouve aussi (p. 136) la discussion de l'influence qu'exercent les erreurs affectant les valeurs observées de la fonction, sur les coefficients calculés d'après la formule (25). L'erreur s'évanouit ou se compense dans une certaine mesure dans la formule (25) mais non dans la formule (24).

le coefficient a_k est égal à 0 si k est divisible par le carré d'un nombre premier; il est égal à $+1$ ou -1 suivant que k est le produit d'un nombre pair ou impair de facteurs premiers[40]) distincts; dans tous les cas

$$b_k = i^{k-1} a_k.$$

Lorsque les valeurs de la fonction, au lieu d'être données pour les multiples (entiers) de $\frac{\pi}{2n}$, sont données pour des valeurs quelconques de la variable (en nombre suffisamment grand), le même procédé s'applique encore; il faut seulement avoir soin, en formant la somme des valeurs données de la fonction, d'affecter chacune de ces valeurs du signe qu'a effectivement la valeur la plus voisine figurant dans les expressions (24).

7. La méthode de Le Verrier. Les formules du n° 4 ont le défaut qu'il faut reprendre le calcul tout entier s'il devient nécessaire de tenir compte de nouvelles observations qui n'ont pas concouru aux résultats du premier calcul[41]).

Cette difficulté n'existe plus si, comme le remarque *U. J. J. Le Verrier*[42]), on choisit les arguments suivant une progression arithmétique dont la raison α soit pratiquement incommensurable avec la période. Toutefois le mode d'exposition de *U. J. J. Le Verrier* est un peu confus; *J. F. Encke*[43]) et *G. J. Hoüel*[44]) ont simplifié la méthode et ce dernier l'indique sous la forme suivante[45]):

---

40) C'est le même nombre qui dans la théorie des nombres [I 17, 10] est désigné par $\mu(n)$.

41) *J. Macé de Lépinay* [J. phys. théor. appl. (3) 8 (1899), p. 144] et *H. Bruns* [Wiss. Rechnen [1]), p. 122] indiquent la manière de procéder dans de pareils cas pour conserver au moins une partie du calcul.

42) Développements sur quelques points de la théorie des perturbations des planètes, Paris 1841, p. 7; reproduit: Ann. Observ. Paris, Mémoires 1 (1855), p. 118 et additions p. 384. Une indication sur cette question se trouve déjà dans *A. L. Cauchy* [C. R. Acad. sc. Paris 12 (1841), p. 297; Œuvres (1) 6, Paris 1888, p. 77]. Voir aussi à ce sujet *J. W. Lubbock*, London Edinb. Dublin philos. mag. 33 (1848), p. 106.

43) Berliner Astron. Jahrb. für 1860, éd. 1857, p. 313; Ges. Abhandlungen 1, Berlin 1888, p. 188.

44) Ann. Observ. Paris, Mémoires 8 (1866), p. 83; un extrait de ce mémoire se trouve: C. R. Acad. sc. Paris 53 (1861), p. 830; un nouvel exposé entièrement remanié a été publié: Archiv mathematiky a fysiky, kterýž vydáva jednota českých mathematiků v Práze (Prague) 1 (1876), p. 133/214 [1875]; tirage à part publié sous le titre: Sur le développement de la fonction perturbatrice suivant la forme adoptée par Hansen dans la théorie des petites planètes, Paris 1875, p. 1/84.

45) Ann. Observ. Paris, Mémoires 8 (1866), p. 107; Sur le développement [44]), p. 9. Dans le cas où n a une très grande valeur, *G. J. Hoüel* recommande une

A l'aide des valeurs données de la fonction y on formera les combinaisons

(26) $$V_\nu = y_\nu \pm y_{-\nu} \mp y_{\nu-1} - y_{-\nu+1}$$

dans lesquelles on prendra alternativement, d'abord partout les signes supérieurs, ensuite partout les signes inférieurs. On pose ensuite[46])

(27) $$\begin{cases} \pi_\mu = 2^\mu \sin\frac{\alpha}{2}\sin\frac{2\alpha}{2}\cdots\sin\frac{\mu\alpha}{2}, \\ \lambda_{\nu,h} = (-1)^{h+\nu}\frac{\pi_{2\nu-1}}{\pi_{\nu-h}\pi_{\nu+h-1}} \end{cases}$$

et enfin

(28) $$\begin{cases} \delta A_{0,\nu} = \frac{(-1)^\nu}{\pi_\nu^2}\left(\sum_{h=1}^{h=\nu-1}\lambda_{\nu,h}V_h + V_\nu\right), \\ \delta Z_{\mu,\nu} = \frac{(-1)^{\mu+\nu}2\sin\mu\alpha}{\pi_{\nu-\mu}\pi_{\nu+\mu}}\left(\sum_{h=1}^{h=\nu-1}\lambda_{\nu,h}V_h + V_\nu\right), \\ Z_{\nu,\nu} = \frac{1}{\pi_{2\nu}}\left(\sum_{h=1}^{h=\nu-1}\lambda_{\nu,h}V_h + V_\nu\right). \end{cases}$$

On en tire alors, pour déterminer les coefficients de la formule cherchée, alternativement

(29) $$\left.\begin{array}{l} A_\mu \sin\frac{\mu\alpha}{2} \\ B_\mu \cos\frac{\mu\alpha}{2} \end{array}\right\} = Z_{\mu,\mu} + \sum_{\nu=\mu+1}^{\nu=x}\delta Z_{\mu,\nu}$$

et

$$A_0 = \sum_{\nu=1}^{\nu=x}\delta A_{0,\nu},$$

où x est un nombre convenablement choisi, aussi grand que l'on veut.

Il faut prendre dans la formule (26) les signes supérieurs pour avoir les A et les signes inférieurs pour avoir les B.

O. Callandreau[47]) a fait la remarque que dans les formules d'interpolation (22) et (23) on pourrait remplacer $\cos a$, $\cos b, \ldots$ par leurs valeurs approchées obtenues en ne tenant compte que de leurs

disposition du calcul quelque peu différente (qui consiste essentiellement en un changement de l'ordre de sommation); Ann. Observ. Paris, Mémoires 8 (1866), p. 124; Sur le développement[44]), p. 26.

46) On trouve une Table des valeurs de ces quantités auxiliaires dans *G. J. Hoüel*, Ann. Observ. Paris, Mémoires 8 (1866), p. 146. Une autre Table plus étendue figure à la fin de son mémoire: „Sur le développement"[44]), sur des pages non numérotées et de plus grand format que le mémoire lui-même.

47) Ann. Éc. Norm. (2) 8 (1879), p. 232.

trois premiers décimales et utiliser des tables de produits; ce procédé, tout en offrant les mêmes avantages que la méthode de *U. J. J. Le Verrier*, lui serait préférable au point de vue de la rapidité des calculs.

8. Interpolation avec des observations manquées. Dans le cas où, dans une série d'observations d'ailleurs équidistantes, il manque quelques observations, on peut, si l'on veut, remplacer ces dernières par des valeurs obtenues par interpolation linéaire ou parabolique.

L. Fr. Kämtz[48]) recommande dans ce cas de calculer les constantes de la formule de Bessel en remplaçant les observations manquées par des valeurs obtenues par interpolation linéaire; puis, avec la formule ainsi obtenue, de calculer une deuxième valeur approchée pour les observations manquées et ainsi de suite.

F. W. Bessel[49]) lui-même conseille de séparer les termes dans les formules (15) et de les écrire

$$(30)\quad \begin{aligned} A_\mu &= \frac{2}{n}\left[\sum Y_\nu \cos\frac{2\mu\nu\pi}{n} + Y_h \cos\frac{2\mu h\pi}{n} + Y_k \cos\frac{2\mu k\pi}{n} + \cdots\right] \\ B_\mu &= \frac{2}{n}\left[\sum Y_\nu \sin\frac{2\mu\nu\pi}{n} + Y_h \sin\frac{2\mu h\pi}{n} + Y_k \sin\frac{2\mu k\pi}{n} + \cdots\right] \end{aligned}$$

les sommes ne s'étendant plus dans ce cas qu'aux observations réellement faites. Si l'on introduit ensuite ces expressions dans les formules (14), on obtient, pour le calcul des inconnues, des équations qui sont de nouveau du type des équations (14). Mais il faut observer que, dans ce cas, les valeurs des coefficients A_μ, B_μ fournies par la formule (30) ne sont plus indépendantes *du nombre de ces coefficients que l'on veut calculer,* comme l'étaient les valeurs de ces coefficients calculées par la formule (15).

Les calculs ont été seulement *indiqués* par *F. W. Bessel*; c'est *K. Weihrauch*[50]) qui les a effectués. Dans ces calculs interviennent des *circulantes* [cf. I 2, 28].

De telles interpolations ne sont évidemment acceptables que si,

---

48) Lehrbuch der Meteorologie 1, Halle 1831, p. 67.

49) Astron. Nachr. (Altona) 6 (1828), col. 336; Abh. publ. par *R. Engelmann* 2, Leipzig 1876, p. 368.

G. D. E. Weyer [Annalen der Hydrographie, herausgegeben von der deutschen Admiralität 16 (1888), p. 85] procède de la même manière; *M. Guist* [Progr. Hermannstadt 1864, p. XXXVII] indique une modification de la méthode de *F. W. Bessel.*

On trouve des formules particulières pour les cas de $n = 8$ et $n = 12$ dans une Note de *A. Bravais* publiée dans la traduction française qu'il a faite de *L. Fr. Kämtz*, Vorlesungen über Meteorologie, Halle 1840, éditée sous le titre: Cours de météorologie, Paris 1843, p. 483.

50) Zeitschrift der österreichischen Gesellschaft für Meteorologie (Vienne) 20 (1885), p. 216; Schriften Naturf.-Ges. Univ. Dorpat [Jurjev] 5 (1890), p. 17.

pendant le temps où les observations manquent, les lois régissant le phénomène n'ont pas varié. S'il n'en est pas ainsi, ou même si l'on a des doutes à cet égard, cette méthode d'interpolation doit être rejetée[51]).

9. Calcul de la valeur moyenne. Pour calculer la valeur moyenne (dans la représentation numérique d'un phénomène périodique) on peut faire usage[52]) de la première des formules (12).

H. Lloyd[53]) a fait la remarque suivante: la moyenne obtenue à l'aide de n observations quelconques en progression arithmétique n'est égale à la moyenne véritable que si le phénomène est représenté exactement par la formule de Bessel à n coefficients.

Mais, même en admettant qu'il puisse en être ainsi, la moyenne ne peut être obtenue généralement de cette manière et cela pour des raisons d'ordre pratique (par exemple si les observations dont on dispose ne sont pas également espacées).

On a donc proposé, pour déduire la moyenne d'observations soumises à des conditions d'ordre pratique (par exemple les obser-

51) De telles circonstances se présentent précisément dans la marche diurne de la température. Le fait que le soleil est soit au dessus soit au dessous de l'horizon, exerce sur elle une influence capitale. On ne peut donc, avec les seules observations de jour, extrapoler pour obtenir la marche nocturne. Voir à ce sujet *G. V. Schiaparelli*, Effemeridi dell'osservatorio di Brera [Milan] 1867, appendice n° 11, p. 8; *H. Wild*, Repertorium für Meteorologie (St Pétersbourg), Supplementbände 1 (1881), p. 101 [1877]; *A. Angot*, Assoc. fr. avanc. sc. 18 (Paris) 1889², p. 281. Mais d'autre part *P. S. Schreiber* [Nova Acta Acad. Leop. (Halle) 58 (1893), p. 206] va trop loin quand il déclare ne pouvoir admettre de telles interpolations que si elles sont représentables par une formule linéaire.

52) Il convient de remarquer qu'avec la notation employée, $\frac{1}{2}A_0$ représente la valeur moyenne de la fonction $f(t)$ supposée représenter le phénomène.

53) Trans. Irish Acad. (Dublin) 22 (1849), p. 63; des extraits de ce mémoire sont publiés: Proc. Irish Acad. (1) 4 (1847/50), éd. 1850, p. 80; Report Brit. Assoc. 18, Swansea 1848, éd. Londres 1849, p. 1.

Voir également *M. Guist*, Progr.[49]), p. XIII; *P. A. Serpieri*, Meteorologia italiana 1 (1867), suppl., p. 18 (publié aussi séparément, Urbino 1866); *D. Ragona* (d'après le compte rendu de *G. Cantoni*) id. p. 45.

Comme le rappellent *G. V. Schiaparelli* et *G. Celoria* [id. n° 34, p. 8] cette proposition est bien connue des astronomes et des géodésiens qui l'emploient couramment pour l'élimination des erreurs de division dans les cercles de leurs instruments.

H. Lloyd et *M. Guist* ont donné une méthode d'interpolation, pour les observations interrompues, s'appuyant sur cette proposition.

Inversement *S. M. Drach* [London Edinb. Dublin philos. mag. 20 (1842), p. 477] utilise le théorème pour conclure, de l'accord des valeurs moyennes calculées de diverses manières, à la possibilité de représenter le phénomène par les k premiers termes de la formule de Bessel où k est un nombre donné à l'avance.

vations météorologiques), un grand nombre de formules différentes plus ou moins simples[54]). *K. Weihrauch*[55]) a montré comment de telles formules pouvaient se déduire systématiquement de la formule générale d'interpolation (20).

10. Maximé et minimé. Si dans la formule générale (20) on suppose que deux ou plusieurs des valeurs données $a, b, c \dots$, de l'argument se rapprochent indéfiniment, on obtient, en passant à la limite, une formule dans laquelle figurent une ou plusieurs des valeurs de la dérivée de la fonction représentative.

Il est clair par conséquent que, si l'on connaissait la dérivée ou mieux encore quelques dérivées successives de la fonction, pour certaines valeurs de l'argument, on pourrait utiliser ces dérivées dans le calcul de la formule d'interpolation. C'est ce qui arriverait en particulier si l'on connaissait un ou plusieurs maximés ou minimés de la fonction et les valeurs correspondantes de l'argument[56]). Si l'on donnait simplement un maximé (ou un minimé), sans connaître la valeur correspondante de l'argument, le problème qui consisterait à tenir compte de ce maximé (ou de ce minimé) dans la formule d'interpolation serait beaucoup plus difficile; quelques cas particuliers de ce problème ont été seuls traités par *K. Weihrauch*[57]).

On peut maintenant se poser le problème inverse, à savoir la

---

54) Le groupement de telles formules et leur comparaison avec les résultats fournis par un nombre plus grand d'observations (parfois même déjà interpolées) ont été donnés par *L. F. Kämtz*, Journal der Chemie und Physik 47 (1826), p. 393 aussi désigné comme Jahrbuch der Chemie und Physik 17 (1826), p. 393; *H. W. Dove*, Abh. Akad. Berlin 1846, Phys. Abhandl. éd. 1848, p. 102; *Ch. Dewey*, Annual Report of the Board of Regents of the Smithsonian institution (Washington) 1857, p. 310; 1860, p. 413; *E. Edlund*, Meteorologiska Iakttagelser i Sverige utgifna af Svenska Vetenskaps Akademien 1 (1859), p. XII; *G. Cantoni*, Meteorologia italiana 1 (1867), suppl., p. 45; 3 (1869), suppl. p. 86; *W. Köppen*, Repertorium für Meteorologie (St Pétersbourg) 3 (1873), mém. n° 7; *K. Jelinek*, Denkschr. Akad. Wien (math.) 27 I (1867), Table V, p. 118; *H. Wild*, Repertorium für Meteorologie (St Pétersbourg), Supplementbände 1 (1881), Table V, p. XLVII [des éclaircissements sont donnés p. 151, 166]; la question se trouve plus développée encore dans *F. Erk*, Abh. Akad. München 14 (1883), Abt. II (1883), p. 175 [des extraits de ce mémoire sont publiés: Zeitschrift der österreichischen Gesellschaft für Meteorologie (Vienne) 19 (1884), p. 254].

55) Schriften Naturf.-Ges. Univ. Dorpat [Jurjev] 4 (1888), p. 26. Pour utiliser les résultats de *K. Weihrauch* il faut remarquer qu'ils supposent le phénomène en question représentable par la formule de Bessel et avec le nombre considéré de termes. Si l'auteur ne le dit pas expressément à l'endroit cité c'est parce que précisément il fait cette hypothèse constamment.

56) *F. G. Teixeira*, Nouv. Ann. math. (3) 4 (1885), p. 351; *F. Diestel*, Diss. Gött. 1890.

57) Schriften Naturf.-Ges. Univ. Dorpat [Jurjev] 5 (1890), p. 68.

recherche des maximés et des minimés en partant de la formule d'interpolation. La question, *en principe*, ne présente pas de difficultés particulières, mais il y a lieu de faire la remarque essentielle suivante:

Quoique la formule obtenue puisse représenter les observations avec la plus grande approximation, sa dérivée peut affecter une allure entièrement différente de celle qui résulterait du phénomène réel; cela tient à cette propriété que deux fonctions peuvent être très voisines et leurs dérivées très différentes; il suffit pour qu'il en soit ainsi que la différence des deux fonctions, bien que très petite, présente de petites oscillations.

On pourrait se demander toutefois si, en ce qui concerne les formules d'interpolation trigonométrique, ce caractère n'est pas exceptionnel. Or, non seulement il n'est pas exceptionnel, mais au contraire habituel. En effet des termes tels que

$$a_n \cos nt \quad \text{ou} \quad b_n \sin nt$$

changent $2n$ fois de signe quand t varie de 0 à 2π; de plus ils sont multipliés par n par la dérivation[58]), de sorte que, pouvant être très petits dans la formule elle-même, ils peuvent devenir très importants dans la dérivée.

Il est important de ne pas perdre de vue ces considérations dans la recherche des maximés et des minimés par les formules d'interpolation trigonométrique. La méconnaissance de ces caractères a conduit en météorologie à quelques résultats inexacts qui ont été rectifiés par *H. Wild*[59]).

11. Représentation de la marche d'un phénomène périodique à l'aide des moyennes correspondant à des intervalles de courte durée par rapport à la période. On est souvent conduit, lorsqu'il s'agit de représenter par une formule trigonométrique la marche d'un phénomène périodique, à utiliser, au lieu des vraies valeurs observées y_ν, des moyennes Y_ν se rapportant à de courts intervalles de temps. C'est ainsi par exemple que, dans les observations météorologiques, on a l'habitude de publier des moyennes par mois, et qu'il s'agit alors, à l'aide de ces moyennes, de représenter le phénomène réellement observé pendant l'année entière.

58) *L. Grossmann*, Aus dem Archiv der deutschen Seewarte (Hambourg) 17 (1894), mém. n° 5, p. 3.

59) Repertorium für Meteorologie (S' Pétersbourg), Supplementbände 1 (1881), p. 96 [1877]; un extrait de ces rectifications se trouve: Zeitschrift der österreichischen Gesellschaft für Meteorologie (Vienne) 13 (1878), p. 108, 120. Voir aussi: *P. S. Schreiber*, Nova Acta Acad. Leop. (Halle) 58 (1893), p. 206, 210] et *B. A. Gould*, Amer. J. of science (3) 19 (1880), p. 213.

Il arrive fréquemment que les valeurs moyennes elles-mêmes Y_ν sont représentées par la formule de Bessel.

Mais *A. Bravais*[60]) avait déjà indiqué que, si l'on représente les Y_ν par une formule telle que

$$(30a)\qquad Y = R_0 + \sum_{\mu=1}^{\mu=k} R_\mu \sin \mu(t - t_\mu),$$

la fonction y peut être représentée par la formule

$$(31)\qquad y = R_0 + \sum_{\mu=1}^{\mu=k} \frac{\mu\pi}{p \sin \frac{\pi\mu}{p}} R_\mu \sin \mu(t - t_\mu),$$

dans laquelle p désigne le nombre des intervalles de temps contenus dans la période 2π, et où R_μ, t_μ sont les valeurs calculées par la résolution des équations (30^a) que l'on envisage.

On peut aussi déduire les valeurs réelles y_ν des valeurs moyennes Y_ν au moyen d'une interpolation parabolique. C'est ainsi que *J. D. Forbes*[61]) donne la formule

$$(32)\qquad y_\nu = Y_\nu + \frac{1}{p}\left[Y_\nu - \frac{1}{2}(Y_{\nu-1} + Y_{\nu+1})\right].$$

Dans la représentation des phénomènes météorologiques cette question se lie intimement avec une autre. Les moyennes calculées généralement par mois ne se rapportent pas à des intervalles de temps rigoureusement égaux[62]) et on n'a plus une division en progression

60) Cf. *P. Gaimard*, Météorologie[38]) 2, p. 321, 324. Ce fait est plusieurs fois tombé dans l'oubli et à plusieurs reprises il a été à tort signalé comme un fait nouveau: *J. Lamont*, Annalen der Sternwarte bei München, Supplementband 3 (1859), § 19, p. XLII; *J. D. Everett*, The new philosophical Journal Edinburgh 14 (1861), p. 30, 33; Amer. J. of science (2) 35 (1863), p. 29; (2) 36 (1863), p. 176, *G. V. Schiaparelli*, Effemeridi dell'osservatorio di Brera [Milan] 1867, appendice n° 39, p. 30; *A. Krüger*, Astron. Nachr. (Kiel) 82 (1873), col. 333; *W. Ferrel*, Tidal researches [U. S. Coast Survey Report, stereotyped Cambridge Mass., éd. Washington 1874, p. 158]; *T. R. Robinson*, Philos. Trans. London 165 (1875), p. 421; *K. Weihrauch*, Zeitschrift der österreichischen Gesellschaft für Meteorologie (Vienne) 18 (1883), p. 24; *V. N. Nene*, Proc. R. Soc. London 36 (1883/4), p. 381; *R. Sresnewskij*, Repertorium für Meteorologie (St Pétersbourg) 12 (1889), Kleinere Mitt. p. 1; *L. Grossmann*, Aus dem Archiv[26]) 17 (1894), mém. n° 5, p. 11; *A. Schuster*, Proc. R. Soc. London 61 (1896/7), p. 459.

61) Trans. R. Soc. Edinb. 22 (1861), p. 346. La même formule a été donnée par *E. Plantamour*, Du climat de Genève, Genève 1863, p. 39 et par *J. Kleiber*, Repertorium für Meteorologie (St Pétersbourg) 13 (1890), Kleinere Mitt. p. 2, avec la notation du Calcul des différences.

62) Sur les erreurs qui peuvent résulter d'une telle hypothèse voir *K. Weihrauch*, Sitzgsb. Naturf.-Ges. Univ. Dorpat [Jurjev] 8 (1886/8), éd. 1889, p. 18 [1885].

arithmétique de la période. *G. G. Stokes*[63]) et *A. Angot*[64]) se sont préoccupés de cette difficulté. *A. Angot* indique plusieurs méthodes.

*Dans la première, écrivant avec des coefficients indéterminés la formule trigonométrique qui doit représenter le phénomène réel, on obtient 12 équations linéaires entre ces coefficients, en exprimant que, pour chaque mois, la moyenne est égale à la moyenne connue. Ces douze équations permettent de déterminer les coefficients inconnus qui sont au nombre de 4 ou 5 généralement.

Dans une autre méthode, on remarque que, pendant trois mois par exemple, la marche annuelle de l'élément considéré peut être très suffisamment représentée par une formule parabolique[65]), à trois termes par exemple.*

Cette dernière s'obtiendra en écrivant qu'elle fournit comme moyennes, pendant chacun des trois mois consécutifs choisis, les moyennes données. La formule parabolique permettra ensuite d'obtenir la vraie valeur de l'élément pour une époque voisine de celle qui correspond au milieu de l'intervalle des trois mois considérés.

De cette manière on pourra remplacer les époques milieux de chaque mois par douze époques voisines respectivement, qui diviseront exactement l'année en douze intervalles égaux et pour lesquelles on connaîtra les vraies valeurs de l'élément. Il ne restera plus maintenant qu'à appliquer les formules ordinaires d'interpolation trigonométrique.

Au lieu d'employer comme auxiliaire une fonction parabolique, on peut aussi employer une fonction sinusoïdale[66]).

Une dernière méthode enfin consiste à considérer l'intégrale indéfinie de la fonction à représenter. Les valeurs de cette intégrale, correspondant aux fins de mois, se déduisent immédiatement des moyennes mensuelles, et l'on pourra au moyen de ces valeurs connues obtenir ainsi une représentation de l'intégrale indéfinie. Or, de la différence entre la valeur de cette intégrale indéfinie correspondant à l'époque t et la valeur de cette même intégrale correspondant à l'époque t', on déduit immédiatement la moyenne de l'élément corres-

63) *T. R. Robinson*, Philos. Trans. London 165 (1875), p. 425. *T. R. Robinson* trouve la méthode trop pénible à appliquer et, pour cette raison, il se contente d'un calcul approximatif.

64) Annales du Bureau central météorologique de France 1887, Mémoires, éd. 1889, p. 228.

65) *E. Plantamour*[61]); *E. L. de Forest*, Amer. J. of science (2) 41 (1866), p. 375; *K. Weihrauch*[57]); *A. Angot*[64]), p. 232. *E. Plantamour* base ses formules sur une méthode d'approximations successives.

66) *E. L. de Forest*, Amer. J. of science (2) 42 (1866), p. 154; *K. Weihrauch*[57]), p. 34.

pondant à l'intervalle $t' - t$. Il suffira alors de remplacer la division en mois par des douzièmes exacts d'année, pour se trouver dans le cas d'une division de la période en progression arithmétique[67]).

12. Application de l'interpolation trigonométrique aux quadratures mécaniques. Il résulte de ce qui a été dit au n° 4 que la formule de quadrature mécanique

$$(33) \qquad \int_0^{2\pi} f(t)\,dt = \frac{2\pi}{n} \sum_{\nu=0}^{\nu=n-1} f\left(\frac{2\nu\pi}{n}\right)$$

est rigoureusement exacte si le développement de $f(t)$ suivant les cosinus et sinus des multiples de t contient seulement des multiples d'un ordre inférieur à $\frac{n}{2}$. La propriété resterait encore exacte si, plus généralement, le développement de $f(t)$ ne contenait aucun terme de la forme

$$a_\mu \cos \mu t + b_\mu \sin \mu t$$

pour lequel $\frac{\mu}{n}$ est entier. Dans le cas contraire, l'erreur commise en remplaçant l'intégrale par le second membre de la relation (33) serait fournie[68]) par la première des relations (19). Mais il n'y aurait là aucun avantage particulier susceptible de faciliter l'intégration.

Des formules analogues aux formules de quadratures mécaniques de Gauss [II 4 n° 52, II 6], et concernant les fonctions représentées par des développements trigonométriques, ont été obtenues en premier lieu par *B. Bronwin*[69]), ensuite, et d'une manière plus générale par *F. G. Mehler*[70]). La relation

$$(34) \qquad \int_{-1}^{+1} \frac{f(x)}{\sqrt{1-x^2}}\,dx = \int_0^{\pi} f(\cos t)\,dt = \frac{\pi}{n} \sum_{\nu=1}^{\nu=n} f\left(\cos\frac{(2\nu-1)\pi}{2n}\right)$$

est rigoureusement exacte si $f(x)$ désigne un polynome entier quelconque de degré inférieur ou égal à $2n-1$.

---

67) *K. Weihrauch*, Schriften Naturf.-Ges. Univ. Dorpat [Jurjev] 5 (1890), p. 45 (avec Table de logarithmes auxiliaires pour les coefficients numériques). Un procédé abrégé pour la détermination des premiers coefficients se trouve dans *L. Grossmann*, Aus dem Archiv[26]) 17 (1894), mém. n° 5, p. 16.

68) *H. E. Heine*, Handbuch der Kugelfunktionen (2° éd.) 2, Berlin 1881, p. 24.

69) London Edinb. Dublin philos. mag. 34 (1849), p. 262.

70) J. reine angew. Math. 63 (1864), p. 156; *H. Bruns* [Wiss. Rechnen[21]), p. 113] remarque que lorsqu'on emploie la formule (34) pour une fonction paire, et dans l'intervalle $(0, 2\pi)$ on n'a qu'une seule ordonnée de moins à calculer que lorsqu'on se sert de la formule (33) avec une valeur de n deux fois plus grande.

F. Tisserand[71]) indique une manière simple d'obtenir ce résultat en partant de l'identité

$$\text{(35)}\qquad \frac{\cos(n \arccos x)}{\sqrt{x^2-1}} = \frac{1}{n}\,\frac{d[\cos(n \arccos x)]}{dx} + \left[\frac{1}{x}\right],$$

où $\left[\frac{1}{x}\right]$ représente un ensemble infini de termes ne contenant que des puissances entières positives de $\frac{1}{x}$. *P. L. Čebyšëv*[72]) arrive à la même formule en particularisant le problème général suivant: comment doit-on choisir les nombres α_ν pour que toute intégrale de la forme (34) soit représentée le mieux possible par une expression de la forme

$$\text{(36)}\qquad A\sum_{\nu=1}^{\nu=n} f(\alpha_\nu).$$

Il montre en outre[73]) comment on doit choisir les nombres α_ν pour que l'on ait, avec une approximation aussi grande que possible,

$$\text{(37)}\qquad \frac{1}{A}\int_{-1}^{+1}\frac{f(x)}{\sqrt{1-x^2}}\,x\,dx = \sum_{\nu=1}^{\nu=m} f(\alpha_\nu) - \sum_{\nu=m+1}^{\nu=2m} f(\alpha_\nu).$$

A l'aide de cette formule on peut simplifier considérablement le calcul du coefficient A_1 dans le développement de $f(\cos t)$ en série trigonométrique.

P. L. Čebyšëv[74]) montre enfin comment on pourrait encore déduire de cette formule (37) les coefficients $A_2, A_3, \ldots$ des termes en $\cos 2t$, $\cos 3t, \ldots$. dans le développement de $f(\cos t)$ en série trigonométrique; cette dernière question a été, du reste, développée en détail par *R. Radau*[75]).

C. A. Possé[76]) en appliquant la méthode de *P. L. Čebyšëv* obtient

71) C. R. Acad. sc. Paris 68 (1869), p. 1101. L'indication de *F. Tisserand*, à savoir que la formule (34) est due à *C. G. J. Jacobi*, repose sur un malentendu concernant une citation de *F. G. Mehler* qui se rapporte non à la formule (34) mais à la formule (35). On trouve une exposition détaillée des conclusions de *F. Tisserand* dans *Ch. Hermite*, Cours d'Analyse de l'Ec. polyt. 1, Paris 1873, p. 452.

72) Assoc. fr. avanc. sc. 2, Lyon 1873, p. 60; J. math. pures appl. (2) 19 (1874), p. 19.

73) J. math. pures appl. (2) 19 (1874), p. 29.

74) Id. p. 34.

75) C. R. Acad. sc. Paris 90 (1880), p. 520; J. math. pures appl. (3) 6 (1880), p. 319; *R. Radau* donne aussi [id. p. 316] une démonstration simple de la formule (34).

76) Nouv. Ann. math. (2) 14 (1875), p. 55; réimpr. dans *C. A. Possé*, Sur quelques applications des fractions continues, St Pétersbourg 1886, p. 71.

encore les deux formules d'approximation suivantes[77]):

$$(38)\quad \begin{cases} \displaystyle\int_{-1}^{+1} \sqrt{1-x^2}\, f(x)\, dx = \frac{\pi}{n} \sum_{\nu=1}^{\nu=n-1} \sin^2 \frac{\nu\pi}{n} f\left(\cos\frac{\nu\pi}{n}\right), \\ \displaystyle\int_{-1}^{+1} \sqrt{\frac{1-x}{1+x}}\, f(x)\, dx = \frac{4\pi}{2n+1} \sum_{\nu=1}^{\nu=n} \cos^2 \frac{\nu\pi}{2n+1} f\left(\cos\frac{2\nu\pi}{2n+1}\right). \end{cases}$$

L'application au calcul des intégrales, des formules générales (20) (21) (22) (23) a été traitée par *B. Baillaud*[78]). Il commence par écrire la formule

$$(39)\quad \int_0^{2\pi} \sin\frac{t-\alpha_1}{2} \sin\frac{t-\alpha_2}{2} \cdots \sin\frac{t-\alpha_{2n}}{2}\, dt = \frac{\pi}{2^{2n-1}} \sum \cos\left(\frac{s}{2} - s_p\right),$$

dans laquelle s représente la somme

$$\alpha_1 + \alpha_2 + \cdots + \alpha_{2n},$$

tandis que s_p désigne la somme de p quelconques des nombres

$$\alpha_1, \alpha_2, \ldots, \alpha_{2n};$$

la somme du second membre s'étend à toutes les combinaisons possibles des nombres $\alpha_1, \alpha_2, \ldots, \alpha_{2n}$ et p varie de 1 à $2n-1$ inclus.

*Ceci posé, soit y une fonction périodique de t et de période 2π, et soient

$$Y_1, Y_2, \ldots, Y_{2m+1}$$

les valeurs de la fonction y pour $2m+1$ valeurs données quelconques $\beta_1, \beta_2, \ldots, \beta_{2m+1}$. La fonction

$$Y = \sum \frac{\sin\frac{t-\beta_2}{2} \sin\frac{t-\beta_3}{2} \cdots \sin\frac{t-\beta_{2m+1}}{2}}{\sin\frac{\beta_1-\beta_2}{2} \sin\frac{\beta_1-\beta_3}{2} \cdots \sin\frac{\beta_1-\beta_{2m+1}}{2}} Y_1,$$

où la somme est étendue à toutes les permutations des indices $1, 2, \ldots, 2m+1$, prend pour

$$t = \beta_1,\ t = \beta_2, \ldots,\ t = \beta_{2m+1}$$

les mêmes valeurs que la fonction y elle même. Or, si l'on remplace l'intégrale

$$\int_0^{2\pi} y\, dt$$

77) *G. Bauer* [Habilitationsschrift, Munich 1857, p. 47] obtient une formule semblable, pour un très grand nombre de valeurs, par le passage à la limite des formules de quadrature de Gauss.

78) Ann. Observ. Toulouse 2 (1886), seconde pagination, p. 9.

par l'intégrale

$$\int_0^{2\pi} Y dt,$$

l'évaluation de la deuxième de ces intégrales nous ramène précisément au calcul de $2m+1$ intégrales de la forme (39).

B. Baillaud se pose alors le problème suivant: comment faut-il choisir les valeurs $\beta_1, \beta_2, \ldots, \beta_{2m+1}$ (leur nombre $2m+1$ étant donné) pour que l'erreur commise dans le calcul de l'intégrale

$$\varepsilon = \int_0^{2\pi} y dt - \int_0^{2\pi} Y dt$$

soit la plus petite possible. Il trouve que les nombres

$$\beta_1, \beta_2, \ldots, \beta_{2m+1},$$

compris entre 0 et 2π, doivent être pris en progression arithmétique, c'est-à-dire diviser la période 2π en parties égales. On arrive du reste au même résultat que l'on divise la période 2π en un nombre pair ou impair de parties égales.*

Si pour déterminer la fonction Y on part d'une expression de la forme (23) on arrive à la formule de quadrature de Gauss[79]); si, au contraire, on part d'une formule analogue à (22), on arrive aux résultats de *F. G. Mehler*[79]).

B. Baillaud[80]) fait observer du reste que dans le choix usuel de $\beta_\nu = \frac{\nu\pi}{n}$, le premier terme de la correction, abstraction faite du signe, a approximativement la même valeur que dans la formule de *F. G. Mehler*.

Si l'on se contente d'une approximation un peu moindre (d'un ordre plus faible de deux unités que dans les cas précédents) on peut faire usage des formules suivantes données par *R. Radau*[81]):

$$(40) \qquad \int_0^{\pi} f(\cos t)\, dt = \frac{\pi}{n}\left[\frac{f(1)+f(-1)}{2} + \sum_{\nu=1}^{\nu=n-1} f\left(\cos\frac{\nu\pi}{n}\right)\right],$$

$$(41) \qquad \int_0^{\pi} f(\cos t)\cos t\, dt = \frac{\pi}{2n+1}\sum_{\nu=0}^{\nu=n-1} F_\nu \cdot \cos\frac{(2\nu+1)\pi}{2n+1},$$

où

$$F_\nu = f\left(\cos\frac{(2\nu+1)\pi}{2n+1}\right) - f\left(\cos\frac{(2n+\nu+2)\pi}{2n+1}\right).$$

79) Ann. Observ. Toulouse 2 (1886), seconde pagination, p. 34.

80) Id. p. 35.

81) J. math. pures appl. (3) 6 (1880), p. 317, 318.

Des formules analogues à la formule (40), ne contenant qu'une seule des deux valeurs $f(1)$, $f(-1)$, ont été données par *A. A. Markov*[82]).

A. Davidov[83]) arrive par une autre voie à la formule (38). Si $f(x)$ désigne un polynome entier de degré $2n$ et si l'on pose

$$(42)\qquad f(x) = f_1(x) + \cos(n \arc \cos x) \sum_{\nu=0}^{\nu=n-1} c_\nu x^\nu,$$

où $f_1(x)$ est le reste de la division du polynome $f(x)$ par le polynome

$$\varphi(x) = \cos(n \arc \cos x),$$

on trouve d'abord

$$(43)\qquad \int_{-1}^{+1} \frac{f(x)\,dx}{\sqrt{1-x^2}} = \int_0^\pi f_1(\cos t)\,dt + \sum_{\nu=0}^{\nu=n-1} c_\nu \int_0^\pi \cos^\nu t \cos nt\,dt$$

et, comme dans le second membre toutes les intégrales figurant sous le signe $\sum$ sont nulles séparément, on a ainsi ramené l'intégration d'une expression contenant $2n+1$ termes à celle d'une expression qui n'en contient plus que $n+1$.

13. Interpolation trigonométrique des fonctions périodiques de deux variables. L'interpolation trigonométrique des fonctions périodiques de deux variables se fait par l'application répétée des formules employées dans le cas d'une variable unique. C'est ce qu'on désigne en astronomie sous le nom de *quadrature mécanique double.*

Elle est déjà indiquée dans *F. W. Bessel*[84]), recommandée[85]) et employée[86]) par *P. A. Hansen.*

A. L. Cauchy[87]) et *U. J. J. Le Verrier*[88]) s'en s'ont occupés également. *C. G. J. Jacobi*[89]) se montre très réservé en ce qui concerne son application.

82) Isčislenije konečnych raznestej, S^t^Pétersbourg 1889/91; trad. par *T. Friesendorff* et *E. Prümm* sous le titre: Differenzenrechnung, Leipzig 1896, p. 94.

83) J. math. pures appl. (3) 8 (1882), p. 407.

84) Abh. Akad. Berlin 1820/1, math. Klasse, éd. 1822, p. 55; Astron. Nachr. (Altona) 6 (1828), col. 346; Abh.[14]), publ. par *R. Engelmann* 2, Leipzig 1876, p. 362, 371.

85) Astron. Nachr. (Altona) 7 (1829), col. 473.

86) Über die gegenseitigen Störungen des Jupiters und Saturns (Prix de l'Acad. de Berlin), édité à Berlin en 1831, p. 49. *P. A. Hansen* fait remarquer qu'il y a avantage, suivant les cas, à développer, non pas directement d'après les multiples des deux arguments donnés, mais d'après des combinaisons linéaires convenables de ces derniers.

87) Mém. Turin[80]), p. 122 [§ 3, équations (61) et suiv.]; C. R. Acad. sc. Paris 20 (1845), p. 825; Œuvres (1) 9, Paris 1896, p. 141.

88) Ann. Observ. Paris, Mémoires 1 (1855), p. 117, 147.

Si dans le développement en série trigonométrique d'une fonction de deux variables, on a seulement à déterminer des termes isolés ou des groupes de termes se rapportant à un argument particulier

$$j\zeta - j_1\zeta_1$$

(où j, j_1 sont des entiers premiers entre eux), ou encore aux multiples de cet argument particulier, on peut, avec *J. Liouville*, introduire les nouvelles variables[90])

$$\theta = j\zeta - j_1\zeta_1, \qquad \sigma = \frac{\zeta}{j_1}.$$

La fonction à développer $F(\zeta, \zeta_1)$ pourra s'écrire alors

$$F(\zeta, \zeta_1) = A_0 + \sum_{\mu=1}^{\mu=+\infty} A_\mu e^{i\mu\theta} + \varphi,$$

φ désignant l'ensemble des termes qui contiennent σ.

Si F est d'abord développé suivant les multiples de σ,

$$F(\zeta, \zeta_1) = \sum_{s=0}^{s=+\infty} C_s(\theta) e^{is\sigma},$$

on aura tout d'abord

$$A_0 + \sum_{\mu=1}^{\mu=+\infty} A_\mu e^{i\mu\theta} = C_0(\theta).$$

Mais ce même procédé permet aussi de calculer des termes d'ordre plus grand[91]). Si l'on représente par

$$\lambda = m\theta + n\zeta + n_1\zeta_1$$

un argument d'ordre quelconque et si l'on pose

$$\varphi = \sum_{\mu=1}^{\mu=+\infty} B_\mu e^{i(\lambda+\mu\theta)} + \chi,$$

où maintenant χ représente l'ensemble des termes dont les arguments ne peuvent se mettre ni sous la forme $\mu\theta$ ni sous la forme $\lambda + \mu\theta$, on obtient

$$\sum_{\mu=1}^{\mu=+\infty} B_\mu e^{i(\lambda+\mu\theta)} = e^{-i(mj_1+n)\frac{\theta}{j_1}} C_{n_1 j - n j_1}(\theta).$$

Pour chaque valeur de θ les quantités C peuvent être calculées d'après une des méthodes indiquées; si l'on fait varier θ on peut ob-

---

89) Werke 7, Berlin 1891, p. 228 (mém. posth. écrit vers 1843).

90) J. math. pures appl. (1) 1 (1836), p. 201.

91) *H. Durrande*, Thèse, Paris 1864, éd. Moulins 1004, p. 56; voir aussi *G. J. Hoüel*, Archiv mathematiky a fysiky[44]) 1, p. 163 (§ 3); Sur le développement[44]), p. 30.

tenir le nombre d'équations nécessaires pour la détermination des A et des B. Si l'on emploie la méthode de *U. J. J. Le Verrier* [n° 7] on peut faire en sorte[92]) que pour toutes les valeurs particulières de θ on ait toujours à faire usage des mêmes valeurs des variables primitives, mais dans un autre ordre.

Séparation de plusieurs périodes connues.

14. Remarques préliminaires. Commensurabilité théorique et pratique des périodes. Pour l'intelligence et l'explication de toute une classe de phénomènes, une propriété que *P. S. Laplace*[93]) paraît avoir énoncée le premier dans ses recherches sur les marées joue un rôle capital: les mouvements dus à une force périodique ont la même période que la force elle-même; leurs amplitudes et leurs phases seules sont soumises à des influences secondaires [comme on dit parfois, à des *amortissements*] particulières à chaque problème.

On doit ajouter toutefois que pour qu'il en soit ainsi il faut supposer ces mouvements limités.

D'autre part, un autre principe qui semble avoir été énoncé dans toute sa généralité pour la première fois par *J. M. C. Duhamel*[94]) est également très important: si l'on se borne à envisager le mouvement infiniment petit, ayant lieu de t à $t + dt$, d'un ensemble de points soumis à l'action de deux ou de plusieurs forces pouvant être envisagées pendant le temps dt comme distinctes et indépendantes des coordonnées de leurs points d'application, les actions de ces forces s'ajoutent géométriquement.

En s'appuyant sur ces propositions on peut démontrer qu'un grand nombre de phénomènes peuvent être représentés par la superposition de phénomènes périodiques à périodes différentes.

*Plus généralement on peut dire que les mouvements résultant de plusieurs actions périodiques à périodes différentes sont représentables, *s'ils sont finis,* par des fonctions étudiées par *E. Esclangon*[95]) et *P. Bohl*[96]), et appelées par *E. Esclangon* fonctions *quasi-périodiques.*

92) *H. Durrande*, Thèse[91]), p. 63.

93) Hist. Acad. sc. Paris 1775, éd. 1777, M. p. 89; 1776, éd. 1778, M. p. 177, 525; Œuvres 9, Paris 1893, p. 88, 185, 281; cette propriété est énoncée d'une manière plus explicite dans sa Mécanique céleste 2, Paris an VII, livre IV, n° 16; Œuvres 2, Paris 1878, p. 230.

94) J. Ec. polyt. (1) cah. 23 (1834), p. 4 [1832].

95) Thèse[1]), p. 228.

96) Diss. Dorpat [Jurgev] 1893.

Ces fonctions dont il sera question plus loin ont la propriété de repasser approximativement par les mêmes séries de valeurs.*

Bornons-nous au cas où les mouvements sont très petits et par suite le principe de superposition applicable; supposons pour simplifier qu'il s'agisse d'un phénomène représenté par deux composantes périodiques seulement, de périodes respectives a et b.

Théoriquement on n'aura que deux cas à distinguer. Si a et b sont commensurables ils admettent un multiple commun

$$c = ma = nb,$$

de sorte qu'en définitive, le phénomène résultant peut être considéré comme simplement périodique avec la période c et traité par suite d'après les méthodes exposées dans les chapitres précédents.

Mais si a et b sont incommensurables il n'existe plus de multiple commun c et le phénomène n'est plus périodique à proprement parler.

Dans la pratique ces questions se présentent un peu autrement[97]). Si le rapport $\frac{b}{a}$, sans être théoriquement un nombre incommensurable, s'exprime par le quotient de deux nombres entiers très grands sans diviseur commun, le plus petit multiple commun c de a et de b (que l'on peut appeler la *période effective* du phénomène) sera lui même très grand, de sorte qu'en pratique on ne pourra disposer d'observations embrassant une période entière c. On sera conduit alors aux méthodes qu'il nous reste à exposer.

*Pour un plus grand nombre de composantes périodiques on est conduit à des considérations analogues. L'incommensurabilité théorique de deux périodes sera remplacé ici par cette propriété qu'entre les périodes considérées $a, b, c, \ldots$ n'existe aucune relation linéaire[98]), homogène à coefficients entiers, de la forme

$$\frac{m}{a} + \frac{n}{b} + \frac{p}{c} + \cdots = 0.$$*

15. Élimination des perturbations séculaires. Le cas le plus simple est celui où les deux périodes a et b intervenant dans le phénomène sont tellement différentes en grandeur, que pendant un intervalle de temps égal à la période la plus courte a, l'influence de

---

97) Dans les travaux concernant la physique du globe et la cosmophysique, on ne fait pas cette distinction entre l'incommensurabilité théorique et l'incommensurabilité pratique; consulter sur ce point *F. Klein*, Anwendung der Differential- und Integralrechnung auf Geometrie (cours autographié Göttingue 1901) éd. Leipzig 1902, p. 22; (2e éd.) Leipzig 1907.

98) *E. Esclangon*, Thèse [1]), p. 70/112.*

l'action de période b peut être représentée par une fonction linéaire du temps.

C'est ce qui se produit, par exemple, lorsque dans l'étude de la marche diurne d'un phénomène météorologique, on veut éliminer la marche annuelle. Si y_ν représente la grandeur observée à l'heure ν, le jour suivant, à la même heure ν, la nouvelle valeur observée ne sera plus y_ν, mais la différence

$$y_{\nu+24} - y_\nu$$

des deux valeurs observées pourra être considérée comme constante dans un intervalle de temps égal à 24 heures et indépendante de ν, de sorte que la quantité

$$y_\nu - \frac{\nu}{24}(y_{24} - y_0) \tag{45}$$

pourra être traitée comme une fonction réellement périodique de la variable ν.

Cette élimination de la marche annuelle peut se faire d'ailleurs de diverses manières[99]). *A. Bravais*[100]) a fait remarquer qu'avec la formule (45) la moyenne diurne est modifiée. Supposons, avec *A. Bravais*, que l'on calcule la moyenne diurne M par la formule

$$M = \frac{\frac{1}{2}(y_0 + y_{24}) + y_1 + y_2 + \cdots + y_{23}}{24}; \tag{46}$$

alors l'expression

$$y_\nu - (\nu - 12)\frac{y_{24} - y_0}{24} \tag{47}$$

admet la même moyenne diurne M, et comme dans le cas précédent la marche annuelle se trouve être éliminée.

Pour conserver intacte la moyenne diurne et éliminer la marche annuelle, *J. Lamont* indique un procédé[101]) qui ne diffère de celui de

---

99) Par exemple dans *G. V. Schiaparelli*, Effemeridi dell'osservatorio di Brera [Milan] 1868, appendice, et *M. Rajna*, Pubblicazioni dell'osservatorio astronomico di Brera [Milan] 26 (1884), p. 15; *G. V. Schiaparelli* et *G. Celoria* disent qu'on trouve de telles corrections dans les calculs laissés par *Fr. Carlini* [Meteorologia italiana 1 (1867), suppl. n° 8].

100) Cf. *P. Gaimard*, Météorologie[28]) 2, p. 325 (préparation préliminaire des moyennes horaires).

101) Annalen der Sternwarte bei München, Supplementband 6 (1868), § 4, p. VII. *J. Lamont* écrit à tort $(\nu - 11{,}5)$ au lieu de $(\nu - 12{,}5)$; ce qu'il écrit ne serait exact que si l'on calculait M d'après la formule

$$M = \frac{1}{24}(y_0 + y_1 + \cdots + y_{23}).$$

Dans la bibliographie des ouvrages de météorologie *J. Lamont* est souvent cité mais en fait, on effectue presque toujours les calculs en appliquant la formule de *A. Bravais*.

A. Bravais que par ce fait que la moyenne diurne est calculée sur 24 observations.

Il pose

$$M = \frac{y_1 + y_2 + \cdots + y_{24}}{24}, \tag{48}$$

de sorte que le facteur $(\nu - 12)$ figurant dans la relation (47) doit être remplacé par $(\nu - 12,5)$. Mais le procédé le plus simple consiste à calculer la moyenne sur 25 observations en posant

$$M = \frac{y_0 + y_1 + \cdots + y_{24}}{25}. \tag{49}$$

La formule (47) reste alors exacte et ne modifie pas davantage la moyenne.

Ces méthodes ont l'inconvénient de n'utiliser, pour l'élimination de la marche annuelle, que deux observations, les observations extrêmes y_0, y_{24}; pour être la plus efficace possible la méthode devrait en réalité, pour déterminer la fonction linéaire représentant la marche annuelle (dans l'intervalle d'un jour), utiliser toutes les observations[102]), depuis y_0 jusqu'à y_{24}.

R. Strachey[103]) donne les corrections qu'il faut faire subir aux coefficients de la formule de Bessel représentant la marche diurne pour éliminer l'influence de la marche annuelle.

N. Ekholm[104]) indique un procédé qui peut servir, non seulement à l'élimination des perturbations à longue période, mais encore à l'élimination des perturbations de périodes quelconques et connues. S'il n'y avait aucune perturbation et si l'on représentait graphiquement la fonction $y = f(t)$, en joignant les points correspondant à une même phase du phénomène, on obtiendrait des droites parallèles à l'axe Ox. A cause même des perturbations il n'en est pas ainsi et ces droites sont inclinées sur l'axe Ox. Pour éliminer les perturbations, *N. Ekholm* propose de faire tourner chacune de ces droites autour de son milieu

102) *R. Wolf*, Viertelj. Naturf. Ges. Zürich 1 (1856), p. 264; Astron. Mitteil. (Zurich) 2 (1856), p. 17. L'auteur utilise la méthode des moindres carrés pour éliminer la période de onze ans dans l'étude de la marche annuelle des taches solaires. Dans les nombreux cas où la nature des matériaux d'observation ne permet pas l'application de cette méthode, la méthode d'interpolation de *A. L. Cauchy* serait sans doute à recommander. Voir sur ce point l'article I 21, 27 et l'article II 29.

103) Proc. R. Soc. London 42 (1887), p. 67; Hourly readings from the self-recording instruments of the four stations under the meteor. council 1884, Londres 1887, appendice.

104) Zeitschrift der österreichischen Gesellschaft für Meteorologie (Vienne) 20 (1885), p. 81.

jusqu'à ce qu'elle soit parallèle à l'axe Ox, en faisant, pour chaque droite, participer à ce mouvement les intersections des ordonnées et de la droite, de façon que les nouvelles ordonnées restent parallèles aux anciennes mais multipliées par des facteurs proportionnels aux distances $\frac{a}{\cos\theta}$ du centre de rotation; a désignant leur distance de ce centre avant la rotation et θ le déplacement angulaire. Comme, dans l'application de cette méthode, les calculs sont très compliqués, *N. Ekholm* se contente d'une approximation convenable[105]) que du reste il a été conduit à modifier par la suite[106]).

16. Séparation de deux périodes du même ordre de grandeur. Si l'expression d'une fonction

$$(50)\quad f(t) = (A_1 \cos n_1 t + B_1 \sin n_1 t) + (A_2 \cos n_2 t + B_2 \sin n_2 t)$$

se compose de deux termes périodiques dont les périodes sont du même ordre de grandeur, on peut, pour en effectuer la séparation, employer une méthode indiquée par une commission que l'Association anglaise pour l'avancement des sciences [British Association for the advancement of sciences] avait désignée pour étudier le phénomène des marées[107]). On peut remplacer l'expression (50) par[108])

$$(51)\quad \begin{aligned} &[A_1 + A_2 \cos(n_1 - n_2)t - B_2 \sin(n_1 - n_2)t] \cos n_1 t \\ &+ [B_1 + A_2 \sin(n_1 - n_2)t + B_2 \cos(n_1 - n_2)t] \sin n_1 t. \end{aligned}$$

105) Zeitschrift der österreichischen Gesellschaft für Meteorologie (Vienne) 20 (1885), p. 83.

106) Meteorologische Zeitschrift 5 (1888), p. 54.

N. Ekholm et *Sv. Arrhenius* ont fait des applications de cette méthode [Bihang Svenska Vetensk. Akad. Handl., Afdelning I math. 19 (1894), mém. n° 8, p. 19].

107) Parmi les différents Rapports de cette Commission, le premier, rédigé par *W. Thomson* [Report Brit. Assoc. 38, Norwich 1868, éd. Londres 1869, p. 489], ne donne qu'une idée succincte des méthodes de calcul employées; un rapport suivant, rédigé par *E. H. Roberts* [id. 42, Brighton 1872, éd. Londres 1873, p. 355] contient quelques modifications qui, depuis cette époque, avaient paru nécessaires. Un rapport postérieur, rédigé par *G. H. Darwin* [id. 53, Southport 1883, éd. Londres 1884, p. 49; Rectification, id. 54 Montréal 1884, éd. Londres 1885, p. 35] quoique plus détaillé que les précédents est encore bien trop concis. Cette même question a été développée par *C. Börgen* [Annalen der Hydrographie, herausgegeben von der deutschen Admiralität 12 (1884), p. 563; tirage à part publié sous le titre: Die harmonische Analyse der Gezeitenbeobachtungen, Berlin 1885]; par *Ph. Hatt* [Annales hydrographiques (2) 1893, p. 295/372; tirage à part publié sous le titre: De l'analyse harmonique des observations de marées d'après les travaux anglais, Paris 1893]; par *R. A. Harris* [Report of the superintendent of the U. S. Coast and Geodetic Survey 1896/7, éd. Washington 1898, appendice 9, p. 537] et enfin par *Maurice Lévy*, Théorie des marées[21]) 1, p. 68.

En d'autres termes, si n_1 et n_2 sont des nombres voisins, on peut considérer l'expression (50) comme représentant une vibration simple de période $\frac{2\pi}{n_1}$ mais dont l'amplitude et la phase sont lentement variables. Pour obtenir A_1 et B_1 il suffira donc de déterminer l'amplitude et la phase correspondant à un grand nombre de périodes et faire la moyenne. On obtiendra un résultat exact si la durée des observations est un multiple de $\frac{2\pi}{n_1 - n_2}$; il sera seulement approché si cette durée n'est que grande[109]) sans autre condition spéciale. Toutefois, pour appliquer ce procédé à la détermination d'une composante donnée, les observations doivent, pour la facilité du calcul, être ordonnées d'une façon particulière[110]).

Dans l'analyse des marées, et en ce qui concerne la partie du phénomène se rapportant à une période donnée a, les deux premières composantes (correspondant au son fondamental et à son premier harmonique supérieur) sont à considérer principalement; mais *Ch. Chambers*

---

108) *G. H. Darwin* [Report Brit. Assoc. 53, Southport 1883, éd. Londres 1884, p. 96]. Consulter aussi *C. Börgen,* Die harmonische Analyse[107]), p. 563; voir également les remarques de *Ad. Schmidt*, Sitzgsb. Akad. Wien. 96 II (1887), p. 997. Des exemples plus précis, relatifs au choix des intervalles de temps correspondant aux observations, se trouvent dans *G. H. Darwin* [Report Brit. Assoc. 55, Aberdeen 1885, éd. Londres 1886, p. 37; 56 Birmingham 1886, éd. Londres 1887, p. 47] et aussi dans *W. Ferrel*, Report of the superintendent of the U. S. Coast and Geodetic Survey 1877/8, éd. Washington 1881, appendice 11, p. 279 (reproduit par *R. A. Harris*, id. 1896/7, éd. Washington 1898, appendice 9, p. 545) enfin dans *Maurice Lévy*, Théorie des marées[21]) 1, p. 75.

109) La correction pour le dernier cas se trouve dans *Ph. Hatt*, Annales hydrographiques (2) 1893, p. 353; De l'analyse harmonique[107]), p. 59.

110) Cet arrangement sera facilité par l'emploi de schémas dans lesquels on devra, ou bien passer par dessus certaines cases, ou bien encore considérer ces cases comme doubles si la période que l'on recherche est approximativement, mais non rigoureusement, un multiple de l'intervalle compris entre deux termes consécutifs [*G. H. Darwin*, Report Brit. Assoc. 53, Southport 1883, éd. Londres 1884, p. 92; *C. Börgen*, Die harmonische Analyse[107]), p. 508; *Ph. Hatt*, Annales hydrographiques (2) 1893, p. 350; De l'analyse harmonique[107]), p. 56]. Si une case doit être considérée comme double, *G. H. Darwin* ne compte qu'une seule observation mais néglige entièrement la suivante; *C. Börgen* et *Ph. Hatt* préfèrent compter deux observations dans la même case. Si, par exemple, les observations sont groupées par *heures* et si l'on a deux observations faites l'une à 3^h35 l'autre à 4^h25, on doit inscrire ces deux observations comme faites à 4^h; *G. H. Darwin* laisse alors une des deux observations de côté tandis que *C. Börgen* et *Ph. Hatt* les inscrivent toutes les deux comme faites à 4^h.

Il ne faut pas perdre de vue que, dans ce procédé, on utilise, non pas les observations elles-mêmes mais des moyennes d'observations; il en résulte que c'est de l'équation (31) qu'il faut faire usage.

et *F. Chambers* ont montré comment on pouvait obtenir les composantes d'ordre supérieur (correspondant aux sons harmoniques supérieurs au premier) lorsqu'il n'entre dans le phénomène que deux périodes indépendantes. Si les périodes sont commensurables[111]) on peut considérer toute composante comme se rapportant indifféremment à l'une ou à l'autre des deux périodes (correspondant à un son harmonique supérieur, soit de l'une soit de l'autre).

En observant les oscillations périodiques que présente la fréquence des aurores boréales, on a constaté que la période de ces oscillations est égale au mois synodique lunaire (avec maximé à la nouvelle lune et minimé à la pleine lune); cette période semble d'ailleurs dépendre uniquement des conditions particulières d'éclairement; on a, il est vrai, émis à plusieurs reprises[112]) des hypothèses contraires[113]) mais elles ont été bientôt reconnues comme injustifiées.

Pour *séparer* l'influence exercée sur un phénomène par deux causes périodiques de périodes très voisines l'une de l'autre, ayant par exemple pour périodes, l'une le mois synodique lunaire S, l'autre le mois tropique lunaire T, *N. Ekholm* et *Sv. Arrhenius*[114]) introduisent une troisième période U, définie par la relation

$$\frac{1}{T} - \frac{1}{S} = \frac{1}{S} - \frac{1}{U},$$

en sorte que si l'on a

$$\mu S = (\mu + 1) T$$

on a aussi

$$\mu S = (\mu - 1) U.$$

Ils montrent que, dans une première approximation, S a la même influence sur le calcul des oscillations de période T que sur celui des oscillations de période U. Quand le phénomène envisagé ne contient pas de composante de période U, ce résultat leur permet de calculer et par suite d'éliminer l'influence du mois tropique lunaire.

Il convient du reste de faire ici la remarque générale suivante. Il arrive fréquemment, et surtout dans les phénomènes météorologiques, que le principe de superposition par voie de pure addition géométrique n'est pas applicable, de sorte que l'influence de plusieurs causes pé-

111) Proced. R. Soc. London 21 (1872/3), p. 384; Philos. Trans. London 165 (1875), p. 361.

112) *J. Liznar*, Sitzgsb. Akad. Wien 97 IIa (1888), p. 1104.

113) *N. Ekholm* et *Sv. Arrhenius*, K. Svenska Vetenskaps Akad. handlingar 31 (1898/9), mém. n° 2, p. 7.

114) Id. p. 8.

riodiques de périodes $a, b, c, \ldots$ ne peut plus se représenter par la somme de composantes relatives à ces seules périodes. Si néanmoins, on veut représenter le phénomène par une somme finie ou infinie de fonctions périodiques, il faut introduire de nouvelles périodes auxiliaires α qui sont données par une formule de la forme

$$\frac{1}{\alpha} = \frac{m}{a} + \frac{n}{b} + \frac{p}{c} + \cdots, \tag{52}$$

$m, n, p \ldots$ étant des entiers positifs ou négatifs. Dans la détermination de l'ensemble des composantes, ces périodes auxiliaires jouent absolument, au point de vue théorique du moins, le même rôle que les périodes $a, b, c, \ldots$ elles-mêmes[115]).*

17. Méthode relative aux cas compliqués. Analyse harmonique des marées. Alors même qu'il y a lieu de faire figurer, dans la représentation du phénomène que l'on envisage, plus de deux composantes, le procédé indiqué plus haut, pour évaluer séparément chacune de ces composantes, dont les périodes ne sont pas des multiples exacts les uns des autres, reste applicable. Cette circonstance se présente dans l'analyse harmonique des marées où interviennent diverses composantes dont la période est approximativement égale soit à un jour solaire soit à une fraction de jour solaire[116]).

Dans la représentation analytique du phénomène des marées figurent en outre un certain nombre de composantes dont les périodes sont de l'ordre de grandeur d'un mois entier ou d'un demi-mois. Celles-ci seront calculées ensemble, mais il n'est pas nécessaire pour effectuer ce calcul d'utiliser toutes les observations individuellement. Les moyennes diurnes seules seront nécessaires, à condition toutefois d'en éliminer préalablement l'influence des composantes diurnes[117]). Si l'une de ces composantes est représentée par

$$R \cos(nt - \zeta)$$

il faudra donc retrancher de la moyenne observée une quantité égale

115) *En effet une série trigonométrique dont les termes sont des fonctions périodiques de périodes $a, b, c, \ldots$ peut toujours être transformée, et cela d'une infinité de manières, en une autre série trigonométrique dans laquelle interviennent des périodes telles que α; *E. Esclangon*, Thèse [1]), p 201/7.*

116) Il est un grand nombre de circonstances qui sont à envisager dans le calcul des marées, et dont il n'est pas fait mention ici, parce qu'elles sont étrangères à l'objet de cet article. En particulier on a fait abstraction des relations connues entre les amplitudes et les phases en fonction d'arguments astronomiques lentement variables.

117) Cette correction est dite en anglais *clearance of the daily mean.*

à l'une des quatre valeurs suivantes;

$$(53)\qquad \frac{R}{24}\frac{\sin 12n}{\sin\frac{n}{2}}\cos\left(\zeta+\frac{23n}{2}\right),$$

$$(54)\qquad \frac{R}{24}\frac{\sin 12n}{\operatorname{tg}\frac{n}{2}}\cos(\zeta+12n),$$

$$(55)\qquad \frac{R}{25}\frac{\sin\frac{25n}{2}}{\sin\frac{n}{2}}\cos(\zeta+12n),$$

$$(56)\qquad R\frac{\sin 12n}{12n}\cos(\zeta+12n).$$

Le choix de ces corrections est déterminé par la manière même dont les moyennes diurnes sont pratiquement obtenues. Si les observations sont horaires et si l'on définit la moyenne par la quantité

$$M=\frac{y_1+y_2+\cdots+y_{24}}{24},$$

on calculera la correction sous la forme (53); si la moyenne est calculée par la formule

$$M=\frac{\frac{y_0+y_{24}}{2}+y_1+y_2+\cdots+y_{23}}{24},$$

on emploiera la correction sous la forme (54); si l'on pose

$$M=\frac{y_0+y_1+\cdots+y_{24}}{25},$$

on emploiera la correction sous la forme (55); enfin on emploiera la correction sous la forme (56) si la moyenne est déduite des courbes d'enregistreurs à l'aide de planimètres[118]).

118) *E. Roberts*, Report Brit. Assoc. 42, Brighton 1872, éd. Londres 1873, p. 371; *G. H. Darwin*, Report Brit. Assoc. 53, Southport 1883, éd. Londres 1884, p. 103; *C. Börgen*, Die harmonische Analyse[107]), p. 564; *Ph. Hatt*, Annales hydrographiques (2) 1893, p. 357; De l'analyse harmonique[107]), p. 63. *G. H. Darwin* préfère, comme étant la plus commode dans la pratique, la formule

$$M=\frac{1}{24}(y_0+y_1+\cdots\cdots+y_{22}+y_{23});$$

C. Börgen, tout en préférant également cette formule, recommande aussi l'usage d'un planimètre; *Ph. Hatt* trouve la formule (46) plus rationnelle; *E. H. Roberts* fait remarquer que la valeur moyenne obtenue par la formule

$$\frac{1}{24}(y_0+y_1+\cdots\cdots+y_{22}+y_{23})$$

se rapporte non à 12^h mais à $11^h\,30^m$.

La hauteur moyenne de la marée, déduite de l'ensemble des observations, est retranchée également des moyennes diurnes.

Après ces diverses corrections, l'expression considérée représentera la somme des composantes à longue période, et les équations que l'on obtiendra seront résolues par rapport aux constantes inconnues qui y figurent en appliquant la méthode des moindres carrés [I 22, **11**]. La résolution pourra se faire ici facilement par approximations successives parce que, dans les équations linéaires obtenues, les coefficients des termes en diagonale l'emporteront de beaucoup sur les autres[119]).

18. Détermination des composantes par les seules observations des maximés et minimés. Le cas où l'on a à sa disposition, non pas des observations faites d'heure en heure, mais uniquement les maximés et les minimés des observations journalières et les heures correspondantes, a été spécialement traité par les auteurs américains. Cela s'explique par ce fait que, en Amérique, l'observation des marées s'est bornée pendant longtemps à la seule détermination des niveaux maximés et minimés diurnes et cela même à une époque où, en Angleterre, on possédait depuis longtemps déjà des observations horaires auxquelles on appliquait les procédés de l'analyse harmonique.

W. Ferrel[120]) développe le potentiel des forces engendrant les

119) Les équations normales qui, d'après cette méthode, doivent être formées pour un lieu donné d'observation, figurent déjà dans un supplément de *E. H. Roberts* au premier Rapport de *W. Thomson* [Report Brit. Assoc. 38, Norwich 1868, éd. Londres 1869, p. 505]; mais dans ce premier rapport on se contente de donner les valeurs des coefficients numériques quand toutes les observations ont lieu en un même endroit, sans indiquer comment on peut en déduire les valeurs de ces coefficients numériques en un autre endroit déterminé. Dans le Rapport de *E. H. Roberts* lui-même pour l'année 1872 [Report Brit. Assoc. 42, Brigthon 1872, éd. Londres 1873, p. 371] on trouve les formules générales mais avec des explications si peu claires sur leur signification qu'elles ne pouvaient être utilisées. *J. C. Adams* donne enfin les formules générales avec les éclaircissements voulus; il recommande [d'après *G. H. Darwin*, Report Brit. Assoc. 58, Southport 1883, éd. Londres 1884, p. 110] l'emploi de multiplicateurs fortement arrondis pour la formation des équations normales; en poussant cette idée à l'extrême on serait amené à l'emploi de la méthode d'interpolation de *A. L. Cauchy*. La *clearance*[117]) peut n'être appliquée qu'aux sommes servant à la formation de l'équation normale [*G. H. Darwin*, Report Brit. Assoc. 53, Southport 1883, éd. Londres 1884, p. 107; *C. Börgen*, Die harmonische Analyse[107]), p. 618; *Ph. Hatt*, Annales hydrographiques (2) 1893, p. 362; De l'analyse harmonique[107]), p. 68]. Quelques indications sur un cas dans lequel il n'était pas possible, sans préparation préalable, de résoudre les équations normales par approximations successives, se trouvent dans *W. Thomson*, Report Brit. Assoc. 40, Liverpool 1870, éd. Londres 1871, p. 122. Du reste, voir aussi sur ce point, *Maurice Lévy*, Théorie des marées[21]) 1, p. 86.

120) Report of the superintendent of the U. S. Coast and Geodetic Survey

marées en ne conservant, dans les amplitudes et les phases des termes isolés, que des fonctions du temps avec une période d'un mois ou d'un demi-mois. Il obtient ainsi un développement comprenant un nombre de termes bien moindre que celui obtenu dans les méthodes anglaises, où l'on pousse le développement assez loin pour que les inégalités des amplitudes et des phases n'aient plus que des périodes de une ou de plusieurs années. *W. Ferrel* calcule ensuite, au moyen des quatre observations diurnes donnant les hauteurs maximées et minimées, la hauteur moyenne de la marée pour chaque jour, ainsi que les amplitudes et les phases des composantes diurne et semi-diurne pour le même jour[121]). Les valeurs ainsi obtenues, variables d'un jour à l'autre, sont développées en les considérant comme fonctions des arguments à longue période.

Il indique du reste, d'une manière précise, la façon d'effectuer ces calculs[122]).

Postérieurement *G. H. Darwin*[123]) a fait également des recherches sur cette question.

Si l'on ne fait entrer dans les formules que deux composantes et si l'on représente par

$$f(t) = (A_1 \cos n_1 t + B_1 \sin n_1 t) + (A_2 \cos n_2 t + B_2 \sin n_2 t)$$

la hauteur observée, on obtient à l'instant d'un maximé ou d'un minimé, l'équation

$$(57)\quad n_1[-A_1 \sin n_1 t + B_1 \cos n_1 t] + n_2[-A_2 \sin n_2 t + B_2 \cos n_2 t] = 0.$$

En désignant par h la hauteur correspondante, on pourra écrire

$$(58)\quad \begin{aligned} h \cos n_1 t &= A_1 + A_2 F + B_2 G, \\ h \sin n_1 t &= B_1 + A_2 f + B_2 g; \end{aligned}$$

1868, éd. Washington 1871, appendice 5, p. 52; Tidal researches [U. S. Coast Survey Report, stereotyped Cambridge Mass., éd. Washington 1874, p. 27].

121) Report of the superintendent of the U. S. Coast and Geodetic Survey 1868, éd. Washington 1871, appendice 5, p. 57, 58; Tidal researches [U. S. Coast Survey Report[120]), p. 161].

122) Tidal researches [U. S. Coast Survey Report[120]), p. 165]; Report of the superintendent of the U. S. Coast and Geodetic Survey 1875, éd. Washington 1878, appendice 12, p. 194. Plus tard, *W. Ferrel* [Report of the superintendent of the U. S. Coast and Geodetic Survey 1877/8, éd. Washington 1881, appendice 11, p. 278] se rallie aux théories anglaises. Consulter également l'exposé de *R. A. Harris*, Report of the superintendent of the U. S. Coast and Geodetic Survey 1893/4, éd. Washington 1895, appendice 7, p. 169; id. 1896/7, éd. Washington 1898, appendice 8, p. 375.

123) Proc. R. Soc. London 48 (1890), p. 280; voir aussi *Maurice Lévy*, Théorie des marées[21]) 1, p. 96.

F, G, f, g désignant des fonctions connues de t qui varieront lentement d'un jour à l'autre. On peut combiner les observations de façon que, pour un long intervalle de temps, les moyennes de ces fonctions soient sensiblement nulles, de sorte que par sommation on pourra déduire, de l'ensemble des équations (58), les quantités A_1 et B_1. On procédera d'une manière analogue pour le calcul de A_2 et de B_2.

Si, dans la représentation de la hauteur en fonction du temps, on fait intervenir plus de deux composantes on pourra faire usage de la même méthode; on devra seulement, s'il est nécessaire, utiliser dans le calcul d'une composante, des valeurs approchées pour les autres composantes et corriger ensuite successivement les diverses valeurs obtenues[124]). Il sera parfois plus avantageux de décomposer l'intervalle total des observations en intervalles partiels[125]).

Supposons que n_1 et n_2 soient deux nombres peu différents: en posant

(59) $$n_2 = n_1 + \varepsilon,$$

on pourra considérer comme négligeable le rapport $\frac{\varepsilon}{n_1}$. Si l'on représente la hauteur de la marée par

$$h = R_1 \cos(n_1 t - \zeta_1) + R_2 \cos(n_2 t - \zeta_2),$$

on aura[126]), au moment d'un maximé ou d'un minimé,

(60) $$\begin{aligned} h \cos n_1 t &= R_1 \cos \zeta_1 + R_2 \cos(\varepsilon t - \zeta_2), \\ h \sin n_2 t &= R_1 \sin \zeta_1 - R_2 \sin(\varepsilon t - \zeta_2). \end{aligned}$$

Si l'on fait ici la somme depuis l'époque $t = 0$ jusqu'à $t = \frac{\pi}{\varepsilon}$, puis la somme depuis $t = \frac{\pi}{\varepsilon}$ jusqu'à $t = \frac{2\pi}{\varepsilon}$, on obtiendra quatre équations pour déterminer $R_1, R_2, \zeta_1, \zeta_2$. Une méthode à peu près analogue s'appliquerait au cas d'un plus grand nombre de composantes[127]).

La question inverse, c'est-à-dire la détermination des hauteurs maximées et minimées et des heures correspondantes, a été traitée par *W. Ferrel*[128]) mais dans le cas seulement où la composante semi-diurne

124) *G. H. Darwin*, Proc. R. Soc. London 48 (1890), p. 295.

125) Id. 48 (1890), p. 289, 295. Un procédé plus approché pour cette «partition» se trouve p. 300 et 308.

126) Id. 48 (1890), p. 281.

127) Id. 52 (1892/3), p. 350.

128) Report of the superintendent of the U. S. Coast and Geodetic Survey 1868, éd. Washington 1871, appendice 5, p. 57. En ce qui concerne les composantes harmoniques, cette question inverse se trouve déjà dans *A. Kunzek*, Studien aus der höheren Physik, Vienne 1856, p. 38.

l'emporte tellement sur les autres qu'on peut se borner aux formules différentielles obtenues. Plus tard, *W. Ferrel*[129]) a indiqué une méthode basée sur des approximations successives. Plus récemment la même question a été traitée par *G. H. Darwin*[130]) et *R. A. Harris*[131]).

19. Méthode abrégée. Dans le cas où il existe des observations d'heure en heure on peut appliquer une méthode abrégée indiquée par *G. H. Darwin.* Quoique fournissant des résultats moins exacts que les méthodes précédentes, elle permet de calculer simultanément toutes les composantes dont la période est approximativement d'un jour ou d'une fraction de jour.

Soit

$$R\cos\left(\frac{q\pi}{12}t - \beta t - \zeta\right) \tag{61}$$

une telle composante; q désignant un entier, β un petit nombre, ζ la phase. La somme des observations correspondant à une même heure et pour n jours consécutifs donne, relativement à cette composante:

$$R\frac{\sin 12n\beta}{\sin 12\beta}\cos\left(\frac{q\pi}{12}t - \beta t - \zeta - (12n-1)\beta\right). \tag{62}$$

Si l'on met cette expression sous la forme

$$A_\mu \cos\mu t + B_\mu \sin\mu t,$$

on obtient pour les coefficients A_μ et B_μ

$$\left\{\begin{aligned} A_\mu &= -\frac{R\sin 12n\beta}{24n}M_\mu,\\ B_\mu &= +\frac{R\sin 12n\beta}{24n}N_\mu,\end{aligned}\right. \tag{63}$$

---

129) Tidal researches [U. S. Coast Survey Report [120]), p. 84; Report of the superintendent of the U. S. Coast and Geodetic Survey 1877/8, éd. 1881, appendice 11, p. 300.

130) Proc. R. Soc. London 49 (1890/1), p. 130; Philos. Trans. London 182 A (1891), p. 159. La dépendance des amplitudes et des phases, en fonction d'arguments astronomiques lentement variables, joue ici un rôle essentiel.

131) Report of the superintendent of the U. S. Coast and Geodetic Survey 1893/4, éd. Washington 1895, p. 133. Il trouve

$$A + \frac{1}{4a^2A}(b^2B^2 + c^2C^2 + \cdots)$$

comme valeur moyenne des maximés et minimés d'une expression de la forme

$$A\cos(at+\alpha) + B\cos(bt+\beta) + C\cos(ct+\gamma) + \cdots,$$

dans laquelle on suppose que les différents termes sont petits par rapport au premier.

où

$$M_\mu = \frac{\cos\left((q+\mu)\frac{\pi}{24} + \zeta + (12n-\frac{1}{2})\beta\right)}{\sin\left((q+\mu)\frac{\pi}{24} - \frac{\beta}{2}\right)} + \frac{\cos\left((q-\mu)\frac{\pi}{24} + \zeta + (12n-\frac{1}{2})\beta\right)}{\sin\left((q-\mu)\frac{\pi}{24} - \frac{\beta}{2}\right)},$$

$$N_\mu = \frac{\sin\left((q+\mu)\frac{\pi}{24} + \zeta + (12n-\frac{1}{2})\beta\right)}{\sin\left((q+\mu)\frac{\pi}{24} - \frac{\beta}{2}\right)} - \frac{\sin\left((q-\mu)\frac{\pi}{24} + \zeta + (12n-\frac{1}{2})\beta\right)}{\sin\left((q-\mu)\frac{\pi}{24} - \frac{\beta}{2}\right)},$$

et approximativement pour des valeurs suffisamment grandes de n

$$(64)\qquad \begin{cases} A_\mu = R\,\dfrac{\sin 12n\beta}{24\sin\frac{\beta}{2}}\cos\left[\zeta + (12n-\frac{1}{2})\beta\right], \\ B_\mu = R\,\dfrac{\sin 12n\beta}{24\sin\frac{\beta}{2}}\sin\left[\zeta + (12n-\frac{1}{2})\beta\right]. \end{cases}$$

En faisant ce calcul pour chacun des 12 mois normaux de 30 jours, on obtient des expressions de la forme (64) dans lesquelles ζ peut être considéré comme une fonction linéaire du numéro d'ordre θ de chaque mois. Par le développement, d'après les lignes trigonométriques des multiples de θ, on obtiendra ensuite autant d'équations qu'il est nécessaire pour la détermination des diverses amplitudes R[132]).

On obtient une autre simplification, dans le calcul des composantes diurnes et semi-diurnes, en introduisant la notion de *temps spécial.*

Si $n\omega$ désigne la variation (en degrés), par heure de temps moyen, de l'argument correspondant aux différentes ondes ($n = 1, 2, 3, \ldots$), le rapport $\frac{15}{\omega}$ est appelé par *G. H. Darwin*[133]) une ***heure de temps spécial.*** Le jour de temps spécial est alors naturellement égal à 24 heures de temps spécial.

En fait, le jour de temps spécial est peu différent du jour solaire; c'est une période du phénomène envisagé comme par exemple l'intervalle de temps qui s'écoule entre deux passages consécutifs supérieurs du centre de la lune au méridien du lieu.

Pour simplifier, on traite alors les observations qui sont faites à des heures entières de jour solaire moyen, les unes avant, les autres après midi, comme si elles étaient faites aux mêmes heures du temps spécial envisagé, avant ou après midi; dans la moyenne correspondant à un intervalle de temps suffisamment long, cela revient à multiplier

---

132) *G. H. Darwin*, Proc. R. Soc. London 52 (1892/3), p. 355.

133) Id. p. 367.

l'amplitude par un facteur peu différent de l'unité et à «décaler» l'époque d'un angle très petit[134]).

G. H. Darwin[135]) a donné également des règles de calcul pour le cas où l'on veut déterminer les composantes les plus importantes au moyen d'observations n'embrassant qu'un demi-mois ou un mois entier.

20. Réduction de plusieurs termes périodiques à un terme unique d'amplitude et de phase variables. Une somme d'un nombre fini de termes de la forme

$$\sum R_\nu \cos(\lambda_\nu t + b_\nu) \tag{65}$$

peut toujours s'écrire sous la forme d'un terme unique

$$R \cos(\lambda_1 t + U) \tag{66}$$

dans lequel R et U sont[136]) des fonctions de t. Mais si l'on exige que U soit une fonction continue et bornée, cette transformation n'est pas toujours possible. *J. L. Lagrange*[137]) avait déjà montré que dans le cas de deux termes seulement, cette réduction est toujours possible si l'on a

$$|R_1| > |R_2|. \tag{67}$$

Il ajoute d'ailleurs que la même transformation, dans le cas d'un nombre quelconque de termes, est possible de la même manière si l'une des amplitudes est, en valeur absolue, supérieure à la somme des valeurs absolues de toutes les autres[138]). Cette conclusion fut confirmée par *H. Gyldén*[139]).

---

134) *G. H. Darwin*, Proc. R. Soc. London 52 (1892/3), p. 367. A titre de conclusion *G. H. Darwin* (p. 376) discute l'influence que le fait d'arrondir les données exerce sur les résultats. Voir aussi les propositions correspondantes dans *Ch. Chambers* et *F. Chambers*, Philos. Trans. London 165 (1875), p. 371, et les formules (92) dues à *A. Schuster*.

135) Report Brit. Assoc. 56, Birmingham 1886, éd. Londres 1887, p. 40.

136) Comparer à l'équation (15), et se reporter aussi à la Discussion physiologique entre *L. Hermann*, Archiv für die gesamte Physiologie des Menschen und der Tiere 47 (1890), p. 360; 48 (1890), p. 189; 56 (1894), p. 479; et *H. Pipping*, Zeitschrift für Biologie 27 (1890), p. 436. Au sujet du problème inverse voir le dernier alinéa de la note 153.

137) Nouv. Mém. Acad. Berlin 13 (1782), éd. 1784, p. 236; Œuvres 5, Paris 1870, p. 283.

138) Nouv. Mém. Acad. Berlin 13 (1782), éd. 1784, p. 237; Œuvres 5, Paris 1870, p. 284.

139) Traité analytique des orbites absolues 1, Stockholm 1893, p. 23. Dans un autre chapitre du tome 1, [p. 112] *H. Gyldén* modifie encore les conditions du problème et ne suppose même plus que la période du terme résultant (66) soit identique à la période de l'une des composantes (65); il donne pour le calcul de U des formules particulières qui, par un choix convenable de la période, peuvent être telles que les termes séculaires s'évanouissent.

H. Gyldén avait pensé tout d'abord que cette réduction est toujours possible, sauf dans le cas où l'une des amplitudes est égale à la somme de toutes les autres.

Il pose

$$(68)\quad \begin{cases} (\lambda_\nu - \lambda_1)t + b_\nu - b_1 = L_\nu, \\ 1 + \frac{1}{R_1}\sum_{\nu=2}^{\nu=n} R_\nu \cos L_\nu = X, \\ \frac{1}{R_1}\sum_{\nu=2}^{\nu=n} R_\nu \sin L_\nu = Y, \\ (1+X)^2 + Y^2 = \theta^2, \end{cases}$$

et il remarque que le minimé de θ ne peut devenir nul[140]) que dans le cas d'exception cité plus haut. Plus tard il fit observer[141]) qu'il y avait des cas où θ, tout en restant toujours différent de 0, pouvait devenir aussi petit que l'on veut. En se bornant au cas de trois composantes, il emploie, pour déterminer le «mouvement moyen» de U, la méthode suivante: il ramène d'abord X et Y à la forme

$$(69)\quad \begin{cases} R_1 X = -R_2 \cos\omega + R_3 \cos(k\omega + E_n), & \omega = L_2 - (2n+1)\pi, \\ R_1 Y = -R_2 \sin\omega + R_3 \sin(k\omega + E_n), & k = \frac{\lambda_3 - \lambda_1}{\lambda_2 - \lambda_1}. \end{cases}$$

Si E_n se trouve dans le voisinage de π, chaque couple de zéros de $1 + X$ comprendra un zéro de Y; ce voisinage de π est limité par les valeurs $E^{(0)}$ et $2\pi - E^{(0)}$ de E_n pour lesquelles $1 + X$ et Y s'annulent simultanément (pour la même valeur de ω). Si E_n se trouve dans ce voisinage de π, U croît de 2π lorsque ω varie de $-\pi$ à $+\pi$; dans le cas contraire l'angle U revient à sa valeur initiale sans accomplir de révolution complète.

Si l'on donne à n successivement les valeurs $1, 2, 3, \cdots + \infty$, on constatera que sur des portions égales de la circonférence (trigonométrique) tomberont des valeurs également nombreuses de l'angle E_n; le mouvement moyen de U sera donné alors par[142])

$$(70)\quad \mu = \frac{\pi - E^{(0)}}{k}.$$

---

140) *H. Gyldén*, Orbites absolues[139]) 1, p. 28.

141) *H. Gyldén*, Astronomiska iakttagelser (Stockholm) 5 (1895), cah. 4, p. 71; un extrait de ce mémoire a été publié Bull. Acad. Petersb. (5) 1 (1894), p. 379.

142) *H. Gyldén*, Orbites absolues[139]) 1, p. 71. *H. Gyldén* donne aussi une

H. Gyldén est d'avis que, même dans le cas d'un nombre plus grand de composantes, on n'obtiendra pas de résultats essentiellement différents des précédents, au moins quand la quantité

$$|R_1| + |R_2| + |R_3|$$

reste plus grande que la somme des valeurs absolues des amplitudes relatives aux autres composantes.

La question a été reprise par *P. Bohl*[143]) qui parvient au résultat suivant: quel que soit le nombre de valeurs données par les observations que l'on envisage, on ne peut en conclure s'il y a un mouvement moyen ou non. *P. Bohl* montre en effet que tout dépend d'une certaine grandeur ϱ et que, dans tout intervalle quelque petit qu'il soit, il y a des valeurs de cette grandeur ϱ pour lesquelles il y a un mouvement moyen et des valeurs de ϱ pour lesquelles il n'y a pas de mouvement moyen.

Une question d'une nature analogue, bien que non susceptible d'être formulée aussi rigoureusement, fut posée par *R. A. Harris*[144]): dans quels cas peut-on, dans une expression de la forme

$$\sum R_\nu \cos(\lambda_\nu t + b_\nu),$$

regarder la première composante comme «prédominante» de façon que l'on puisse déduire les maximés et les minimés de l'expression entière de ceux du premier terme au moyen de formules différentielles. *R. Harris* trouve comme condition nécessaire l'inégalité

(71) $$Aa > Bb + Cc + \cdots\cdot$$

qui jointe à la suivante:

(72) $$Aa^2 > Bb^2 + Cc^2 + \cdots\cdot$$

devient suffisante; cette dernière toutefois n'étant pas nécessaire.

---

définition analytique du moyen mouvement μ; il le définit par l'intégrale

$$\mu = \int_0^{+\infty} \frac{dU}{dL_1}\, dL_1$$

et indique (p. 56 et suiv.) comment on pourrait calculer numériquement cette intégrale en mettant à part les voisinages des différents points critiques et en développant ensuite, dans l'intervalle restant, l'expression sous le signe $\int$ en fonction de variables auxiliaires convenablement choisies. La convergence de ces développements n'est pas certaine dans tous les cas ainsi que *H. Gyldén* le reconnaît lui-même; il fait toutefois remarquer que la probabilité de la divergence est „extrêmement faible".

143) J. reine angew. Math. 135 (1909), p. 263.

144) Report of the superintendent of the U. S. Coast and Geodetic Survey 1893/4, éd. Washington 1895, appendice 7, p. 137.

Recherche des périodicités inconnues.

21. Méthode de Lagrange. Dans les recherches dont il a été question jusqu'ici, on a supposé connues les périodes des composantes représentant un phénomène donné; seules les amplitudes et les phases de ces diverses composantes devaient être déterminées par les observations.

Le problème est tout différent lorsque, tout en supposant le phénomène représentable par une somme de termes périodiques, les périodes des diverses composantes sont inconnues et doivent à leur tour être déterminées d'après les observations elles-mêmes.

J. L. Lagrange[145]) s'est occupé de cette question à propos des tables des planètes calculées uniquement d'après les observations. Il se base sur cette propriété que l'on peut considérer toute série dont le terme général est de la forme

$$(73) \qquad x^m[R_1 \sin(mn_1 + \zeta_1) + R_2 \sin(mn_2 + \zeta_2) + \cdots\cdots]$$

[les quantités R, n et ζ étant indépendantes de m], comme une série récurrente[146]) et qu'en partant de cette série on peut arriver à la fonction génératrice correspondante représentée par un quotient de deux polynomes. Si le numérateur et le dénominateur de cette fonction génératrice sont des polynomes réciproques on peut, en effectuant la substitution

$$(74) \qquad z = \frac{x}{1 + x^2},$$

transformer la série proposée en une nouvelle série récurrente d'ordre moitié moindre[147]).

145) Hist. Acad. sc. Paris 1772 I, éd. 1775, M. p. 517; Œuvres 6, Paris 1873, p. 505. *J. L. Lagrange* rattache ses recherches au problème de la détermination directe des inégalités des orbites des planètes d'après les observations mêmes; il montre que les anciennes représentations des mouvements célestes par des cercles excentriques et des épicycles conduisent, aussi bien que les représentations actuelles de ces mêmes mouvements, à la formule (73). Cette méthode de *J. L. Lagrange* n'a pas été suivie dans la pratique, ce qui s'explique aisément par les progrès rapides de l'étude et du calcul des perturbations planétaires. Plus tard *J. L. Lagrange* [Astron. Jahrb. 1783, éd. Berlin 1780, p. 49; Œuvres 7, Paris 1877, p. 548] a fait une exposition nouvelle de sa méthode en évitant le mot de fraction continue inusité chez les astronomes; il parle seulement de résolution d'équations linéaires.

146) *On appelle série récurrente une série dans laquelle un terme quelconque s'obtient par l'addition d'un certain nombre (toujours le même) de termes précédents, multipliés chacun par un coefficient donné (toujours le même). L'ensemble de ces coefficients constitue l'échelle de la série récurrente [cf. II 7, 9].*

147) *J. L. Lagrange*, Hist. Acad. sc. Paris 1772 I, éd. 1775, M. p. 560; Œuvres 6, Paris 1873, p. 559.

Si le terme général d'une série récurrente a la forme particulière (73), le dénominateur de la fraction génératrice est de la forme

$$(75)\qquad (1 - 2x\cos n_1 + x^2)(1 - 2x\cos n_2 + x^2)\,.\,.\,.\,.\,.$$

Si l'on décompose cette fraction génératrice en une somme de fractions telles que

$$\frac{Ax + B}{1 - 2x\cos n_1 + x^2},$$

chacune de ces fractions partielles fournit[148]) l'une des quantités figurant dans le terme général (73) de la série récurrente, en posant, pour la première par exemple,

$$\operatorname{tg}\zeta_1 = \frac{B\sin n_1}{B\cos n_1 + A}, \quad R_1 = \frac{\sqrt{A^2 + 2AB\cos n_1 + B^2}}{\sin n_1}.$$

Finalement *J. L. Lagrange*[149]) en déduit le procédé suivant. Soient

$$(76)\qquad \ldots y_{-2},\, y_{-1},\, y_0,\, y_1,\, y_2,\, \ldots\ldots$$

les valeurs observées de la fonction à représenter; on formera les deux fonctions

$$(77)\qquad f_1(x) = y_0 + \sum_{\nu=1}^{\nu=+\infty}(y_\nu + y_{-\nu})x^\nu, \quad f_2(x) = \sum_{\nu=1}^{\nu=+\infty}(y_\nu - y_{-\nu})x^\nu.$$

En développant les quotients

$$(78)\qquad \frac{1 - x^2}{f_1(x)}, \quad \frac{1}{f_2(x)}$$

en fractions continues, les divisions successives étant poussées jusqu'aux termes du second degré, on pourra trouver les fonctions génératrices des séries dont les sommes figurent dans les expressions (77). En faisant la substitution (74) on pourra mettre les deux fonctions génératrices ainsi obtenues sous les formes

$$(79)\qquad \frac{1 - x}{1 + x^2}\cdot\frac{U_1}{Y}, \qquad \frac{1 + x}{1 + x^2}\cdot\frac{U_2}{Y},$$

U_1, U_2, Y, désignant des polynomes entiers en z. On décomposera enfin les fractions rationnelles $\frac{U_1}{Y}$, $\frac{U_2}{Y}$, en éléments simples:

$$(80)\qquad \frac{U_1}{Y} = \sum_{(\mu)}\frac{\alpha_\mu}{1 - a_\mu z}, \quad \frac{U_2}{Y} = \sum_{(\mu)}\frac{\beta_\mu}{1 - a_\mu z}.$$

148) *J. L. Lagrange,* Hist. Acad. sc. Paris 1772 I, éd. 1775, M. p. 574; Œuvres 6, Paris 1873, p. 575.

149) Hist. Acad. sc. Paris 1772 I, éd. 1775, M. p. 579; Œuvres 6, Paris 1873, p. 580. *J. L. Lagrange* traite aussi le cas d'un nombre pair de termes.

Les périodes, les amplitudes et les phases seront alors données par[150])

$$(81)\qquad \cos n_\mu = \frac{\alpha_\mu}{2}, \quad \operatorname{tg} \xi_\mu = \frac{2\alpha_\mu}{\beta_\mu} \sin n_\mu, \quad R_\mu = \sqrt{\alpha_\mu + \frac{\beta_\mu}{4 \sin^2 n_\mu}}.$$

Postérieurement *J. L. Lagrange*[151]) a indiqué une méthode un peu différente, fondée sur la considération des différences des divers ordres formées avec les valeurs données de la fonction à représenter, supposée de la forme

$$(82)\qquad y = \sum_{(\nu)} R_\nu \sin(\alpha_\nu x + \xi_\nu).$$

Si

$$\ldots y_{-2},\ y_{-1},\ y_0,\ y_1,\ y_2, \ldots$$

désignent les valeurs de la fonction correspondant aux valeurs de x

$$\ldots, -2, -1, 0, +1, +2, \ldots,$$

on forme les deux séries de différences

$$(83)\qquad \begin{cases} y_0,\ \Delta^2 y_0,\ \Delta^4 y_0, \ldots\ldots, \\ \Delta y_0,\ \Delta^3 y_0,\ \Delta^5 y_0, \ldots\ldots \end{cases}$$

Ces suites forment deux séries récurrentes à échelle réelle. D'autre part le calcul montre que ces séries sont formées chacune par la superposition des termes de plusieurs progressions géométriques dont les raisons sont respectivement les nombres

$$-4 \sin^2 \frac{\alpha_\nu}{2}.$$

De plus, on peut montrer que, dans tous les cas, dans chacune de ces deux séries, le rapport d'un terme au précédent varie de moins

150) Le point de savoir jusqu'à quel point on peut compter sur ce procédé, dans le cas d'observations d'une précision limitée, a été discuté par *J. L. Lagrange* lui-même [Hist. Acad. sc. Paris 1772 I, éd. 1775, M. p. 611; Œuvres 6, Paris 1873, p. 620]. Il est des cas nombreux où certainement le procédé indiqué ici ne peut être employé, au moins sous cette forme; mais cette méthode est susceptible d'amélioration. Toutefois, en dehors de l'exemple particulier [Hist. Acad. sc. Paris 1772 I, éd. 1775, M. p. 587; Œuvres 6, Paris 1873, p. 588] choisi et traité complètement par *J. L. Lagrange*, il ne paraît pas exister d'autres applications numériques de cette méthode. Cependant *G. G. Hällström* [De aequatione

$$y = A \sin(a + \alpha x) + B \sin(b + \beta x) + \text{etc.}$$

ad inveniendam legem phenomenorum observatorum apta, Diss. Åbo 1802] semble se rattacher aux recherches de *J. L. Lagrange*; son travail est, en tous cas, conçu dans le même esprit que celui adopté par ce dernier.

151) Astron. Jahrbuch 1783, éd. Berlin 1780, p. 41 (nº 7) [1778]; Œuvres 7, Paris 1877, p. 544.

en moins à mesure qu'on s'éloigne du premier terme et tend vers une constante $-q$. En posant

$$\sin\frac{\alpha}{2} = \frac{\sqrt{q}}{2}$$

on aura ainsi, parmi les divers nombres α_ν, celui qui est le plus voisin de π.

J. L. Lagrange[152]) indique en outre comment on pourra déterminer les autres constantes R_ν, α_ν, ζ_ν.

22. Les méthodes de Nervander et Buys-Ballot. Dans un certain nombre de cas, on est conduit, en examinant la marche d'un phénomène (par exemple la courbe qui le représente graphiquement), à admettre une périodicité et à déterminer numériquement la valeur de la période.

Théoriquement le problème semble facile, au moins lorsqu'il s'agit d'une période unique. Il suffirait par exemple d'évaluer l'intervalle qui sépare deux maximés ou deux minimés absolus consécutifs et d'en faire la différence.

Mais l'instant qui correspond à un maximé ou à un minimé n'est pas susceptible en général d'une détermination précise. On pourra alors évaluer l'intervalle qui sépare deux maximés aussi éloignés que possible; en divisant cet intervalle par le nombre des maximés intermédiaires on aura la période elle-même. Le nombre de ces maximés intermédiaires peut toujours être déterminé en effet, quand bien même la période ne serait connue que d'une manière très approximative, et alors que certains de ces maximés n'auraient pas été observés nettement[153]).

---

152) Astron. Jahrb. 1783, éd. Berlin 1780, n° 11 [1778]; Œuvres 7, Paris 1877, p. 546/7. L'application de cette méthode à l'étude des erreurs des Tables de Jupiter et de Saturne par *E. Halley*, application projetée par *J. L. Lagrange*, n'a jamais été faite ou du moins n'a jamais été publiée. Aussi bien du reste, de telles applications, ne paraissent pas avoir été faites davantage par d'autres. Le plus souvent les erreurs d'observations y prendraient une influence trop considérable et les méthodes de la mécanique céleste sont actuellement autrement sûres.

153) C'est à l'aide de la méthode indiquée dans le texte que l'on a déterminé depuis longtemps les variations d'éclat des étoiles variables; de même, pour une détermination plus précise des durées des révolutions des corps célestes, on n'a pas d'autre procédé.

Certains cas compliqués qui se présentent au sujet de quelques étoiles variables ne paraissent pas pouvoir être encore soumis à l'analyse harmonique; dans les appendices de *F. W. Argelander* [Astronomische Beobachtungen auf der Sternwarte zu Bonn 7 (1869), p. 340/2] l'auteur suit une voie toute différente. Il représente l'instant du $n^{\text{ième}}$ maximé par une expression de la forme $a + bn + cn^2$

Mais les inconvénients d'un tel procédé sont immédiats. D'abord on n'a pas affaire, en général, à un phénomène simplement périodique. Bien que les composantes secondaires puissent être faibles par rapport à une composante principale, elles peuvent déplacer les maximés et les minimés d'une quantité appréciable; de plus, dans ce procédé, une très faible partie seulement des observations concourt à la détermination de la période et de ce fait la précision du résultat en est beaucoup diminuée.

Chr. H. D. Buys-Ballot[154]) donne comme base à de meilleures méthodes les propositions suivantes:

1°) Soit une suite de nombres qui se reproduisent périodiquement de n en n. Si on les range en un tableau dont la première ligne est constituée par les termes d'ordres $1, 2, \ldots, n$, la seconde ligne par les termes d'ordres $n+1, n+2, \ldots, 2n$, la troisième ligne par les termes d'ordre $(2n+1), (2n+2), \ldots, 3n$ et ainsi de suite; si l'on fait la somme des termes qui figurent dans chaque colonne, on obtient une suite de même espèce que la première.

2°) Mais si l'on dispose ces nombres en un autre tableau, en mettant en première ligne les termes d'ordres $1, 2, \ldots, n+1$; en seconde ligne les termes d'ordre $n+2, n+3, \ldots 2n+2$; en troisième ligne les termes d'ordre $2n+3, 2n+4, \ldots, 3n+3$, et ainsi

---

ou de la forme $\sin(\alpha n + \beta)$. C'est à l'aide de formules d'interpolation de ce genre que *S. C. Chandler* a d'abord représenté les variations du pôle [Astronomical Journal 12 (1893), p. 21]; plus tard (id. p. 97) il substitue à la formule à un terme, avec des coefficients variables, une formule à deux termes avec des constantes. Postérieurement encore [id. 14 (1895), p. 73] il détermine de nouveau les inégalités du mouvement du pôle, en partant de cette formule à deux termes.

Il serait d'un réel intérêt que des recherches méthodiques fussent entreprises sur le point de savoir jusqu'à quel point, et dans quelles circonstances, on peut remplacer une formule à un terme, avec des coefficients variables, par une formule à deux ou plusieurs termes avec des coefficients constants. C'est en quelque sorte l'inverse du problème posé au n° **20**.

154) Les changements périodiques de température, Utrecht 1847, p. 34 [une communication de caractère provisoire avait déjà été insérée par l'auteur dans: Ann. Phys. und Chemie, Zweite Folge (3) 8 (1846), p. 205]. Les considérations conduisant à ces théorèmes ont été déjà exprimées, un peu avant mais avec beaucoup moins de netteté, par *J. J. Nervander*, Bull. Acad. Petersb. (2) 3 (1845), col. 2 [1844]; Ann. Phys. und Chemie, Zweite Folge (3) 8 (1846), p. 193. Elles s'accordent également, en ce qu'elles ont d'essentiel tout au moins, avec celles de *R. Wolf*, Viertelj. Naturf. Ges. Zürich 10 (1865), p. 152; Astron. Mitteil. (Zurich) 18 (1865), p. 249.

J. P. van der Stok donne des formules pour la détermination quantitative de l'amplitude et de la phase, Natuurkundig Tijdschrift voor Nederlandsch Indië (Batavia) 48 (1889), p. 168.

de suite, la périodicité dans la somme des termes des colonnes disparaît. Il en serait de même et d'une façon plus apparente encore, si l'on faisait commencer la deuxième ligne au terme de rang $n + 3$, la troisième au terme de rang $2n + 5$ et ainsi de suite. On peut dire que la périodicité s'efface d'autant plus, et d'autant plus vite, que le nombre des lignes employées est plus grand et que, pour former les diverses lignes, on s'écarte davantage de la période de la suite donnée.

3°) Si les nombres de la suite sont obtenus par la superposition de plusieurs périodes différentes, la suite obtenue par sommation en colonnes ne manifeste qu'une seule période.

4°) Si, dans la formation des lignes, on a pris une période trop petite, le maximé dans la sommation par colonnes se déplace vers la droite quand on ajoute de nouvelles lignes; il se déplace vers la gauche si la période de formation est trop grande; dans tous les cas le déplacement est d'autant plus rapide que la différence entre la période du phénomène et celle choisie pour la formation des lignes est plus grande.

Le procédé de *L. Hornstein*[155]), bien que plus perfectionné que celui de *Chr. H. D. Buys-Ballot,* repose au fond sur les mêmes principes.

Si l'on choisit, comme période de formation des lignes, un intervalle λ (λ étant toutefois assez voisin de la période véritable) on obtient, par sommation en colonnes, une suite ayant pour période λ mais dont l'amplitude est variable avec λ. Cette amplitude peut être regardée comme une fonction du second degré de λ et dont on peut déterminer les coefficients. En désignant par λ_0 la valeur de λ qui rend cette amplitude maximée, on peut considérer que λ_0 est la valeur la plus probable de la période cherchée.

Enfin on peut encore obtenir les périodes et les phases en appliquant la méthode des moindres carrés aux observations des maximés et minimés de la fonction représentant le phénomène[156]).

23. Procédé du déplacement des lignes (pulling et pushing). La longueur extrême des calculs rencontrés dans la détermination des amplitudes, lorsqu'il s'agit d'un grand nombre de périodes, diminue considérablement si l'on applique un procédé indiqué par *B. Stewart*

155) Sitzgsb. Akad. Wien. 64 II (1871), p. 69. *L. Hornstein* détermine la constante correspondante de phase par une interpolation analogue.

156) *G. Spörer*, Astron. Nachr. (Kiel) 98 (1881), col. 96; de même plus récemment *S. Newcomb*, The astrophysical Journal (Chicago) 13 (1901), p. 5; *S. Newcomb* utilise également, en dehors des extrêmes, les phases moyennes, dont les époques d'entrée se déterminent souvent avec plus de précision que celles des extrêmes. Voir sur ce point la note 102.

et *W. Dodgson*[157]) à l'instigation de la commission de l'association britannique pour les études de physique solaire. Dans cette méthode on ajoute, non pas toutes les observations congruentes d'après la période adoptée T, mais au contraire celles qui se rapportent à un intervalle de temps plus grand J, de sorte que l'on forme ainsi p lignes

$$a_{i1},\ a_{i2},\ \ldots,\ a_{in} \qquad (i = 1,\ 2,\ \ldots,\ p)$$

avec n valeurs moyennes a_{ik} dans chacune d'elles.

Dans le tableau ainsi obtenu on déplace la seconde ligne vers la gauche d'un rang, la troisième ligne de deux rangs, ..., enfin la $p^{\text{ième}}$ ligne de $p-1$ rangs et l'on reforme le tableau rectangulaire des p lignes à n valeurs moyennes en transportant à droite le triangle qui est maintenant à gauche de la colonne des valeurs a_{ii}; ce tableau prend alors la forme

$$\begin{matrix} a_{11} & a_{12} & \ldots & a_{1n} \\ a_{22} & a_{23} & \ldots & a_{21} \\ a_{33} & a_{34} & \ldots & a_{32} \\ \cdot & \cdot & \cdot & \cdot \\ a_{p,p} & a_{p,1} & \ldots & a_{p,p-1} \end{matrix}$$

En additionnant les termes de chaque colonne de ce tableau, les sommes obtenues indiquent la marche moyenne du phénomène, relativement à une période T_1 un peu plus longue que la période adoptée T; on a en effet

$$(84) \qquad T_1 = T\left(1 + \frac{T}{nJ}\right).$$

Ce procédé abrège considérablement les calculs. *B. Stewart* et *W. Dodgson* lui ont donné le nom de *pulling things to the left.* Il en est de même du procédé en quelque sorte inverse dans lequel les mêmes déplacements des valeurs a_{ik} ont lieu vers la droite, au lieu de se produire vers la gauche, procédé auquel ils ont donné le nom de *pushing to the right.* Rien n'empêche d'ailleurs de répéter plusieurs fois l'un ou l'autre de ces deux procédés; cependant il ne faudrait pas en faire abus car, à chaque fois, les erreurs provenant du fait que le procédé ne donne pas *exactement* l'amplitude appartenant à la période (84), sont d'autant plus grandes que T_1 diffère davantage de T, augmentent et finiraient en se répétant par anéantir la variation périodique.

---

157) Ils déterminent aussi [Proc. R. Soc. London **29** (1879), p. 111, 307] une différence de phase, entre les observations d'un même élément faites en deux lieux différents, par la même méthode du «pulling et pushing». Cette méthode est déjà indiquée par *W. Ferrel*, Tidal researches [U. S. Coast Survey Report[120]), p. 178].

„Il doit se produire là ce qui se produit lorsque, considérant une fonction $\varphi(x)$ de période a, on fait la moyenne

$$\frac{\varphi(x)+\varphi(x+b)+\varphi(x+2b)+\varphi[x+(n-1)b]}{n};$$

si $b=a$ on obtient toujours $\varphi(x)$, mais si b, quoique très voisin de a, est cependant différent de a, cette moyenne s'écarte d'autant plus de $\varphi(x)$ que n est plus grand et pour $n=+\infty$ elle deviendrait presque constante (constante exactement si b est incommensurable avec a)."

Si l'on voulait déplacer les lignes d'un demi-intervalle seulement, il suffirait de calculer les valeurs intermédiaires (comprises entre les observations réelles) par une interpolation graphique[158]).

La méthode indiquée par *J. P. van der Stok*[159]) peut être considérée comme le développement de la précédente. Il classe les 7740 observations dont il dispose en 10 tableaux, chacun de 30 lignes et 26 colonnes. Pour obtenir l'amplitude correspondant à une période égale à 25,8 intervalles d'observations, il laisse inoccupées les lignes 3, 8, 13, ... dans la 14ième colonne. Si $\frac{2\pi}{n}$ est la période vraie, la somme des termes de la $x^{\text{ième}}$ colonne du $p^{\text{ième}}$ tableau sera égale[159a]) à

$$(85)\quad R\frac{\sin(30\cdot 12{,}9n)}{\sin 12{,}9n}\sin\left[\frac{25{,}8}{26}nx+\zeta+(29\cdot 12{,}9n)+30(p-1)\cdot 25{,}8n\right].$$

Si l'on déplace alors les phases des sommes dans le $p^{\text{ième}}$ tableau de la quantité $(p-1)\varrho\alpha$, la somme des sommes des $x^{\text{ièmes}}$ colonnes dans les p tableaux devient

$$(86)\quad R\frac{\sin(30\cdot 12{,}9n)}{\sin 12{,}9n}\cdot\frac{\sin 10[30\cdot 12{,}9n+0{,}5\varrho\alpha]}{\sin(30\cdot 12{,}9n+0{,}5\varrho\alpha)}\cdot\sin\left[\frac{25{,}8}{26}nx+\zeta+299\cdot 12{,}9n+4{,}5\varrho\alpha\right],$$

correspondant à un groupement des observations d'après une période supposée égale à

$$(87)\quad 25{,}8+\frac{\varrho\alpha}{30n}.$$

J. P. van der Stok prend

$$\alpha=\frac{0{,}3}{26}\pi,\qquad \varrho=-4,-3,-2,-1,0,1,2,3,4,5,6.$$

La différence de phase, que chaque suite de sommes devrait présenter avec la précédente, est d'environ 18°42′; on a ainsi le moyen de contrôler les hypothèses faites et d'apprécier la mesure dans laquelle

158) Proc. R. Soc. London 29 (1879), p. 114.

159) Natuurkundige Tijdschrift voor Nederlandsch Indië (Batavia) 48 (1889), p. 166; exposé élémentaire du même sujet, id. p. 227. Cf. Observations made at the magnetical and meteorological observatory Batavia 10 (1888), appendice 1.

159a) Voir à ce sujet la formule 62.

elles sont remplies. Avec quelques abréviations, les 11 équations obtenues ainsi entre les amplitudes, résultant de la formule et des observations, prennent la forme

$$m_\varrho = X \frac{\sin[10(387\xi + 0{,}5\varrho\alpha)]}{\sin(387\xi + 0{,}5\varrho\alpha)}. \tag{88}$$

D'autre part, on peut aussi représenter les amplitudes calculées par une formule d'interpolation de la forme[160])

$$m_\varrho = A + B\varrho + C\varrho^2 + \cdots \tag{89}$$

En comparant le maximé de m_ϱ déduit de cette formule, avec celui déduit de la formule (88)

$$\varrho = -\frac{387\xi}{0{,}5\varrho\alpha}, \tag{90}$$

on obtient la valeur de ξ et par suite celle de n. Dans certains cas, il peut être utile d'employer un développement suivant les puissances croissantes d'une autre grandeur, petite et convenablement choisie[161]).

A. Schuster[162]) a proposé des formules reposant sur le même principe que le déplacement des lignes «pulling et pushing» mais qui comportent une plus grande précision. Si l'on a approximativement

$$pT_1 = sTn, \tag{91}$$

on a aussi approximativement l'égalité

$$\frac{2}{pT_1}\int_0^{T_1 p} f(t)\cos\frac{2\pi t}{T_1}\,dt = \frac{nT}{pT_1}\sum_{m=1}^{m=s}\int_{(m-1)nT}^{mnT} f(t)\cos\left(\frac{2\pi t}{T} + \alpha_m\right)dt, \tag{92}$$

ainsi que celle que l'on en déduit en y remplaçant les cosinus par des sinus. Dans ces égalités,

$$\alpha_m = (2m - 1)n\pi\frac{T}{T_1}. \tag{93}$$

24. Compléments nouveaux. Au sujet des recherches de *B. Stewart* et de *W. Dodgson*[157]), *G. G. Stokes*[163]) fait la remarque suivante:

Si une fonction $f(t)$ comprend une composante de la forme

$$R\sin(mt + \zeta), \tag{94}$$

les intégrales indéfinies

$$\int f(t)\sin nt\,dt, \quad \int f(t)\cos nt\,dt \tag{95}$$

160) Natuurkundige Tijdschrift voor Nederlandsch Indië (Batavia) 48 (1889), p. 175. *J. P. van der Stok* se sert ici de la méthode des moindres carrés; voir sur ce point la note 102.

161) Id. p. 178.

162) Trans. Cambr. philos. Soc. 18 (1899/1900), éd. 1900, p. 128.

163) Proc. R. Soc. London 29 (1879), p. 122.

contiennent les composantes

$$(96)\qquad \frac{R}{2(m-n)}\sin[(m-n)t+\zeta],\qquad \frac{R}{2(m-n)}\cos[(m-n)t+\zeta].$$

Il en résulte que, si m et n sont peu différents, les composantes (96) peuvent comporter une grande amplitude, et constituer ainsi de fortes inégalités relativement aux intégrales (95). Si l'on détermine ces inégalités, dans les intégrales considérées (qu'on peut former par exemple au moyen d'un analysateur harmonique), on obtiendra ainsi la différence $m-n$, mais au signe près seulement.

On aura le signe en remarquant que, si $\varphi(t)$ et $\psi(t)$ désignent les composantes (96), on a

$$\varphi\left(t+\frac{\pi}{2(m-n)}\right)=\psi(t);$$

de sorte que si $m-n>0$ le sinus-intégrale $\varphi(t)$ est en avance d'un quart de période sur le cosinus-intégrale $\psi(t)$; si au contraire $m-n<0$, c'est le cosinus-intégrale qui est en avance d'un quart de période sur le sinus-intégrale.

Vinayek Narayeu Nene[164]) utilise les considérations suivantes: Soit une suite d'expressions de la forme

$$(97)\qquad \sum_{\nu=1}^{\nu=k}R_\nu\sin\zeta_\nu,\quad \sum_{\nu=1}^{\nu=k}R_\nu\sin(b_\nu+\zeta_\nu),\ldots,\quad \sum_{\nu=1}^{\nu=k}R_\nu\sin(nb_\nu+\zeta_\nu).$$

Formons les moyennes en prenant m termes consécutifs dans la suite (97); nous obtenons ainsi une série de valeurs moyennes dans laquelle le $\mu^{\text{ième}}$ terme a pour expression

$$(98)\qquad \sum_{\nu=1}^{\nu=k}\frac{R_\nu}{q_\nu}\sin\left(\frac{2\mu+m-3}{2}b_\nu+\zeta_\nu\right),\quad q_\nu=\frac{m\sin\frac{b_\nu}{2}}{\sin\frac{mb_\nu}{2}}.$$

Si m est impair, les arguments entrent dans les formules (98) de la même manière que dans (97), c'est-à-dire que les arguments des expressions composant le $\left(\mu+\frac{m-1}{2}\right)^{\text{ième}}$ terme de la suite (97) sont les mêmes que ceux figurant dans l'expression (98).

Faisons la différence entre le terme de (97) qui correspond ainsi

164) Proc. R. Soc. London 36 (1883/4), p. 368. Dans ce mémoire, *V. N. Nene* a développé quelques idées que lui avait communiquées *Ch. Chambers*. *V. N. Nene* traite aussi le cas de m pair; dans ce cas il groupe deux par deux les termes de la première série des valeurs moyennes et remplace chaque couple par un seul terme.

à (98) et l'expression (98) elle-même; nous obtenons ainsi

$$(99) \qquad \sum_{\nu=1}^{\nu=k}\left(1-\frac{1}{q_\nu}\right)R_\nu \sin\left(\frac{2\mu+m-3}{2}b_\nu+\zeta_\nu\right).$$

L'ensemble des différences analogues obtenues avec les diverses valeurs moyennes constitue la série des «premiers restes»; les valeurs moyennes précédentes qui ont servi à les former étant désignées elles-mêmes sous le nom de «premières valeurs moyennes».

Avec ces restes *V. N. Nene* forme une deuxième suite de valeurs moyennes (moyennes du second ordre) et avec elles une suite de «seconds restes» et ainsi de suite. Dans la suite des restes d'ordre r le terme de rang $[n-(m-1)r]$ aura finalement pour expression[165])

$$(100) \qquad \sum_{\nu=1}^{\nu=k}\left(1-\frac{1}{q_\nu}\right)^r R_\nu \sin\left(\frac{2n-(m-1)r-2}{2}b_\nu+\zeta_\nu\right).$$

Si maintenant les angles mb_1, $mb_2, \ldots$ sont tous inférieurs à 2π, les sommes (100) tendent vers 0 lorsque r croît, car tous les nombres q_ν sont positifs, supérieurs à l'unité. Mais si l'on a

$$(100^{\text{bis}}) \quad 4\pi > mb_1 > 2\pi \text{ ou } \geqq 2\pi, \quad mb_2 < 2\pi, \quad mb_3 < 2\pi, \ldots,$$

les sommes telles que (100) se réduisent alors à leur premier terme, lorsque r croît, et ne tendent plus vers 0.

Ceci posé, supposons que le phénomène observé puisse être représenté par une fonction de la forme

$$f(t)=\sum_{\nu=1}^{\nu=k} R_\nu \sin\left(2\pi\frac{t}{\omega_\nu}+\zeta_\nu\right)$$

et considérons une suite d'observations à intervalles réguliers correspondant aux époques

$$t=0,\ t=\theta,\ t=2\theta,\ t=3\theta, \ldots, t=n\theta.$$

La série (97) sera ici représentée par

$$f(0), f(\theta), f(2\theta), \ldots, f(n\theta),$$

et l'on aura dans ce cas

$$b_1=\frac{2\pi\theta}{\omega_1}, \quad b_2=\frac{2\pi\theta}{\omega_2}, \ldots,$$

$\omega_1, \omega_2, \ldots$, désignant les périodes des diverses composantes de $f(t)$. Les inégalités (100bis) deviennent ici

$$\frac{m\theta}{2}<\omega_1\leqq m\theta, \quad \omega_2>m\theta, \quad \omega_3>m\theta, \ldots\ldots$$

165) Proc. R. Soc. London 36 (1883/4), p. 371.

On pourra donc reconnaître[166]) si le phénomène contient une composante dont la période soit comprise entre $\frac{m\theta}{2}$ et $m\theta$. En outre on pourrait choisir m de façon que $-q_1$ prenne la plus grande valeur possible.

Si $f(t)$ contient plusieurs composantes dont les périodes soient comprises entre $\frac{m\theta}{2}$ et $m\theta$, ce procédé ne donne en réalité que celle de ces composantes dont la période est la plus grande.

25. Critique des méthodes précédentes quand on se place au point de vue du calcul des probabilités. Avec quel degré de certitude peut-on regarder comme établie par des calculs, comme ceux indiqués dans les numéros précédents, l'existence d'une composante périodique ayant pour période un nombre donné T?

Cette question a déjà été envisagée par *R. Strachey*[167]) dans le cas où, en considérant les moyennes

$$(101)\quad \begin{cases} M_\nu = \frac{1}{r}\left[f\left(\frac{\nu T}{n}\right) + f\left(\frac{\nu T}{n} + T\right) + f\left(\frac{\nu T}{n} + 2T\right) + \cdots + f\left(\frac{\nu T}{n} + (r-1)T\right)\right] \\ \qquad (\nu = 0, 1, 2, \ldots, n-1), \end{cases}$$

on serait en droit de conclure, de la régularité de l'allure de la marche de ces moyennes avec ν, à l'existence d'une composante de période T. Pour voir dans quelle mesure cette conclusion serait légitime, *R. Strachey* forme les *écarts* moyens

$$(102)\quad E_\nu = \frac{1}{r}\left[\left|M_\nu - f\left(\frac{\nu T}{n}\right)\right| + \left|M_\nu - f\left(\frac{\nu T}{n} + T\right)\right| + \cdots + \left|M_\nu - f\left(\frac{\nu T}{n} + (r-1)T\right)\right|\right]$$

et en calcule la moyenne

$$E = \frac{E_0 + E_1 + \cdots + E_{n-1}}{n}.$$

166) Proc. R. Soc. London 36 (1883/4), p. 378. Quand le phénomène envisagé admet de courtes périodes d'amplitude notable *V. N. Nene* prescrit de les éliminer par égalisation (smoothing) avant d'appliquer son procédé. Eliminer par égalisation (smoothing), c'est prendre, au lieu de $f(t)$, par exemple

$$\tfrac{1}{16}[f(t-2\theta) + 4f(t-\theta) + 6f(t) + 4f(t+\theta) + f(t+2\theta)];$$

cela revient géométriquement à remplacer la courbe $y = f(t)$ par la courbe

$$16y = f(t-2\theta) + 4f(t-\theta) + 6f(t) + 4f(t+\theta) + f(t+2\theta).$$

[Proc. R. Soc. London 36 (1883/4), p. 380]; *A. Schuster*, au contraire, se prononce nettement contre l'élimination par égalisation (smoothing) avant d'appliquer le procédé de *V. N. Nene* pour déterminer les périodes; il observe [Terrestrial magnetism (Baltimore) 3 (1898), mém. n° 15, p. 24] que cette façon de procéder, non seulement permet aux périodes de l'ordre de grandeur de θ d'échapper complètement à la recherche, mais qu'elle modifie, en outre, les amplitudes des autres périodes.

167) Proc. R. Soc. London 26 (1877), p. 249.

Il montre alors que, si E n'est pas manifestement plus petit que la moyenne de toutes les quantités

$$|M - f(t)|$$[168]),

où M désigne la moyenne générale de l'ensemble des valeurs f de la fonction représentant le phénomène, il n'y a pas lieu de regarder comme probable l'existence d'une composante de période T dans la fonction $f(t)$ et, par suite, que la conclusion que l'on tire généralement de l'allure de la marche des moyennes M_ν pour affirmer l'existence d'une composante de période T est inexacte.

Plus tard *R. Strachey* précise encore ce résultat en montrant que s'il n'y a aucune périodicité de la nature supposée, c'est-à-dire aucune composante de période T, la valeur probable [I 22, 9] de la différence $|M - f|$ est proportionnelle à $\frac{E}{\sqrt{r}}$; de sorte que le produit

$$\sqrt{r} \cdot \sum |M - f|$$

converge vers nE, quand r croît indéfiniment; mais si, au contraire, il y a une composante périodique de période T, la somme

$$\sum |M - f|$$

elle-même tend alors vers une limite[169]) différente de zéro. Ici la somme est étendue à toutes les observations.

A. Schuster[170]) a discuté de même la légitimité du procédé[145]) employé par *L. Hornstein* pour déterminer la valeur de la composante périodique du phénomène qui a une période T. Il range à cet effet les $p = nr$ observations en n colonnes de r termes chacune; il forme les sommes

$$T_1, T_2, \ldots, T_n$$

des termes de chaque colonne et il représente ces sommes par la formule de Bessel. Si l'on a noté, à chaque fois, si un phénomène déterminé a eu lieu ou non (par exemple s'il y a eu ou non de la pluie, ou une aurore boréale visible) les équations (15) se trans-

168) «Mean departure from mean of whole» d'après la terminologie de *B. Stewart* et *W. Dodgson*, Mem. liter. and philos. Soc. Manchester (3) 8 (1884), p. 62. Elle est égale au produit de l'amplitude par $\frac{2}{\pi}$.

169) Proc. R. Soc. London 26 (1877), p. 259.

170) Terrestrial magnetism (Baltimore) 3 (1898), mém. n° 15, p. 13; Un extrait de ce mémoire a été publié: Proc. R. Soc. London 61 (1897), p. 455/65. Exposé élémentaire par *A. Schuster* Presidential address [Report Brit. Assoc. 72, Belfast 1902, éd. Londres 1903, p. 518; Nature (Londres) 66 (1902), p. 614].

formént en les suivantes

$$(104)\qquad A_0 = B_0 = p,\quad nA_1 = 2\sum_{\nu=0}^{\nu=n-1}\cos kt_\nu,\quad nB_1 = 2\sum_{\nu=0}^{\nu=n-1}\sin kt_\nu,$$

où $t_0, t_1, \ldots, t_{n-1}$ désignent les instants où le phénomène a lieu effectivement (par exemple les jours de pluie ou d'aurore boréale), et k le rapport $\frac{2\pi}{T}$ où T est la période adoptée[171]). D'après un théorème donné par *W. Strutt*[171a]) [lord *Rayleigh*] au sujet de recherches d'optique, on peut conclure que: la probabilité pour que, t_ν étant entièrement arbitraire, le quotient $\frac{R_1}{R_0}$ soit supérieur à

$$(105)\qquad 2\sqrt{\frac{k}{p}}$$

est égale à e^{-k}. On ne peut donc affirmer, avec quelque certitude, l'existence effective d'une composante de période T que si l'on a un nombre assez important d'observations. Les mêmes résultats s'appliquent du reste si, au lieu de noter simplement les arrivées d'un phénomène déterminé, on observe les diverses valeurs d'un élément variable[172]).

A. Schuster considère ensuite la quantité

$$(106)\qquad R = \sqrt{a^2 + b^2},$$

dans laquelle a et b désignent les intégrales

$$(107)\qquad a = \int_\tau^{\tau+nT}\cos kt f(t)\,dt,\quad b = \int_\tau^{\tau+nT}\sin kt f(t)\,dt,\quad \text{où } k = \frac{2\pi}{T}.$$

Des valeurs que prend R, en laissant k et n fixes, τ étant variable, on déduit la valeur moyenne U de R[173]). La représentation graphique de cette valeur moyenne de R, considérée comme fonction de T, est désignée par *A. Schuster* sous le nom de *périodogramme* du phénomène.

171) *A. Schuster*, Terrestrial magnetism (Baltimore) 3 (1898), mém. n° 15, p. 14. Si les résultats montrent quelque tendance à se grouper d'une manière particulière, les conclusions doivent alors être modifiées sur quelque point (p. 19/22).

171a) London Edinb. Dublin philos. mag. (5) 10 (1880), p. 75; Papers 1, Cambridge 1899, p. 493.

172) *A. Schuster*, Terrestrial magnetism (Baltimore) 3 (1898), mém. n° 15, p. 20.

173) Id. p. 23. *A. Schuster* fait remarquer l'analogie de son périodogramme avec le spectre d'une source lumineuse. L'agrandissement de l'intervalle de temps correspondant aux observations peut être comparé à l'augmentation du pouvoir dispersif de l'appareil spectral. Plus récemment [Trans. Cambr. philos. Soc. 18 (1899/1900), éd. 1900, p. 106] *A. Schuster* a préféré employer, non l'amplitude, mais son carré (ce qui correspond à l'intensité pour la lumière) comme ordonnée de son périodogramme.

Si T n'est pas réellement une des périodes attachées au phénomène, U croît avec n comme $\sqrt{n}$, et la probabilité pour qu'une valeur isolée de R soit supérieure à λU est égale à $e^{\frac{-\pi\lambda^2}{4}}$; mais si T est véritablement une période du phénomène, U croît avec n comme n lui-même. On peut tirer de là la règle suivante[174]: si la considération de n observations fournit un périodogramme d'ordonnée moyenne égale à a, il faut au moins $16n\frac{a^2}{b^2}$ observations pour pouvoir conclure avec quelque certitude à l'existence d'une période d'amplitude b. Il y a lieu toutefois de prendre garde à l'apparition de fausses périodicités [spurious periodicities[175])]. Si, par exemple, on considère la composante en $\cos qt$ relative à la période $\frac{2\pi}{k}$, et si la durée des observations embrasse n de ces périodes on trouve pour l'amplitude la valeur

$$(108) \qquad \frac{2}{q+k}\cdot\frac{\sin\alpha}{\alpha}\sqrt{q^2\cos^2\alpha+k^2\sin^2\alpha}, \quad \text{où } \alpha=\frac{n\pi(q-k)}{k}$$

et cette valeur est très petite, sauf lorsque q et k sont peu différents. Dans ce dernier cas les maximés de l'amplitude correspondent aux valeurs de α fournies par les racines de l'équation

$$(109) \qquad \alpha=\operatorname{tg}\alpha.$$

Ces maximés peuvent, à la vérité, indiquer dans un tel cas des périodicités purement apparentes sans existence réelle; mais on les reconnaîtra à ce caractère qu'elles changent lorsqu'on modifie la durée des observations.

A. Schuster ne considère comme légitimes certaines compensations ou corrections apportées aux observations par la plupart des calculateurs avant la recherche des périodes, que dans le cas où ces corrections ont pour effet de rendre évidentes des périodicités qui resteraient cachées sans cela; dans le cas contraire (voir les formules (23) et (38)) ces corrections pourraient avoir pour effet d'altérer tellement, et de façon tellement différente, les diverses amplitudes correspondant à des périodes très différentes, que la détermination des maximés en serait faussée entièrement[176]).

La réserve gardée par *F. H. Bigelow*[177]) au sujet des résultats

---

174) Terrestrial magnetism (Baltimore) 3 (1898), mém. n° 15, p. 25.

175) Id. p. 30; comparer avec le calcul conduit différemment: Trans. Cambr. philos. Soc. 18 (1899/1900), éd. 1900, p. 109.

176) Terrestrial magnetism (Baltimore) 3 (1898), mém. n° 15, p. 32; Proc. R. Soc. London 61 (1897), p. 458.

177) Bull. philos. Soc. Washington 14 (1903), p. 222.

de *A. Schuster* tient à ce fait que, d'une manière générale, *F. H. Bigelow* ne croit pas à la possibilité de représenter les phénomènes en question par la formule (65), en y supposant que les λ_μ sont des constantes. Il est d'avis plutôt, comme avant lui du reste *D. J. Korteweg*[178]) et *R. Wolf*[179]), de regarder les périodes elles-mêmes comme variables[153]). Dans cette hypothèse on ne peut pas appliquer les méthodes précédentes pour la recherche des périodes, car de telles périodes (variables) seraient compensées par la sommation dans une longue série d'observations.

Pour représenter les variations du pôle terrestre, il serait nécessaire de connaître le degré de probabilité qu'on est autorisé à attribuer aux résultats obtenus par l'application de formules d'interpolation permettant de représenter, non plus seulement une fonction unique, mais simultanément plusieurs fonctions données.

Méthodes auxiliaires de calcul.

26. Méthodes de calcul relatives à des valeurs particulières du nombre des observations équidistantes contenues dans une période. La distribution des observations doit, autant que possible, être faite en vue de l'application des formules du n° **4**, lorsqu'il n'entre dans le phénomène qu'une seule période, supposée d'ailleurs connue. Les observations doivent être équidistantes. Dans la pratique, l'intervalle de deux observations consécutives est toujours un sous-multiple de la période, le plus souvent même un sous-multiple du quart de la période. Suivant chaque mode de division adopté, on pourra faire usage d'un procédé particulier de calcul permettant d'arriver plus rapidement et plus sûrement au but. Nous indiquerons, avec les noms des auteurs qui les ont étudiés, les cas particuliers suivants:

pour $n = 2$, $n = 3$: *H. Fritsche*[180]);
pour $n = 4$: *U. J. J. Le Verrier*[181]), *M. Dechevrens*[182]), *H. Fritsche*[180]);
pour $n = 6$: *M. Dechevrens*[182]), *H. Fritsche*[180]);
pour $n = 8$: *A. Bravais*[28]), *M. Koller*[183]), *U. J. J. Le Verrier*[181]),

---

178) Sitzgsb. Akad. Wien 88 II (1883), p. 1017.

179) Viertelj. Naturf. Ges. Zürich 30 (1885), p. 330; Astron. Mitteil. (Zurich) 66 (1886), p. 224.

180) Atlas des Erdmagnetismus, Riga 1903, p. 22.

181) Ann. Observ. Paris Mémoires 1 (1855), p. 137, 143.

182) Memorie Accad. pontif. Nuovi Lincei 16 (1899), p. 165; éclaircissements complémentaires, id. 17 (1900), p. 60.

183) Denkschr. Akad. Wien. 1 (1850), mém. n° 14, p. 65.

A. Smith[184]), *J. J. Åstrand*[185]), *M. Dechevrens*[182]), *A. Nippold* junior[186]), *H. Fritsche*[180]);

pour $n = 9$: *E. B. Wedmore*[187]), *H. Fritsche*[180]);

pour $n = 10$: *M. Dechevrens*[182]), *H. Fritsche*[190]);

pour $n = 12$: *C. F. Gauss*[188]), *F. Carlini*[189]), *J. C. E. Schmidt*[180]), *A. Bravais*[28]), *M. Koller*[183]), *A. Kunzek*[191]), *J. D. Everett*[192]), *F. Jenkin* et *J. A. Ewing*[193]), *H. Schneebeli*[194]), *L. Grossmann*[195]), *M. Dechevrens*[182]), *C. Runge*[196]), *H. Fritsche*[180]);

pour $n = 15$: *Th. R. Lyle*[203]);

pour $n = 16$: *U. J. J. Le Verrier*[181]), *A. Smith*[184]), *J. Macé de Lépinay*[197]), *K. H. Haga*[197a]);

pour $n = 18$: *H. Fritsche*[180]):

pour $n = 24$: *M. Koller*[183]), *A. Kunzek*[190]), *T. R. Robinson*[198]), *H. Schneebeli*[194]), *W. Ferrel*[199]), *J. Lahr*[200]), *Kirsch*[201]), *R. Strachey*[202]),

---

184) *F. J. Evans* et *A. Smith*, Admiralty manual for ascertaining the deviations of the compass, caused by the iron of a ship, Londres 1862, trad. allemande par *F. Schaub*, Vienne 1864, p. 22.

185) Öfversigt Vetensk. Akad. förhandl. (Stockholm) 32 (1875), n° 9, p. 49; Annalen der Hydrographie 3 (1875), p. 474.

186) Annalen der Hydrographie 27 (1899), p. 62.

187) J. of the institution of electrical engineers 25 (1896), p. 235 (dans le cas, où l'on sait d'avance que l'on aura affaire uniquement à des «sons harmoniques supérieurs d'ordre impair»). Voir la note 203.

188) Theoria interpolationis methodo nova tractata (mém. posth.); Werke 3, Göttingue 1876, p. 308. Le procédé indiqué par *C. F. Gauss* pour la décomposition en groupes, dans le cas où n est un nombre composé, paraît peu connu et est rarement employé dans la pratique.

189) Sulla legge delle variazioni orarie del barometro [Mem. mat. fis. Soc. ital. delle science (1) 20 (1828), mat. p. 204].

190) Lehrbuch der math. und physik. Geographie 2, Göttingue 1830, p. 279.

191) Studien aus der höheren Physik, Vienne 1856, p. 33.

192) Amer. J. sc. arts (2) 35 (1863), p. 25.

193) Trans. R. Soc. Edinb. 28 (1876/8), éd. 1879, p. 751.

194) Archives sc. phys. naturelles Genève (4) 1 (1878), p. 151.

195) Aus dem Archiv der deutschen Seewarte (Hambourg) 17 (1894), mém. n° 5, p. 5.

196) Z. Math. Phys. 48 (1903), p. 443; Theorie und Praxis der Reihen, Leipzig 1904, p. 153.

197) J. phys. théor. appl. (3) 8 (1899), p. 139.

197a) Elektrotechnik und Maschinenbau (Vienne) 24 (1906), p. 762; Archiv Math. Phys. (3) 11 (1907, p. 239.

198) Philos. Trans. London 165 (1875), p. 419.

199) Report of the superintendent of the U. S. Coast and Geodetic Survey 1877/8, éd. Washington 1881, appendice 11, p. 280.

L. Grossmann[195]), *E. B. Wedmore*[203]), *M. Dechevrens*[182]), *C. Kassner*[204]), *H. Fritsche*[180]), *C. Runge*[205]), *Th. R. Lyle*[203]), *E. Orlich*[206]);

pour $n = 30$: *A. Kunzek*[200]);

pour $n = 32$: *A. Smith*[184]), *P. A. Hansen*[207]), *G. D. E. Weyer*[208]);

pour $n = 36$: *C. F. Gauss*[209]), *M. Dechevrens*[182]), *C. Runge*[196]), *H. Fritsche*[180]), un anonyme[210]), *E. Orlich*[206]), *F. F. Martens*[211]);

pour $n = 40$: *L. Hermann*[212]);

pour $n = 52$: *H. Fritsche*[180]);

---

200) Ann. Phys. und Chemie (Dritte Folge) 27 (1886), p. 107; voir toutefois les rectifications de *H. Pipping*, Z. Biologie 27 (1890), p. 8; Acta Soc. scient. Fennicae 20 (1895), mém. n° 11, p. 18.

201) Die Bewegung[21]), p. 37.

202) Proc. R. Soc. London 42 (1887), p. 61, 75; Hourly readings[103]), appendice.

203) J. institution of electrical engineers 25 (1896), p. 234. *E. B. Wedmore* n'emploie pas les formules du n° **4**, mais son procédé repose sur la même idée que les méthodes exposées au n° **22**: si n est un nombre composé égal à rs et si l'on considère les sommes

$$y_\sigma + y_{\sigma+s} + y_{\sigma+2s} + y_{\sigma+(r-1)s} \qquad (\sigma = 0, 1, 2, \cdots, s-1),$$

toutes les composantes dont le rang n'est pas divisible par s sont exclues. Par l'application répétée de cette propriété, on obtient séparément la marche des composantes isolées; *E. B. Wedmore* calcule l'amplitude de chacune d'elles par la valeur moyenne des valeurs absolues de leurs ordonnées; ensuite il obtient la phase d'après les ordonnées considérées isolément.

La méthode suppose que l'on dispose d'un nombre d'observations beaucoup plus grand qu'il n'y a de composantes sensibles; si l'on est dans ce cas, mais si cependant le nombre des observations est insuffisant pour permettre l'application de la méthode de *P. L. Čebyšev* [n° 6], le procédé de *E. B. Wedmore* dont il s'agit ici est préférable à tout autre. La méthode de *E. B. Wedmore* a été retrouvée par *J. Fischer-Hinnen* [Elektrotechnische Zeitschrift 22 (1901), p. 396] et par *Th. R. Lyle* [Proc. R. Soc. Victoria 17 (1905), p. 397; London Edinb. Dublin philos. mag. (6) 11 (1906), p. 25/41].

204) Meteorologische Zeitschrift 18 (1901), p. 81.

205) Z. Math. Phys. 52 (1905), p. 117.

206) Aufnahme und Analyse von Wechselstromkurven, Brunswick 1906, p. 78; Archiv Math. Phys. (3) 12 (1907), p. 235.

207) Über die gegenseitigen Störungen des Jupiters und Saturns, (Preisschrift) Berlin 1831, p. 49.

208) Annalen der Hydrographie, herausgegeben von der deutschen Admiralität 16 (1888), p. 91.

209) Theoria interpolationis methodo nova tractata (mém. posth.), n° 41; Werke 3, Göttingue 1876, p. 325. Voir la note 188.

210) (Dinglers) Polyt. Journal 320 (1905), p. 816.

211) Archiv Math. Phys. (3) 17 (1911), p. 117.

212) Archiv für die gesamte Physiologie des Menschen und der Tiere 47 (1890), p. 44.

pour $n = 64$: *P. A. Hansen*[213]);
pour $n = 72$: *R. Strachey*[214]);
pour $n = 73$: *R. Strachey*[215]), *H. Fritsche*[180])
et enfin d'une façon générale
pour $n = 4m$: *H. Bruns*[216]).
Si l'on veut calculer quelques coefficients seulement, on peut, comme l'a fait remarquer *W. Ferrel*[217]), obtenir des équations qui les déterminent, en étendant les sommations, non à la période entière, mais à la moitié seulement à partir de points origines différents.

On ne peut déterminer mathématiquement la valeur qu'il faut donner à n pour obtenir, dans un cas déterminé, les coefficients cherchés avec une approximation fixée à l'avance que si l'on a une autre expression analytique de la fonction à représenter par interpolation. *P. A. Hansen*[218]) a fait une étude de ce cas; après lui la question a été reprise par *A. L. Cauchy*[219]) et ses commentateurs, *Ch. H. Berger*[220]), *V. A. Puiseux*[221]), *F. Tisserand*[222]); plus récemment par *C. V. L. Charlier*[223]) et *C. A. Schultz-Steinheil*[224]).

Des indications sur le contrôle de ces méthodes par le calcul se trouvent dans *P. A. Hansen*[225]) et *H. Fritsche*[180]).

Des formules générales, permettant le calcul de valeurs particulières de la fonction à l'aide de la formule d'interpolation, sont données par *K. Weihrauch*[226]); plus particulièrement pour les valeurs correspondant aux époques d'observations, des formules analogues ont été données par *R. Harris*[227]); par *M. Dechevrens*[228]) pour les valeurs correspon-

213) Astron. Nachr. (Altona) 12 (1835), col. 339; Supplément aux C. R. des séances Acad. sc. 1, Paris 1856, p. 238; id. p. 254. (Prix de l'Académie de Paris de 1846); Mémoire sur le calcul des perturbations qu'éprouvent les comètes, Paris 1857.

214) Proc. R. Soc. London 42 (1887), p. 72.

215) Id. p. 72; cf. Hourly readings[103]), appendice, p. [4].

216) Wiss. Rechnen[21]), p. 119.

217) Tidal researches [U. S. Coast Survey Report[120]), p. 159]. La méthode de *E. B. Wedmore* repose sur une idée analogue.

218) Preisschrift[207]), p. 862.

219) Rapport sur *U. J. J. Le Verrier*, C. R. Acad. sc. Paris 20 (1845), p. 8 [*A. L. Cauchy*, Œuvres (1) 9, Paris 1896, p. 148].

220) Thèse, Toulouse 1863, éd. Montpellier, p. 47 (§ 7).

221) Ann. Observ. Paris, Mémoires 7 (1863), p. 183.

222) Traité de mécanique céleste 4, Paris 1896, p. 294.

223) K. Svenska Vetenskaps Akad. handlingar 22 (1886/7), mém. n° 2, p. 40.

224) Öfversigt Vetensk.-Akad. förhandl. (Stockholm) 56 (1899), p. 273.

225) Preisschrift[207]), p. 58.

226) Schriften Naturf. Ges. Univ. Dorpat (Jurjev) 5 (1890), p. 13.

227) Report of the superintendent of the U. S. Coast and Geodetical Survey 1896/7, éd. Washington 1898, appendice 9, p. 565.

dant aux époques d'observations et certaines valeurs intermédiaires; par *G. D. E. Weyer*[229]) et *R. Radau*[230]) pour des valeurs correspondant au milieu de l'intervalle.

27. Méthodes graphiques, Tables et grilles. On trouve des méthodes graphiques pour le calcul des coefficients des développements trigonométriques dans *Kirsch*[231]) et dans *P. Schreiber*[232]), dans *K. H. Haga*[197a]) et dans *H. Vavrečka*[233]).

Kirsch donne en même temps des méthodes pour le calcul des valeurs de la fonction supposée représentée par un développement trigonométrique donné. La méthode de *E. B. Wedmore*[203]) dérive en fait et à l'origine d'une idée graphique.

Mais même les intégrales (17) qui permettent d'obtenir les coefficients A_μ et B_μ peuvent être obtenues graphiquement. Si en effet on applique la courbe

$$y = f(t)$$

sur la surface latérale d'un cylindre de rayon $\frac{1}{\mu}$ de manière qu'elle en fasse μ fois le tour, les aires de sa projection sur deux plans, rectangulaires entre eux et passant par l'axe du cylindre, donnent précisément, comme le remarque *W. K. Clifford*[234]), les valeurs de ces coefficients au facteur π près.

D'autre part les calculs peuvent être considérablement facilités par une table des multiples des fonctions trigonométriques qui se présentent le plus souvent dans ces calculs. Pour $n = 24$, *L F. Kämtz*[235]) a dressé une table de ce genre.

---

228) Memorie Accad. pontif. Nuovi Lincei 16 (1899), p. 157; Tables id. p. 168; Explications id. 17 (1900), p. 62.

229) Astron. Nachr. (Kiel) 117 (1887), col. 312.

230) Bull. astron. 4 (1887), p. 492, 515.

231) Die Bewegung[21]), p. 29.

232) Nova Acta Acad. Leop. 58 (1893), p. 211.

233) Elektrotechnische Zeitschrift 28 (1907), p. 482.

234) Proc. London math. Soc. (1) 5 (1873/4), p. 11; Papers, Londres 1882, p. 201; *J. Perry*, Nature (Londres) 49 (1893/4), p. 617; London Edinb. Dublin philos. mag. (5) 38 (1894), p. 128; voir également *J. Perry* et *H. F. Hunt*, London Edinb. Dublin philos. mag. (5) 40 (1895), p. 506; *S. Finsterwalder*, Z. Math. Phys. 43 (1898), p. 85; ces auteurs évitent le dessin sur un cylindre par l'emploi des méthodes de la géométrie descriptive.

235) Repertorium für Meteorologie 1 (1860), p. 107 avec un procédé pratique; la Table seule se trouve également dans la collection des Tables préparées par *L. F. Kämtz* et publiées par *A. von Öttingen*, Tafelsammlung, Dorpat 1868, p. 35 [table IV] et de même dans *C. Jelinek* [Anleitung zur Ausführung meteorologischen Beobachtungen, (4e éd.) 2, Vienne (Leipzig) 1895, appendice]; elle se trouve aussi réduite à quatre chiffres décimaux, dans: Hourly readings[108]), p. [33].

Un autre manière de simplifier pratiquement les calculs réside dans l'emploi de *grilles*.

Les valeurs absolues des fonctions trigonométriques qui figurent effectivement dans les calculs comme multiplicateurs sont peu nombreuses. On forme les produits de ces multiplicateurs par les valeurs fournies par les observations et l'on porte ces produits dans un cadre rectangulaire. Si sur ce tableau on place ensuite une grille qui laisse visibles seulement ceux des produits qui servent à former un coefficient *déterminé* A_i (ou B_i) dans les formules (15), en cachant les autres, il ne reste à faire que des additions et des soustractions; des signes $+$ ou $-$ placés sur la grille indiquent d'ailleurs quand il faut ajouter et quand il faut soustraire. Quand l'indice i de A_i (ou B_i) change, il faut changer de grille.

De telles grilles ont été construites par *L. Hermann*[236]) pour $n = 40$

C'est sur une idée analogue que repose l'interpolateur à cadran de *M. Dechevrens*[237]); il se compose de deux cercles mobiles l'un devant l'autre: l'un porte le numéro d'ordre des observations, l'autre les multiplicateurs trigonométriques.

La méthode de *E. J. Houston* et *A. E. Kennelly*[238]) planimétrise certaines aires comprises entre la courbe $y = f(x)$, l'axe des abscisses et certaines ordonnées; *E. Orlich*[206]) trouve que cette méthode demande que l'on ait beaucoup de temps à sa disposition.

28. Utilisation des formules à l'aide d'appareils mécaniques. *R. Strachey*[239]) a construit une machine servant au calcul de R et de ζ dans les expressions

$$R \cos \zeta \quad \text{et} \quad R \sin \zeta.$$

F. Bashforth[240]) déjà, avait donné des indications sur un appareil

236) Archiv für die gesamte Physiologie des Menschen und der Tiere 47 (1890), p. 44; 86 (1901), p. 100.

237) Memorie Accad. pontif. Nuovi Lincei 16 (1899), p. 148.

238) Electrical world 31 (1898), p. 580; Elektrotechnische Zeitschrift 19 (1898), p. 714; une faute de signe qui a quelque importance est rectifiée par *G. Stern* [id. p. 796].

239) Voir *W. von Dyck*, Katalog math. und math.-phys. Modelle, Apparate und Instrumente, Munich 1892, p. 144; description, figure et mode d'emploi: Philos. Trans. London 184 A (1893), p. 619; voir aussi Harmonic analysis of hourly observations, publié par le „meteorological council", Londres 1891, p. IV.

240) Report Brit. Assoc. 15, Cambridge 1845, éd. Londres 1846, p. 3; réimpr. avec additions, Cambridge 1892. *F. Bashforth* avait en vue, principalement, une application de l'appareil à la résolution des équations algébriques. Les idées de *F. Bashforth* ont été développées plus longuement par *W. H. L. Russell*, Proc. R. Soc. London 18 (1869/70), éd. 1870, p. 72; London Edinb. Dublin philos. mag. (4) 39 (1870), p. 304.

permettant d'obtenir la résultante de composantes harmoniques à périodes différentes; il représente les deux variables par des coordonnées polaires. En coordonnées rectangulaires, l'appareil de *A. E. Donkin*[241]) rend les mêmes services. L'appareil de *R. Strachey*[242]) dessine graphiquement les composantes isolées.

La composition de composantes (même non harmoniques), à périodes, amplitudes et phases données, est obtenue par le *tidepredicter* de *W. Thomson*[243]). Cet appareil se compose d'un certain nombre de roues dont les *centres* exécutent les mouvements à composer; un fil unique s'enroule successivement sur chacune d'elles; il est fixé à l'une de ses extrémités et porte un poids à l'autre; le déplacement de ce poids représente la somme des déplacements particuliers des centres de chaque roue.

W. Ferrel[244]) a modifié l'appareil de manière à ce qu'il donne directement les maximés et minimés du mouvement résultant; il utilise à cet effet la transformation représentée par les formules (66) et observe le moment où une aiguille représentant la variable passe à sa position marquée zéro.

Une autre modification due à *R. Harris*[245]) cherche à atteindre à la fois le but poursuivi par *W. Thomson* et celui poursuivi par *W. Ferrel.*

Dans l'appareil de *A. A. Michelson* et *S. W. Stratton*[246]) chaque mouvement composant est, avec l'amplitude correspondante, transmis à un ressort par des systèmes de tiges dont la longueur est modi-

241) Proc. R. Soc. London 22 (1873/4), éd. 1874, p. 196; un extrait de ce mémoire a été publié dans: Report Brit. Assoc. 43, Bradford 1873, éd. Londres 1874, p. 45 (il concerne le cas où il n'y a que deux composantes).

242) Cf. *W. von Dyck*, Katalog[139]), p. 136, 213.

243) Minutes of the proceedings of the institution of civil engineers 65 (1880/1), p. 74; *W. Thomson* et *P. G. Tait*, Treatise on natural philosophy, (2e éd.) 1[1], Cambridge 1879, p. 479 (appendice B', § 1); dans les éditions qui ont suivi la seconde, voir aussi p. 40, n° 58. Des extraits de différents journaux anglais concernant l'historique du *tidepredicter* sont contenus dans la réimpression de 1892 de *F. Bashforth*[234]).

244) Report of the superintendent of the U. S. Coast and Geodetic Survey 1882/3, éd. Washington 1884, appendice 10, p. 253.

245) Id. 1893/4, éd. Washington 1895, appendice 7, p. 181. Une description annoncée pour plus tard ne paraît pas avoir été publiée. *R. Harris* [id. p. 183, 186] indique comment on pourrait obtenir le même résultat, avec des moyens plus simples, en renonçant à une extrême précision. Il donne aussi [id. 1896/7, éd. Washington 1898, appendice 9, p. 565] des règles à suivre pour effectuer commodément ces mêmes calculs.

246) Amer. J. sc. (4) 5 (1898), p. 1; le texte est presque en entier le même que dans London Edinb. Dublin philos. mag. (5) 45 (1898), p. 85; seules les figures sont en partie différentes.

fiable; ces ressorts sont tous reliés à un levier sur lequel, d'autre part, est fixé un puissant ressort agissant comme contrepoids.

Un appareil de *T. N. Terada*[247]) effectue l'addition de deux composantes (qu'il faut dessiner d'abord) au moyen d'un système articulé de tiges convenables.

29. Analysateurs harmoniques. La première idée d'un analysateur harmonique, c'est-à-dire d'un instrument permettant d'obtenir les coefficients d'un développement trigonométrique représentant une fonction donnée graphiquement, est due à *J. Amsler*[248]). Toutefois il ne semble pas que l'appareil ait été effectivement construit à cette époque. Dans l'idée de *J. Amsler* une petite roulette planimétrique est conduite de manière que son axe fasse constamment, avec une direction fixe, un angle proportionnel à l'abscisse. *W. Thomson*[249]) qui, peut-être à tort, se méfiait de la précision de la roulette planimétrique, préfère employer la transmission de mouvement d'un disque sur un cylindre par l'intermédiaire d'une sphère en contact avec les deux. Si le point de contact de la sphère avec le plan du disque est à une distance $\varphi(x)$ du centre du disque, lorsque ce dernier tourne d'un angle égal à $\psi(x)dx$, le cylindre tourne d'un angle égal à $\psi(x)\,\varphi(x)\,dx$.

Dans le cas où $\varphi(x) = \cos nx$ ainsi que dans celui où $\varphi(x) = \sin nx$, le mouvement exigé pour le disque peut être obtenu au moyen d'un mécanisme à bielles.

Un perfectionnement indiqué par *W. K. Clifford*[234]), est réalisé dans la machine de *A. Sommerfeld* et *E. Wiechert*[250]). La courbe $y = f(x)$ y est enregistrée sur un cylindre au moyen d'un appareil spécial; ce cylindre tourne autour de son axe d'une part et se meut d'autre part, avec une vitesse angulaire n fois plus grande, autour d'un axe vertical, de sorte que, si l'on considère un plan tangent du cylindre fixe dans l'espace, et horizontal, la distance d'un point de contact de ce plan et

247) Cet appareil est décrit dans le journal: Tōkyō Sūgaku-Butsuri gakkwai Kiji Gaiyō (Proc. of the Tōkyō math.-phys. Soc.) 3 (1906), p. 83/7 [cf. *E. Orlich*, Aufnahme[206]), p. 115].

248) Viertelj. Naturf. Ges. Zürich 1 (1856), p. 107; tirage à part, Schaffouse 1856.

249) Première communication Proc. R. Soc. London 24 (1875/6), éd. 1876, p. 266; un modèle pouvant fonctionner pratiquement se trouve décrit [Proc. R. Soc. London 27 (1878), p. 371; Natural philos.[143]), (2e éd.) 1, p. 505 (appendice B' VII)]; la description et le dessin de l'appareil complet se trouvent: Engineering 30 (1880), p. 561, et de même dans un rapport de *R. H. Scott* et *H. Curtis* [Proc. R. Soc. London 40 (1886), p. 382] sur certains résultats que cet appareil avait fournis.

250) Schriften phys.-ökon. Ges. Königsberg 32 (1891), Sitzgsb. p. 28; cf. *W. von Dyck*, Katalog[239]), p. 214.

de la courbe à une droite marquée dans ce plan, et prise comme axe des abscisses, est à chaque instant égale à

$$y = \cos nx.$$

En suivant ce point de contact avec la pointe du style d'un planimètre, on peut évaluer l'aire plane limitée par l'axe des abscisses, deux ordonnées et la courbe décrite par le point de contact dans le plan tangent, sans avoir besoin de dessiner effectivement cette courbe plane. C'est sur l'idée de *W. K. Clifford*[234]) qu'est basé également le premier analysateur harmonique de *O. Henrici*[251]). Plus tard *O. Henrici*[252]) fait la transformation

$$(110) \qquad \int_{-\pi}^{+\pi} y \cos nx\,dx = -\frac{1}{n}\int_{-\pi}^{+\pi} \sin nx\,dy;$$

il est ainsi conduit à faire suivre la courbe $y = f(x)$ par une roulette planimétrique dont le plan fait, à chaque instant, avec Oy un angle égal à nx. Ce résultat est obtenu en transmettant le mouvement du cylindre par une roue de friction à un axe portant deux roues planimétriques comme l'avait déjà indiqué *J. Amsler.*

Ce procédé de *O. Henrici* a été mis en œuvre, exécuté et perfectionné par *A. Sharp*[253]) et par *G. Coradi*[254]). *A. Sharp* a même apporté une modification à cet instrument qui permet d'obtenir directement l'amplitude et la phase de chaque composante[255]).

O. Henrici[256]) a fait une étude comparative de tous les instruments

251) London Edinb. Dublin philos. mag. (5) 38 (1894), p. 113; Nachr. Ges. Gött. 1894, p. 30; Nature (Londres) 49 (1893/4), p. 521; voir aussi *W. von Dyck*, Katalog[239]), p. 129. De ce premier instrument de *O. Henrici*, *J. Perry* a une meilleure opinion que *O. Henrici* lui-même [London Edinb. Dublin philos. mag. (5) 38 (1894), p. 128].

252) London Edinb. Dublin philos. mag. (5) 38 (1894), p. 115; *W. von Dyck*, Katalog[239]), p. 131, 213.

253) *W. von Dyck*, Katalog[239]), p. 134; Nachtrag (supplément), Munich 1893, p. 35; Nature (Londres) 49 (1893/4), p. 521; voir aussi *O. Henrici*, London Edinb. Dublin philos. mag. (5) 38 (1894), p. 115.

254) Der harmonische Analysator, Zurich 1894 [cf. II 27, p. 153, fig. 1].

Dans ces instruments le terme constant doit être déterminé en particulier, à l'aide d'un planimètre usuel. Le transport sur les roues enregistrantes se fait, dans l'appareil de *G. Coradi*, d'après une méthode proposée par *M. Küntzel* dans un autre but, par une sphère en verre. La discussion detaillée des sources d'erreur dues à cet appareil se trouve dans *L. Grabowski* (sous l'inspiration de *H. Seeliger*), Sitzgsb. Akad. Wien 110 IIa (1901), p. 717. Cf. *N. W. Bervy*, Ann. Observ. Moscou 1896, p. 109.

255) London Edinb. Dublin philos. mag. (5) 38 (1894), p. 121; Nature (Londres) 49 (1893/4), p. 617.

256) *W. von Dyck*, Katalog[239]), p. 222.

de ce genre et que nous venons de citer, au point de vue des avantages et des inconvénients respectifs qu'ils présentent.

Dans un appareil de *G. U. Yule*[257]) un cercle se meut de manière que son centre décrive la courbe $y = f(x)$, pendant que ce cercle lui-même roule sur une droite qui reste parallèle à l'axe Ox, mais peut se déplacer transversalement. Cet appareil a été perfectionné par *I. N. Le Conte*[258]); une autre modification a été proposée par *O. Mader*[259]).

Quand on utilise l'appareil de *A. A. Michelson* et *S. W. Stratton*[246]), ou celui de *T. N. Terada*[247]), comme analysateurs harmoniques, on doit prendre, comme amplitude de la $n^{\text{ième}}$ composante, la valeur de la fonction à analyser correspondant au $n^{\text{ième}}$ argument. L'instrument donne alors le $\mu^{\text{ième}}$ coefficient de la formule de sommation (12) par une fonction continue de μ.

On trouve des descriptions plus détaillées de la plupart de ces appareils dans *E. Orlich*[260]).

30. Méthodes auxiliaires et instrumentales pour la séparation de périodes différentes et la recherche des périodicités inconnues. Pour l'exécution des calculs du genre de ceux dont il est question au nº **22**, *Chr. H. D. Buys-Ballot*[261]) avait déjà fait usage d'un système de disques montés sur le même axe autour duquel ils tournent indépendamment. L'appareil de *E. Lamprecht*[262]), pour le calcul des périodes, repose sur une idée analogue. *G. H. Darwin*[263]) a renoncé à l'idée d'un appareil mécanique, qui lui paraît trop coûteux, et se contente d'un dispositif spécial pour abréger la copie répétée des observations. Ce but est atteint plus complètement par l'emploi des grilles proposées par *C. Börgen*[264]) et *F. P. Shidy*[265]). *F. M. Little*[266]) a imaginé et utilisé également des grilles pour l'addition des sommes A correspondant à des intervalles B d'heures.

257) London Edinb. Dublin philos. mag. (5) 39 (1895), p. 367.

258) Physical review 7 (1898), p. 27.

259) Elektrotechnische Zeitschrift 30 (1909), p. 847. Il importe de remarquer que la construction de *O. Mader* s'applique quelque grande que soit la partie de la courbe à analyser que l'on a dessinée. On peut donc en faire usage pour essayer de trouver des *périodicités inconnues*.

260) Aufnahme und Analyse von Wechselstromkurven, Brunswick 1906, p. 90/111.

261) Ann. Phys. und Chemie, Zweite Folge (3) 24 (1851), p. 588.

262) Progr. Bautzen 1897, p. 27; sans description détaillée et sans figures.

263) Proc. R. Soc. London 52 (1892/3), p. 345.

264) *G. H. Darwin*, id. p. 350.

265) *R. Harris*, Report of the superintendent of the U. S. Coast and Geodetic Survey 1896/7, éd. Washington 1898, p. 539.

266) Id. p. 557.

R. Harris[267]) a développé enfin l'idée d'une machine qui, en même temps qu'elle règle, dans chaque opération, le groupement des observations, effectue elle-même leur addition.

L'appareil de *A. A. Michelson* et *S. W. Stratton*[246]) pourrait être disposé de manière à fournir directement dans chaque cas le périodogramme[173]) d'un phénomène.

Quant à la découverte successive des périodes relatives aux composantes diverses représentant un phénomène donné, la méthode de *A. Sommerfeld*[268]) paraît commode; mais il ne faut pas oublier toutefois qu'elle modifie les amplitudes.

---

267) Report of the superintendent of the U. S. Coast and Geodetic Survey 1896/7, éd. Washington 1898, p. 540.

268) *F. Klein* et *A. Sommerfeld* [Über die Theorie des Kreisels, Leipzig 1910, p. 679 (cah. 3, éd. 1903)]. Dans l'application concernant le déplacement du pôle terrestre, donnée par *A. Sommerfeld*, le facteur d'agrandissement, pour les périodes qu'il y a lieu de considérer en première ligne, est sensiblement égal à un. Pour analyser simultanément deux fonctions $x = \varphi(t)$, $y = \psi(t)$, *A. Sommerfeld* envisage la fonction

$$x + iy = \varphi(t) + i\psi(t) = f(t)$$

et détermine tout d'abord une première partie principale $f_1(t)$ de la fonction $f(t)$ telle que

$$f_1(t) = A_1 e^{\frac{2i\pi t}{\tau_1}} + B_1 e^{-\frac{2i\pi t}{\tau_1}},$$

où τ_1 désigne une période. Pour éliminer cette première partie principale $f_1(t)$ il forme la différence

$$f(t+\tau_1) - f(t).$$

Si $f(t)$ a une seconde partie principale $f_2(t)$ de la forme

$$f_2(t) = A_2 e^{\frac{2i\pi t}{\tau_2}} + B_2 e^{-\frac{2i\pi t}{\tau_2}},$$

il correspond à $f_2(t)$, dans $f(t+\tau_1) - f(t)$, une partie principale de la forme

$$f_2(t+\tau_1) - f_2(t) = A_2\left(e^{\frac{2i\pi\tau_1}{\tau_2}} - 1\right)e^{\frac{2i\pi t}{\tau_2}} + B_2\left(e^{-\frac{2i\pi\tau_1}{\tau_2}} - 1\right)e^{-\frac{2i\pi t}{\tau_2}}.$$

Or la valeur absolue de $e^{\pm\frac{2i\pi\tau_1}{\tau_2}} - 1$ est égale à $2\left|\sin\frac{\pi\tau_1}{\tau_2}\right|$. Dans les recherches de *A. Sommerfeld* $\frac{\tau_1}{\tau_2}$ est égal à $\frac{7}{6}$ environ, de sorte que la valeur absolue de l'expression en question, égale approximativement à $2\sin\frac{\pi}{6}$, est voisine de l'unité. *On peut donc, sans commettre d'erreur notable, obtenir par ce procédé les diverses parties principales et successives de $f(t)$ correspondant aux périodes cherchées.*

Fig. 1. Analysateur harmonique de G. Coradi.

II 28. FONCTIONS SPHÉRIQUES.

Exposé, d'après l'article allemand de **A. WANGERIN** (Halle) par **A. LAMBERT** (Paris), avec une note de **P. APPELL** (Paris) et **A. LAMBERT** (Paris).

Préliminaires.

1. Introduction. Ce sont des recherches de mécanique céleste qui ont introduit les fonctions sphériques dans l'analyse. Elles se présentèrent dès qu'on voulut développer en série l'inverse de la distance de deux points.

A. M. Legendre et *P. S. Laplace* sont les fondateurs de la théorie; c'est dans leurs mémoires sur l'attraction des sphéroïdes et sur la figure d'équilibre des planètes, que se trouvent exposées les principales propriétés des fonctions sphériques. Les fonctions sphériques satisfaisant à l'équation de Laplace

$$\Delta V = 0$$

suggéraient des solutions d'équations voisines, et c'est ainsi qu'on les rencontre avec *J-B. J. Fourier*, dans la théorie analytique de la chaleur, avec *G. Lejeune Dirichlet* dans ses recherches d'hydrodynamique.

A. M. Legendre et *P. S. Laplace* avaient ouvert la voie à *G. Lamé*. Celui-ci créa les fonctions qui portent aujourd'hui son nom, en traitant pour l'ellipsoïde le problème de l'équilibre des températures que ses devanciers avaient traité pour la sphère. Les *fonctions de Lamé* comprenaient d'ailleurs les fonctions sphériques comme cas particuliers.

Les fonctions cylindriques qu'introduisent *J-B. J. Fourier* puis *F. W. Bessel* dans un mémoire sur les „perturbations planétaires“, sont des cas limites des fonctions sphériques; les fonctions de Lamé admettent des cas limites analogues.

Définition des fonctions sphériques.

2. Définition de la fonction sphérique à deux variables. La théorie d'une fonction sphérique particulière, la fonction sphérique à une variable, a été édifiée par *A. M. Legendre*; elle se présenta à lui quand il développa en série l'expression de la distance de deux points, écrite dans le système des coordonnées polaires[1]).

La fonction sphérique générale à deux variables se rencontre pour la première fois dans les travaux de *P. S. Laplace*[2]); pourtant le nom même de *fonction sphérique* date de *C. F. Gauss*[3])

La fonction de Legendre étant un cas particulier de la fonction de Laplace, celle-ci sera définie ici tout d'abord.

Considérons un *polynome harmonique*, c'est-à-dire un polynome Π_n homogène en x, y, z, de degré n, et satisfaisant à l'équation de Laplace

$$\Delta \Pi_n = \frac{\partial^2 \Pi_n}{\partial x^2} + \frac{\partial^2 \Pi_n}{\partial y^2} + \frac{\partial^2 \Pi_n}{\partial z^2} = 0.$$

Si l'on passe aux coordonnées polaires r, θ, φ, ou plutôt r, μ, φ en posant $\cos\theta = \mu$, on aura

$$\Pi_n = r^n Y_n(\mu, \varphi).$$

La fonction $Y_n(\mu, \varphi)$ est la *fonction sphérique* d'ordre n.

L'expression de $\Delta \Pi_n$, en coordonnées polaires, montre que $Y_n(\mu, \varphi)$ est une intégrale particulière de l'équation

$$(1) \qquad \frac{\partial}{\partial \mu}\left[(1-\mu^2)\frac{\partial Y}{\partial \mu}\right] + \frac{1}{1-\mu^2}\frac{\partial^2 Y}{\partial \varphi^2} + n(n+1)Y = 0.$$

E. Beltrami[4]) parvient à cette équation en considérant l'expression

$$(a) \qquad \Delta \Pi_n - F(\Pi_n) - F[F(\Pi_n)],$$

où F désigne l'opération

$$x\frac{\partial}{\partial x} + y\frac{\partial}{\partial y} + z\frac{\partial}{\partial z}.$$

---

1) *A. M. Legendre*, Mém. présentés Acad. sc. Paris (1) 10 (1785), p. 411/34. Pour la priorité de *A. M. Legendre* sur *P. S. Laplace*, voir *H. E. Heine*, Handbuch der Kugelfunktionen, (1re éd.) Berlin 1861; (2e éd.) 1, Berlin 1878, p. 2. Consulter en outre pour les détails historiques: *I. Todhunter*, A history of the mathematical theories of attraction and the figure of the earth, from the time of Newton to that of Laplace 1, Londres 1873; 2, Londres 1873; *H. R. Baltzer*, Zur Geschichte des Potentials [J. reine angew. Math. 86 (1879), p. 213/6].

2) Hist. Acad. sc. Paris 1782, éd. Paris 1785, M. p. 123/5; Œuvres 10, Paris 1894, p. 351/3; Mécanique céleste 2, Paris an VII; 5, Paris 1825 [1823]; Œuvres 2, Paris 1878, p. 31; 5, Paris 1882, p. 29.

3) Göttingische gelehrte Anzeigen 1828, p. 55, 56; Werke 6, Göttingue 1874, p. 648 ligne 5.

4) C. R. Acad. sc. Paris 116 (1893), p. 181. Cf. *M. Hamburger*, Archiv Math. Phys. (3) 2 (1902), p. 43/8.

En supposant $r = 1$, l'expression (a) devient

$$\frac{\partial}{\partial \mu}\left[(1-\mu^2)\frac{\partial Y_n}{\partial \mu}\right] + \frac{1}{1-\mu^2}\frac{\partial^2 Y_n}{\partial \varphi^2}\,,$$

et cette quantité, en vertu des hypothèses faites sur Π_n, se réduit à

$$-n(n+1)Y_n.$$

Il s'ensuit que l'ensemble des deux premiers termes de l'équation (1) constitue un invariant différentiel de direction, car les deux expressions $\Delta \Pi_n$ et $F(\Pi_n)$ sont invariantes relativement au système d'axes orthogonaux employés.

L'équation (1) n'est pas altérée par le changement de n en $-(n+1)$. *W. Thomson* et *P. G. Tait*[5]) appellent *solid harmonic* l'une des fonctions

$$r^n Y_n(\mu, \varphi) \quad \text{ou} \quad \frac{1}{r^{n+1}} Y_n(\mu, \varphi)$$

et ils donnent à $Y_n(\mu, \varphi)$ le nom de *spherical surface harmonic function.*

La fonction sphérique primitive X_n.

3. Introduction des fonctions sphériques fondamentales; leur équation différentielle. Suivant l'exposition de *H. Poincaré*[6]), remplaçons dans le polynome Π_n du n° 2 les variables x, y, z par leurs valeurs en coordonnées polaires

$$x = r\sqrt{1-\mu^2}\cos\varphi = r\sqrt{1-\mu^2}\,\frac{e^{i\varphi}+e^{-i\varphi}}{2},$$

$$y = r\sqrt{1-\mu^2}\sin\varphi = r\sqrt{1-\mu^2}\,\frac{e^{i\varphi}-e^{-i\varphi}}{2i},$$

$$z = r\mu.$$

On aura

$$\text{(b)} \qquad \Pi_n = \sum_{p=-n}^{p=n} r^n e^{ip\varphi} X_n^p;$$

X_n^p est une fonction de μ seulement; c'est un polynome en μ et en $\sqrt{1-\mu^2}$. Les polynomes où p est pair ne contiennent $\sqrt{1-\mu^2}$ qu'à des puissances paires. Les polynomes où p est impair ne contiennent $\sqrt{1-\mu^2}$ qu'à des puissances impaires. Les premiers seront par suite des polynomes en μ; les seconds seront des polynomes en μ, multipliés par $\sqrt{1-\mu^2}$. En substituant la valeur (b) de Π_n dans l'équation

5) Treatise on natural philosophy, (1re éd.) 1, Oxford 1867; (2e éd.) 1^1, Cambridge 1879, p. 176 et suiv.; 1^2, Cambridge 1883; trad. allemande par *H. von Helmholtz* et *G. Wertheim*, Handbuch der theoretischen Physik 1, Brunswick 1871, p. 156 et suiv; 2, Brunswick 1874.

6) Figures d'équilibre d'une masse fluide, Paris 1903, p. 39/47.

$\Delta \Pi_n = 0$, il vient

$$\sum_{p=-n}^{p=+n} \left\{ n(n+1) r^{n-2} e^{ip\varphi} X_n^p + r^{n-2} e^{ip\varphi} \frac{d}{d\mu}\left[(1-\mu^2)\frac{dX_n^p}{d\mu}\right]\right\} - p^2 r^{n-2} e^{ip\varphi} \frac{X_n^p}{1-\mu^2} = 0.$$

Et l'équation à laquelle satisfait X_n^p s'obtiendra en annulant le coefficient de $r^{n-2} e^{ip\varphi}$, soit

$$\frac{d}{d\mu}\left[(1-\mu^2)\frac{dX_n^p}{d\mu}\right] + \left[n(n+1) - \frac{p^2}{1-\mu^2} X_n^p\right] = 0. \tag{2}$$

4. La fonction sphérique primitive X_n. Faisons d'abord $p = 0$. La fonction

$$X_n^0(\mu), \text{ ou } X_n(\mu)$$

comme l'ont écrite les fondateurs de la théorie, est souvent désignée par

$$P^n(\mu) \text{ ou } P_n(\mu).$$

Nous lui donnerons le nom de *fonction sphérique primitive*. On l'appelle encore *polynome de Legendre* ou *coefficient de Legendre* et, en Angleterre[7]), *zonal harmonic function*.

Elle satisfait à l'équation

$$\frac{d}{d\mu}\left[(1-\mu^2)\frac{dX}{d\mu}\right] + n(n+1)X = 0 \tag{2a}$$

ou, en introduisant l'angle θ, à l'équation

$$\frac{1}{\sin\theta}\frac{d}{d\theta}\left(\sin\theta\frac{dX}{d\theta}\right) + n(n+1)X = 0. \tag{2b}$$

Les solutions de cette équation du second ordre sont des séries hypergéométriques. On voit, sous la forme (2a), qu'une intégrale particulière est une fonction entière en μ du $n^{\text{ième}}$ degré.

La *fonction sphérique primitive* est par suite définie à un facteur constant près qu'on fixe comme il suit: si l'on développe l'expression

$$\frac{1}{\sqrt{1-2\alpha\mu+\alpha^2}} \tag{3}$$

suivant les puissances croissantes de α (développement dont la convergence est assurée si $|\alpha| < 1$ et $|\mu| \leq 1$), le coefficient de α^n satisfait à l'équation (2a). On peut alors, avec *A. M. Legendre*[1]), définir la *fonction sphérique primitive* d'ordre n à une variable, ou *fonction de première espèce*, comme le coefficient de α^n dans le développement de l'expression (3). Les mots „de première espèce" s'opposeront aux mots „de seconde espèce" qui s'introduiront plus tard; on les omettra d'ailleurs quand la confusion ne sera pas possible.

---

7) *W. Thomson* et *P. G. Tait*, Natural philos.[5]), (2e éd.) 1[1], p. 216; Theor. Physik[5]) 1, p. 175.

Si l'on prend pour point de départ l'équation différentielle (2) ou le développement de l'expression (3), on peut s'affranchir de l'hypothèse que μ est le cosinus d'un angle réel, et donner indifféremment à μ une valeur réelle ou imaginaire. Il faudra dans (3) choisir α de sorte que $|\alpha|$ soit inférieur à la plus petite des valeurs absolues $|\mu \pm \sqrt{\mu^2-1}|$. Dans ce cas on désignera par x l'argument de X_n.

Si x est un entier impair, $X_n(x)$ est également un nombre entier impair, et la dérivée de X_n aussi bien que l'intégrale $\int_1^x X_n dx$ sont des nombres entiers[8]).

5. Séries représentant X_n. La fonction X_n de Legendre s'écrit

$$(4)\quad X_n(\mu) = \frac{1\cdot 3\cdot 5\ldots(2n-1)}{1\cdot 2\ldots n}\left[\mu^n - \frac{n(n-1)}{2(2n-1)}\mu^{n-2} + \frac{n(n-1)(n-2)(n-3)}{2\cdot 4\cdot(2n-1)(2n-3)}\mu^{n-4} + \cdots\right].$$

Elle a la parité de n.

En particulier

$$X_0(\mu) = 1,\quad X_1(\mu) = \mu,\quad X_2(\mu) = \tfrac{3}{2}\mu^2 - \tfrac{1}{2},\quad \ldots$$

puis

$$X_n(1) = 1,\quad X_{2n}(0) = (-1)^n \frac{1\cdot 3\cdot 5\ldots(2n-1)}{2\cdot 4\cdot 6\ldots 2n},$$

$$\left[\frac{X_{2n+1}(x)}{x}\right]_{x=0} = (-1)^n \frac{1\cdot 3\cdot 5\ldots(2n+1)}{2\cdot 4\ldots 2n}.$$

En série hypergéométrique (limitée) on a

$$X_n(\mu) = \frac{1\cdot 3\ldots(2n-1)}{1\cdot 2\ldots n}\mu^n F\left(-\frac{n}{2},\ \frac{1-n}{2},\ \frac{1}{2}-n,\ \frac{1}{\mu^2}\right);$$

si l'on veut un polynome ordonné suivant les puissances croissantes de l'argument, on trouve

$$X_{2n}(\mu) = (-1)^n \frac{1\cdot 3\ldots(2n-1)}{2\cdot 4\ldots 2n} F\left(-n,\ n+\frac{1}{2},\ \frac{1}{2},\ \mu^2\right),$$

$$X_{2n+1}(\mu) = (-1)^n \frac{3\cdot 5\ldots(2n+1)}{2\cdot 4\ldots 2n}\mu F\left(-n,\ n+\frac{3}{2},\ \frac{3}{2},\ \mu^2\right).$$

Considérée comme fonction homogène de $\cos\theta = \mu$ et de $\sin\theta = \sqrt{1-\mu^2}$,

8) *G. Bauer*, Sitzgsb. Akad. München 24 (1894), p. 343 et suiv. *G. Bauer* déduit la proposition de l'étude de séries représentant $P^n(x)$ et $\frac{P^n(x)}{x}$ et procédant suivant les puissances de (x^2-1). Cf. *L. Gegenbauer*, Monatsh. Math. Phys. 7 (1896), p. 35.

X_n admet l'expression[9])

(4a) $$X_n(\cos\theta) = \cos^n\theta - \frac{n(n-1)}{2^2}\cos^{n-2}\theta\sin^2\theta + \frac{n(n-1)(n-2)(n-3)}{2^2\cdot 4^2}\cos^{n-4}\theta\cdot\sin^4\theta - \cdots.$$

Il faut encore citer le développement suivant que donnent déjà *A. M. Legendre* et *P. S. Laplace*:

(4b) $$X_n(\cos\theta) = \frac{1\cdot 3\ldots(2n-1)}{2\cdot 4\ldots 2n}2\cos n\theta + \frac{1}{2}\cdot\frac{1\cdot 3\ldots(2n-3)}{2\cdot 4\ldots(2n-2)}2\cos(n-2)\theta + \frac{1\cdot 3}{2\cdot 4}\cdot\frac{1\cdot 3\ldots(2n-5)}{2\cdot 4\ldots(2n-4)}2\cos(n-4)\theta + \cdots.$$

Le dernier terme est, pour n impair,

$$\frac{1\cdot 3\ldots(n-2)}{2\cdot 4\ldots(n-1)}\cdot\frac{1\cdot 3\ldots n}{2\cdot 4\ldots(n+1)}2\cos\theta$$

et pour n pair

$$\left[\frac{1\cdot 3\ldots(n-1)}{2\cdot 4\ldots n}\right]^2\cdot 1.$$

On déduit de l'expression (4b) que la valeur de $X_n(\cos\theta)$ reste toujours comprise entre -1 et $+1$.

Il existe encore d'autres développements intéressants[10]) de $X_n(\cos\theta)$, par exemple suivant les puissances de $\sin\frac{\theta}{2}$, de $\cos\frac{\theta}{2}$ ou de $\operatorname{tg}\frac{\theta}{2}$.

Les fonctions sphériques peuvent encore se mettre sous la forme de déterminants[11]).

6. La fonction X_n sous forme de dérivée. Racines de $X_n = 0$. *O. Rodrigues*[12]), puis, indépendamment de lui, *J. Ivory*[13]) et *C. G. J. Jacobi*[14]) ont trouvé l'égalité

(5) $$X_n(x) = \frac{1}{2^n n!}\frac{d^n(x^2-1)^n}{dx^n}.$$

Elle permet d'établir que les racines de l'équation $X_n(x) = 0$ sont toutes

9) Cf. *J. Clerk Maxwell*, A treatise on electricity and magnetism 1, Londres 1873, p. 164; (2e éd.) 1, Londres 1881, p. 194; trad. allemande par *P. Weinstein* 1, Berlin 1882, p. 209; trad. française par *G. Seligmann-Lui*, Traité d'électricité et de magnétisme 1, Paris 1885, p. 239.

10) Voir à ce sujet. *H. E. Heine*, Kugelf.[1]), (2e éd.) 1, p. 18/9.

11) Cf. *J. W. L. Glaisher*, Messenger math. (2) 6 (1877), p. 49; *K. Heun*, Nachr. Ges. Gött. 1881, p. 104.

12) Thèse, Paris 1815; Correspondance sur l'Éc. polyt. 3 (1814/6), p. 361/85.

13) Philos. Trans. London 114 (1824), p. 91/3.

14) J. reine angew. Math. 2 (1827), p. 223/6; Werke 6, Berlin 1891, p. 21/5; *R. Murphy*, [Elementary principles of the theories of electricity, heat and molecular actions 1, Cambridge 1833, p. 7] déclare avoir trouvé cette représentation indépendamment de *C. G. J. Jacobi*.

réelles et comprises entre -1 et $+1$; l'équation différentielle (2a) montre qu'elles sont toutes distinctes et l'équation (4) montre qu'elles sont, deux à deux, des nombres opposés. Ces racines enfin se répartissent d'une façon à peu près uniforme dans l'intervalle $-1, +1$[15]).

Ch. Biehler[16]) rattache l'étude de X_n à celle d'une famille de polynomes ayant toutes leurs racines réelles. Ces polynomes Q_n proviennent de la dérivée $n^{\text{ième}}$, prise par rapport à α, de l'expression

$$y = \frac{1}{\sqrt{1-2\alpha x+\alpha^2}},$$

savoir

$$\frac{d^n y}{d\alpha^n} = \frac{Q_n(x, \alpha)}{(1-2\alpha x+\alpha^2)^{n+\frac{1}{2}}};$$

le polynome $Q_n(x, \alpha)$ est de degré n en x et de degré n en α. Sous l'hypothèse $-1 < x < 1$, les n racines de l'équation $Q_n(x, \alpha) = 0$, envisagée comme une équation en α, sont réelles.

La relation

$$n!\, X_n = (-1)^n Q_n\left(0, \frac{x}{\sqrt{1-x^2}}\right)\left(\sqrt{1-x^2}\right)^n,$$

prouve immédiatement que l'équation $X_n = 0$ a toutes ses racines réelles et que ces racines sont comprises entre -1 et $+1$.*

Les racines de l'équation $X_n(x) = 0$ jouent un rôle important dans la théorie des quadratures mécaniques. Si, pour le calcul approché d'une intégrale prise entre les limites -1 et $+1$, on choisit pour abscisses les n racines de $X_n(x) = 0$ et qu'on calcule les ordonnées correspondantes, on obtient, comme l'a montré *C. F. Gauss*[17]), un degré d'approximation aussi grand que si l'on avait considéré un nombre double d'abscisses équidistantes.

Dans le cas où l'argument de la fonction sphérique est compris entre -1 et $+1$, on peut encore écrire[18])

$$(6) \qquad X_n(\mu) = (-1)^n \frac{r^{n+1}}{n!} \frac{\partial^n}{\partial z^n}\left(\frac{1}{r}\right),$$

---

15) Pour la répartition des racines, cf. *H. Bruns*, J. reine angew. Math. 90 (1881), p. 322/8; *T. J. Stieltjes*, Ann. Fac. sc. Toulouse (1) 4 (1890), mém. n° 10, p. 1/10.

16) Nouv. Ann. math. (3) 6 (1887), p. 9.

17) Commentat. Soc. Gott. recent. 3 (1814/5), éd. Göttingue 1816, math. p. 39/76 (mém. n° 2 [1814]); Werke 3, Göttingue 1876, p. 165/96.

C. G. J. Jacobi [J. reine angew. Math. 1 (1826), p. 301/8; Werke 6, Berlin 1891, p. 3/11] obtient d'une façon très simple le résultat de *C. F. Gauss.*

18) *W. Thomson* et *P. G. Tait*, Natural philos.[5]), (2e éd.) 1[1], p. 203; Theor. Physik[6]) 1, p. 175; *J. Clerk Maxwell*, Treatise on electricity[8]), (1re éd.) 1, p. 163; (2e éd.) 1, p. 193; Traité d'électricité[9]) 1, p. 239.

où

$$r = \sqrt{x^2 + y^2 + z^2},$$

x, y, z étant les coordonnées rectangulaires d'un point et μ étant égal à $\frac{z}{r}$.

7. La fonction X_n sous forme d'intégrale définie. Valeurs asymptotiques pour n très grand. On peut de plusieurs façons représenter la *fonction sphérique primitive* sous forme d'intégrale définie. La forme la plus connue est *l'intégrale de Laplace*[19]), valable pour une valeur réelle ou imaginaire de l'argument,

$$(7) \qquad X_n(x) = \frac{1}{\pi}\int_0^\pi (x + i\cos\varphi\sqrt{1-x^2})^n d\varphi, \quad \text{où } i = \sqrt{-1}.$$

Citons aussi la *formule de Jacobi*[20]):

$$(7\text{a}) \qquad X_n(x) = \frac{\varepsilon}{\pi}\int_0^\pi \frac{d\varphi}{(x + i\cos\varphi\sqrt{1-x^2})^{n+1}},$$

ε étant égal à $+1$ ou à -1 suivant que la partie réelle de x est positive ou négative[21]).

P. G. Lejeune Dirichlet[22]) a établi d'autres formules dont *F. G. Mehler*[23]) a déduit les suivantes:

$$(8) \qquad \frac{\pi}{2} X_n(\cos\theta) = \int_0^\theta \frac{\cos(n+\frac{1}{2})\varphi \cdot d\varphi}{\sqrt{2(\cos\varphi - \cos\theta)}} = \int_\theta^\pi \frac{\sin(n+\frac{1}{2})\varphi \cdot d\varphi}{\sqrt{2(\cos\theta - \cos\varphi)}}.$$

H. Laurent[24]) au moyen d'intégrations portant sur des variables complexes parvient à l'égalité

$$(9) \qquad X_n(x) = \frac{1}{2i\pi}\int \frac{dz}{z^{n+1}\sqrt{1-2zx+z^2}} = \frac{1}{2i\pi}\frac{1}{2^n}\int \frac{(z^2-1)^n dz}{(z-x)^{n+1}}.$$

---

19) *P. S. Laplace*, Mécanique céleste 5, Paris 1825, p. 33 [1823]; Œuvres 5, Paris 1882, p. 41.

20) *C. G. J. Jacobi*, J. reine angew. Math. 26 (1843), p. 81/7; Werke 6, Berlin 1891, p. 148/55; Giorn. Arcadico di scienze (Rome) 98 (1844), p. 59/66; J. math. pures appl. (1) 10 (1845), p. 229/32.

21) L'égalité des intégrales (7) et (7a) est implicitement contenue dans une formule d'un mémoire posthume de *L. Euler*; cf. *L. Euler*, Institutiones calculi integralis, (2ᵉ éd.) 4, Sᵗ Pétersbourg 1794, p. 205 [1777].

**Ch. Hermite* [Rend. Circ. mat. Palermo 4 (1890), p. 146] a montré pour quelles raisons la formule (7a) présente une discontinuité alors que la formule (7) n'en présente pas.*

22) J. reine angew. Math. 17 (1837), p. 35; Werke 1, Berlin 1889, p. 283.

23) Math. Ann. 5 (1872), p. 141. La première intégrale (8) a été vérifiée par *H. Bruns*, J. reine angew. Math. 90 (1881), p. 322.

24) J. math. pures appl. (3) 1 (1875), p. 373/98.

L'intégration s'étend, pour la première intégrale, le long d'un cercle entourant l'origine, et pour la seconde, le long d'un cercle entourant le point x.

L. Schläfli[25]) emploie systématiquement l'intégration complexe et donne, à côté de leur représentation propre, une généralisation des fonctions sphériques [voir n° **30**].

On déduit de (7) que pour toute valeur de x comprise entre -1 et $+1$, les limites étant exceptées, X_n tend vers zéro lorsque n croît indéfiniment

$$(10) \qquad \lim_{n=+\infty} X_n(x) = 0.$$

H. E. Heine[26]) parvient à ce résultat en partant de la première équation (8). Lorsque θ tend vers zéro, c'est-à-dire lorsque x tend vers 1, le résultat subsiste sous la condition que

$$\lim_{n=+\infty} n\theta = +\infty.$$

Pour $\theta = 0$, $X_n(\cos\theta) = 1$, même pour $n = +\infty$.

Le cas où

$$\lim_{n=+\infty} n\theta$$

a une valeur finie interviendra dans la théorie des fonctions cylindriques [n° **55**].

H. E. Heine[27]) et *G. Darboux*[28]) ont donné pour les grandes valeurs de n des expressions approchées des fonctions X_n; ainsi

$$(11) \quad X_n(\cos\theta) = \frac{1\cdot 3\ldots(2n-1)}{2\cdot 4\ldots 2n}\cdot\frac{1}{\sqrt{2\sin\theta}}\Bigg\{\cos\left[\left(n+\frac{1}{2}\right)\theta-\frac{\pi}{4}\right] - \frac{1}{2}\cdot\frac{1}{2n-1}\cdot\frac{\cos\left[\left(n-\frac{1}{2}\right)\theta+\frac{\pi}{4}\right]}{2\sin\theta} + \frac{1\cdot 3}{2\cdot 4}\cdot\frac{1\cdot 3}{(2n-3)(2n-5)}\cdot\frac{\cos\left[\left(n-\frac{3}{2}\right)\theta+\frac{3\pi}{4}\right]}{(2\sin\theta)^2} - \cdots\Bigg\}.$$

L'erreur commise dans l'approximation est de l'ordre du premier terme

25) Über die zwei Heineschen Kugelfunktionen mit beliebigem Parameter und ihre ausnahmslose Darstellung durch bestimmte Integrale, Universitätsfestschrift, Berne 1881.

26) J. reine angew. Math. 90 (1881), p. 329/31; *H. Bruns* [id. 90 (1881), p. 322/8] déduit le même résultat d'une intégrale plus générale dont la formule (8) est un cas particulier.

27) Kugelf.[1]), (2e éd.) 1, p. 178.

28) C. R. Acad. sc. Paris 82 (1876), p. 365, 404; J. math. pures appl. (3) 4 (1878), p. 5, 377. Cf. *T. J. Stieltjes*, Ann. Fac. sc. Toulouse (1) 4 (1890), mém. n° 7, p. 117.

négligé; si l'on s'en tient aux p premiers termes l'erreur est de l'ordre de $\frac{1}{n^p\sqrt{n}}$, comme cela résulte de la substitution de sa valeur approchée $\frac{1}{\sqrt{n\pi}}$ au coefficient numérique $\frac{1\cdot 3\ldots(2n-1)}{2\cdot 4\ldots 2n}$.*

En s'arrêtant au premier terme on a la valeur approchée

$$(11\text{a})\qquad X_n = \sqrt{\frac{2}{n\pi\sin\theta}}\cos\left[\left(n+\frac{1}{2}\right)\theta - \frac{\pi}{4}\right],$$

expression donnée par *P. S. Laplace*[29]).

8. Relations entre des polynomes consécutifs. En dérivant par rapport à α l'expression (3) on établit que[30])

$$(12)\qquad \begin{cases}(n+1)X_{n+1}(x) + nX_{n-1}(x) = (2n+1)xX_n(x),\\ X_1(x) = xX_0(x).\end{cases}$$

Soit Z_n ce que devient X_n quand on y remplace x par z; on déduit de la relation (12) l'égalité suivante[31])

$$(12\text{a})\qquad {}^*\Phi_n(x, z) = X_0Z_0 + 3X_1Z_1 + \cdots + (2n+1)X_nZ_n = (n+1)\frac{Z_{n+1}X_n - Z_nX_{n+1}}{z-x}.^*$$

La forme (5) de X_n conduit à la relation

$$(13)\qquad (2n+1)X_n = \frac{dX_{n+1}(x)}{dx} - \frac{dX_{n-1}(x)}{dx},$$

d'où l'on déduit

$$(13\text{a})\qquad {}^*1 + 3X_1 + 5X_2 + \cdots + (2n+1)X_n = \frac{dX_{n+1}}{dx} + \frac{dX_n}{dx}.^*$$

ainsi que[32])

$$(13\text{b})\qquad (2n-1)X_{n-1} + (2n-5)X_{n-3} + (2n-9)X_{n-5} + \cdots = \frac{dX_n}{dx}.$$

Le dernier terme du premier membre est $3\cdot X_1$ ou $1\cdot X_0$ suivant que n est pair ou impair. Il résulte du développement (4), où l'on écrit x à la place de μ, que les puissances entières de x s'expriment au moyen

---

29) Mécanique céleste 5, Paris 1825, livre 11, chap. 2, n° 3 et supplément (posth.) n° 1; Œuvres 5, Paris 1882, p. 36/45, 469/73; Mém. Acad. sc. Institut France (2) 2 (1817), éd. 1819, p. 141; Œuvres 12, Paris 1898, p. 430. Cf. *A. L. Cauchy*, Mém. Acad. sc. Institut France (2) 8 (1829), p. 125; Œuvres (1) 2, Paris 1908, p. 51; **O. Callandreau*, Bull. sc. math. (2) 15 (1891), p. 121*.

30) *O. Bonnet*, J. math. pures appl. (1) 17 (1852), p. 267.

31) *H. Laurent*, J. math. pures appl. (3) 1 (1875), p. 373/98.

32) *E. B. Christoffel*, Diss. Berlin 1856, p. 53. Cf. *G. Bauer*, J. reine angew. Math. 56 (1859), p. 101; *E. B. Christoffel*, J. reine angew. Math. 55 (1858), p. 61.

d'un nombre fini de fonctions sphériques. *A. M. Legendre*[33]) a établi la relation

$$(14)\quad x^n = \frac{1\cdot 2\ldots n}{3\cdot 5\ldots(2n+1)}\Big\{(2n+1)X_n + (2n-3)\frac{2n+1}{2}X_{n-2} + (2n-7)\frac{(2n+1)(2n-1)}{2\cdot 4}X_{n-4} + \cdots\cdots\Big\}.$$

**E. N. Laguerre*[34]) a démontré que si l'on représente un polynome entier en x au moyen des fonctions de Legendre

$$F(x) = AX_m + BX_p + \cdots + LX_t + \cdots\cdots,$$
$$m < p < \cdots < t < \cdots\cdots$$

le nombre des racines positives de l'équation $F(x) = 0$ qui sont égales ou supérieures à l'unité est au plus égal au nombre des variations que présente la suite des termes constants

$$A, B, \ldots, L.$$

Les lacunes que présente la suite

$$X_m, X_p, \ldots, X_t, \ldots$$

fournissent des renseignements sur le nombre des racines imaginaires de l'équation.*

F. Neumann[35]) a donné un grand nombre de formules de récurrence analogues aux formules (12) et (13).

9. Propriétés d'intégrales définies. On doit à *A. M. Legendre*[36]) les propositions suivantes qui permettront de déterminer les coefficients des différents polynomes X_n constituant, quand il est possible, le développement d'une fonction $F(x)$ en série de fonctions sphériques [voir n° **10**]:

$$(15)\qquad \int_{-1}^{+1} X_n(x)X_m(x)\,dx = 0, \qquad \text{pour } m \gtrless n,$$

$$(15\text{a})\qquad \int_{-1}^{+1} [X_n(x)]^2\,dx = \frac{2}{2n+1}.$$

---

33) Hist. Acad. sc. Paris 1784, éd. 1787, M. p. 370/90; Exercices de calcul intégral 2, Paris 1817, p. 352.

34) C. R. Acad. sc. Paris 91 (1880), p. 849; Œuvres 1, Paris 1898, p. 144/6.

35) Beiträge zur Theorie der Kugelfunktionen, Leipzig 1878, p. 60.

36) Hist. Acad. sc. Paris 1784, éd. 1787, p. 373; 1789, éd. an II, M. p. 384. *Cf. *F. Tisserand*, Traité de mécanique céleste 2, Paris 1891, p. 248/67.*

„Ces formules admettent les généralisations suivantes:

$$(16)\qquad \int_{-1}^{+1}(1-x^2)^p \frac{d^p X_m}{dx^p}\frac{d^p X_n}{dx^p}dx = 0,$$

$$(16a)\qquad \int_{-1}^{+1}(1-x^2)^p \left(\frac{d^p X_n}{dx^p}\right)^2 dx = \frac{2}{2n+1}\left[\frac{1\cdot 2\cdot 3\ldots(n+p)}{1\cdot 2\cdot 3\ldots(n-p)}\right],$$

où m et n sont des entiers positifs non inférieurs à p."

10. Développement d'une fonction d'une variable en série de fonctions sphériques. En admettant la possibilité du développement d'une fonction de x en une série convergente de fonctions sphériques sous la forme

$$(17)\qquad f(x) = A_0 X_0(x) + A_1 X_1(x) + \cdots + A_n X_n(x) + \cdots,$$

il résulte des égalités (15) et (15a) que

$$A_n = \frac{2n+1}{2}\int_{-1}^{+1} f(x) X_n(x) dx$$

et que le développement n'est possible que d'une seule façon.

„Les conditions auxquelles doit satisfaire la fonction $f(x)$ pour que le développement soit légitime ont été établies très simplement par *H. Burkhardt*[37]). Au moyen de valeurs approchées de X_n et de sa dérivée (pour n très grand) il établit que

$$(18)\qquad \lim_{n=+\infty}\int_{-1}^{x}\Phi_n(x,z)dz = \tfrac{1}{2},$$

la fonction $\Phi_n(x, z)$ étant celle qui se trouve déterminée par l'équation (12a); et l'égalité (18) est valable pour tout intervalle d'intégration compris entre -1 et $+1$. Puis *H. Burkhardt* démontre la relation

$$(18a)\qquad \lim_{n=+\infty}\int_a^b \Phi_n(x,z)dz = 0, \qquad \text{où } -1 < a < b < +1,$$

et cela pour toute valeur de x comprise dans un intervalle n'ayant aucun point commun avec l'intervalle a, b (limites comprises). Il s'ensuit que

$$(18b)\qquad \lim_{n=+\infty}\int_b^x \Phi_n(x,z)dz = \tfrac{1}{2}$$

pourvu que x soit compris dans un intervalle $(-1+\varepsilon,\ 1+\varepsilon)$ et b

37) „Sitzgsb. Akad. München, Math. Phys. Klasse 1909, mém. n° 10."

dans l'intervalle $(-1, x-\varepsilon)$; on désigne ici par ε un nombre positif plus petit que 2. De l'égalité (18a) *H. Burkhardt* déduit que l'on a

$$\lim_{n=+\infty} \int_{-1}^{b} f(z)\,\Phi_n(x, z)\,dz = 0, \tag{19}$$

si la fonction $f(x)$ est à variation bornée, et cela pour toute valeur de x prise dans un intervalle n'ayant avec l'intervalle $(-1, b)$ aucun point commun (limites comprises). Si l'on prend pour l'intégrale (19) les limites -1, x on peut la décomposer ainsi

$$\int_{-1}^{x-\varepsilon} f(z)\,\Phi_n\,dz + f(x-0)\int_{x-\varepsilon}^{x} \Phi_n\,dz + \int_{x-\varepsilon}^{x} [f(z)-f(x-0)]\,\Phi_n\,dz;$$

la première intégrale et la troisième tendent vers zéro quand n grandit indéfiniment et il reste

$$\lim_{n=+\infty} \int_{-1}^{x} f(z)\,\Phi_n(x, z)\,dz = \tfrac{1}{2} f(x-0)$$

pour tout intervalle compris entre -1 et $+1$, dans lequel la fonction $f(x)$ est continue.

Si $f(x)$ est continue *à droite de* x

$$\lim_{n=+\infty} \int_{x}^{1} f(z)\,\Phi_n(x, z)\,dz = \tfrac{1}{2} f(x+0).$$

Par suite, si la fonction $f(x)$ est à variation bornée dans l'intervalle $(-1, +1)$, on a

$$\sum_{n=0}^{n=+\infty} \frac{2n+1}{2} X_n(x) \int_{-1}^{+1} f(z)\,X_n(z)\,dz = \tfrac{1}{2}\{f(x+0) + f(x-0)\}.$$

La convergence de la série dont la somme figure dans le premier membre de cette égalité est uniforme pour tout intervalle de continuité de la fonction $f(x)$, intérieur à $(-1, +1)$.*

En particulier, le produit de deux fonctions sphériques peut être développé en une série de fonctions sphériques et le problème est traité par *F. Neumann*[38]); $\sin n\theta$ et $\cos n\theta$ s'expriment en séries de fonctions sphériques d'argument θ[39]).

38) Beiträge[35]), p. 81. Résultats antérieurs de *G. Bauer*, Sitzgsb. Akad. München 5 (1875), p. 247; *N. M. Ferrers*, An elementary treatise on spherical harmonics and subjects connected whith them, Londres 1877; (2e éd.) Londres 1881; *J. C. Adams*, Proc. R. Soc. London 27 (1878), p. 63/71.

39) Cf. *H. E. Heine*, Kugelf.[1]), (2e éd.) 1, p. 98; *R. Most*, J. reine angew. Math. 70 (1869), p. 167.

On peut mentionner encore la représentation de

$$\int_0^x (X_n)^2 dx \quad \text{et} \quad \int_0^x (1-x^2)(X_n)^2 dx$$

en une somme de produits de fonctions sphériques[40]).

Si l'on cherche le polynome $P_n(x)$ de degré n qui rende minimée l'intégrale $\int_{-1}^{+1}[f(x)-P_n(x)]^2dx$, où $f(x)$ est une fonction donnée, on trouve[41]) que $P_n(x)$ n'est autre chose que l'ensemble des n premiers termes du développement de $f(x)$ sous la forme (17).

On examinera plus loin [n° 20] la légitimité du développement d'une fonction de deux angles en fonctions sphériques à deux variables; il suffira alors de particulariser pour avoir une solution s'appliquant au cas qui vient d'être considéré.

11. Autres modes d'exposition. Tables. Au lieu de l'équation différentielle (2) ou de l'expression (3), on peut adopter pour point de départ de la théorie l'intégrale (7) de Laplace[42]) ou quelque autre intégrale équivalente[42a]); on peut définir également la fonction sphérique par la formule[43]) de récurrence (12) ou par la propriété de l'intégrale (15) ou quelque propriété analogue[44]).

R. Olbricht[45]) traite les fonctions sphériques ou certaines généralisations de ces fonctions comme des cas particuliers de la fonction P de Riemann [cf. n° **30**].

---

40) *R. Hargreaves*, Proc. London math. Soc. (1) 29 (1897/8), p. 115; *C. Neumann* [J. reine angew. Math. 135 (1909), p. 157/80] étudie quelques développements particuliers procédant suivant des produits de fonctions sphériques.*

41) *C. A. dell' Agnola*, Atti R. Accad. Lincei *Rendic.* (5) 19 I (1910), p. 455.*

42) Cf. *H. E. Heine*, Kugelf.[1]), (2e éd.) 1, p. 23, 37; *L. Schläfli*, Festschrift[25]), p. 3.

42a) *H. Bruns* [J. reine angew. Math. 90 (1881), p. 322] déduit les principales propriétés des fonctions sphériques d'une intégrale qui comprend celle de *G. Mehler* comme cas particulier.

43) *K. Baer*, Progr. Kiel 1898.

44) *R. Murphy* [Elementary principles[14])] recherche une fonction $f(x)$ de degré n telle que $\int_0^1 t^\nu f(t)dt = 0$, pour $\nu = 0, 1, \ldots, n-1$; cf. *W. Thomson* et *P. G. Tait*, Natural philos.[6]), (2e éd.) 2, p. 339; Theor. Physik 2, p. 328. Le même problème a été traité par *C. G. J. Jacobi*, J. reine angew. Math. 1 (1826), p. 301; Werke 6, Berlin 1891, p. 3.

45) Diss. Leipzig 1887; Nova Acta Acad. Leopold. 52 (1888), p. 1/48.

J. W. L. Glaisher[46]) a calculé des tables numériques de fonctions sphériques. L'ouvrage de *W. E. Byerly*[47]) contient un extrait de ces tables donnant, avec 4 décimales, les valeurs des fonctions depuis $X_1(x)$ jusqu'à $X_7(x)$, pour des valeurs de x croissant de $\frac{1}{100}$ en $\frac{1}{100}$ entre les limites $x = 0$ et $x = 1$. *R. Fricke* donne ces tables jusqu'à $X_6(x)$. On trouve aussi dans l'ouvrage de *W. E. Byerly* une seconde table donnant $X_1(\cos\theta), \ldots, X_7(\cos\theta)$ avec quatre décimales, de degré en degré[48]). *W. Thomson* et *P. G. Tait*[49]) donnent, avec quatre décimales, des tables des fonctions X_6 et X_7, ainsi qu'une représentation graphique. *F. Neumann*[50]) a dressé des tables de fonctions sphériques pour des valeurs particulières de l'argument.

Les fonctions sphériques fondamentales.

12. Nombre de fonctions sphériques indépendantes. Un polynome harmonique Π_n de degré n [n° 2] contient $\frac{1}{2}(n+1)(n+2)$ coefficients arbitraires. En vertu de l'équation $\Delta \Pi_n = 0$, il existe $\frac{1}{2}n(n-1)$ relations entre les coefficients; d'où il suit qu'il y a au plus $2n+1$ polynomes harmoniques indépendants de degré n, par suite aussi $2n+1$ fonctions $Y_n(\mu, \varphi)$ indépendantes.

La relation (b) [n° 3] donne

$$Y_n(\mu, \varphi) = \sum_{p=-n}^{p=n} e^{ip\varphi} X_n^p,$$

et l'équation (2) à laquelle satisfait X_n^p convient également à X_n^{-p}. On a ainsi $X_n^p = A X_n^{-p}$, A étant une constante.

La forme des $(2n+1)$ fonctions sphériques indépendantes est donc

$$(20) \qquad X_n^0,\ e^{\pm i\varphi} X_n^1,\ e^{\pm 2i\varphi} X_n^2, \ldots, e^{\pm ni\varphi} X_n^n$$

ou encore

$$(20\text{a}) \qquad \begin{cases} X_n^0, & X_n^1 \cos\varphi,\ X_n^2 \cos 2\varphi, \ldots, X_n^n \cos n\varphi, \\ & X_n^1 \sin\varphi,\ X_n^2 \sin 2\varphi, \ldots, X_n^n \sin n\varphi. \end{cases}$$

46) Report Brit. Assoc. 49, Scheffield 1879, éd. Londres 1879, p. 54/7 [Report on math. Tables (publié en collaboration avec *A. Cayley*, *G. G. Stokes*, ...)]; Nouvelles Tables allant jusqu'à X_{20} dressées par *A. Lodge*, Appendice dans *J. W. Strutt* (lord *Rayleigh*), Philos. Trans. London 203 A (1904), p. 100.

47) An elementary treatise on Fouriers series and spherical, cylindrical and ellipsoïdal harmonics with applications to problems in mathematical physics, Boston 1893, p. 278/81.

48) Cette table, calculée sous la direction de *J. Perry*, fut publiée d'abord London Edinb. Dublin philos. mag. (5) 32 (1891), p. 512.

49) Natural philos.[5]), (2e éd.) 2, p. 344/50; Theor. Physik 2, p. 334/9.

50) Beiträge[35]), p. 76.

13. Les fonctions fondamentales X_n^p. Les fonctions X_n^p se déduisent de la fonction sphérique X_n^0. *H. Poincaré*[6]) emploie l'analyse suivante:

Soit $\cos\gamma$ l'argument de X_n^0, γ étant l'angle d'une direction avec l'axe des z.

Si l'on change d'axe des z il faudra remplacer $\cos\gamma$ par

$$\cos\theta\cos\theta' + \sin\theta\sin\theta'\cos(\varphi-\varphi').$$

Le polynome

$$X_n^0[\cos\theta\cos\theta' + \sin\theta\sin\theta'\cos(\varphi-\varphi')],$$

considéré comme fonction de θ et φ ou de θ' et φ', sera une fonction sphérique.

En posant

$$\cos\theta = \mu$$

et

$$e^{-i\varphi'}\sin\theta' = 2i\xi, \quad e^{i\varphi'}\sin\theta' = 2i\eta \qquad [i=\sqrt{-1}],$$

il vient

$$\cos\gamma = \mu\sqrt{1+4\xi\eta} + \sqrt{\mu^2-1}(\xi e^{i\varphi} + \eta e^{-i\varphi}),$$

et la fonction X_n^0 de cet argument est une fonction sphérique quelles que soient les valeurs de ξ et de η.

Faisant $\xi = 1$, $\eta = 0$, on développe le polynome par la formule de Taylor:

$$X_n^0(\mu + \sqrt{\mu^2-1}\,e^{i\varphi}) = X_n^0(\mu) + e^{i\varphi}\sqrt{\mu^2-1}\,\frac{dX_n^0(\mu)}{d\mu} + \cdots + \frac{e^{ip\varphi}(\mu^2-1)^{\frac{p}{2}}}{p!}\frac{d^pX_n^0(\mu)}{d\mu^p} + \cdots + \frac{e^{in\varphi}(\mu^2-1)^{\frac{n}{2}}}{n!}\frac{d^nX_n^0(\mu)}{d\mu^n}.$$

Chacun des termes de la somme qui figure au second membre est une fonction sphérique. On peut alors écrire par un choix convenable du facteur numérique

(21) $$X_n^p(\mu) = \frac{1}{(n+1)(n+2)\cdots(n+p)}(\mu^2-1)^{\frac{p}{2}}\frac{d^pX_n^0(\mu)}{d\mu^p}$$

ou

(21a) $$X_n^p(\mu) = \frac{1}{2^n(n+p)!}(\mu^2-1)^{\frac{p}{2}}\frac{d^{n+p}(\mu^2-1)^n}{d\mu^{n+p}}.$$

Il s'ensuit que les racines de l'équation

$$X_n^p = 0$$

sont toutes réelles et comprises entre -1 et $+1$ et que les racines différentes de ± 1 sont racines simples.

On a le développement en série

$$(22)\quad X_n^p = \frac{(2n)!}{2^n(n-p)!(n+p)!}(\mu^2-1)^{\frac{p}{2}}\Big\{\mu^{n-p} - \frac{(n-p)(n-p-1)}{2\cdot(2n-1)}\mu^{n-p-2} + \frac{(n-p)(n-p-1)(n-p-2)(n-p-3)}{2\cdot4(2n-1)(2n-3)}\mu^{n-p-4} - \cdots\cdots\Big\}.$$

Sous forme de série hypergéométrique,

$$(22\text{a})\quad {}_*X_n^p = \frac{(2n)!}{2^n(n-p)!(n+p)!}\frac{\mu^{n+p}}{(\mu^2-1)^{\frac{p}{2}}}F\Big(-\frac{n+p}{2},\ -\frac{n+p-1}{2},\ \frac{1}{2}-n,\ \frac{1}{\mu^2}\Big).$$

Les formules (16) et (16a) fournissent immédiatement les suivantes:

$$(23)\qquad \int_{-1}^{+1} X_m^p X_n^p\, d\mu = 0,$$

$$(23\text{a})\qquad \int_{-1}^{+1}(X_n^p)^2 d\mu = (-1)^p\frac{2}{2n+1}\frac{(n!)^2}{(n-p)!(n+p)!}.$$

14. Le théorème d'addition des fonctions sphériques fondamentales. On a remarqué qu'en posant

$$\cos\gamma = \cos\theta\cos\theta' + \sin\theta\sin\theta'\cos(\varphi-\varphi'),$$

$X_n(\cos\gamma)$ était une fonction sphérique, que l'on considérât θ et φ ou θ' et φ' comme variables.

Le fait que le développement de $X_n(\cos\varphi)$ ne doit contenir que les cosinus des multiples entiers de $(\varphi-\varphi')$ et qu'il est symétrique en

$$\cos\theta = \mu \text{ et } \cos\theta' = \mu'$$

permet d'établir que

$$(24)\quad \tfrac{1}{2}X_n(\cos\gamma) = \tfrac{1}{2}X_n(\mu)X_n(\mu') + \sum_{p=1}^{p=n}\frac{(1-\mu^2)^{\frac{p}{2}}(1-\mu'^2)^{\frac{p}{2}}}{(n-p+1)\ldots(n+p)}\frac{d^pX_n(\mu)}{d\mu^p}\frac{d^pX_n(\mu')}{d\mu'^p}\cos p(\varphi-\varphi').$$

Cette égalité constitue le *théorème d'addition* des fonctions de première espèce.

On désigne souvent $X_n(\cos\gamma)$ sous le nom de *coefficient de Laplace*[51]) ou de „fonction superficielle biaxiale harmonique“[52]).

51) L'équation (24) est correctement écrite par *A. M. Legendre* [Hist. Acad. sc. Paris 1789, éd. an II, p. 432]; l'expression de *P. S. Laplace* [Hist. Acad. sc. Paris 1782, éd. 1785, M. p. 142; Œuvres 10, Paris 1894, p. 369] n'est pas exacte.

52) *W. Thomson* et *P. G. Tait*, Natural philos.[8]), (2ᵉ éd.) 1, p. 202; Theor. Physik 1, p. 174.

P. S. Laplace[53]) détermine la valeur des coefficients numériques qui figurent dans la formule précédente en faisant $\theta = \theta' = \frac{\pi}{2}$, dans le cas où $n-p$ est pair; si $n-p$ est impair, il faut dériver auparavant par rapport à θ et à θ'. Dans le même but *H. E. Heine*[54]) substitue à $\cos\theta$ et à $\cos\theta'$ des variables x et x_1 qui peuvent devenir plus grandes que l'unité, et il cherche, suivant ses notations,

$$\lim_{x=+\infty} \frac{P^n(z)}{x^n},$$

où l'on a posé

$$z = xx_1 - \sqrt{x^2-1}\sqrt{x_1^2-1}\cos(\varphi-\varphi').$$

C. G. J. Jacobi[55]) parvient à la formule (24) sans s'appuyer sur les propriétés des fonctions X_n. Il remplace dans l'expression (3) μ par $\cos\gamma$ et passe par l'égalité

$$X_n(\gamma) = \frac{1}{2\pi}\int_0^{2\pi} \frac{[\cos\theta + \sqrt{-1}\sin\theta\cos(\varphi-\zeta)]^n}{[\cos\theta' + \sqrt{-1}\sin\theta'\cos(\varphi'-\zeta)]^{n+1}}\,d\zeta$$

qui comprend les formules (7) et (7a) comme cas particuliers.

**O. Callandreau*[56]) a construit des développements analogues à (24) où $\cos p(\varphi-\varphi')$ est remplacé par un polynome $P_p[\cos(\varphi-\varphi')]$ vérifiant une relation récurrente

$$\cos(\varphi-\varphi')P_p = b_pP_{p-1} + c_pP_{p+1}.\text{*}$$

P. A. Hansen[57]) développe $X_n(\cos\gamma)$ suivant les puissances de $\sin\frac{1}{2}(\varphi-\varphi')$ ou de $\operatorname{tg}\frac{1}{2}(\varphi-\varphi')$; il donne encore le développement de $X_n(\cos\alpha\cdot\cos\beta)$ suivant les cosinus des multiples de β.

15. Autres définitions. Tables. *H. E. Heine*[58]) et *C. G. J. Jacobi*[59]) écrivent le développement suivant:

$$(25)\quad (x+\cos\varphi\sqrt{x^2-1})^n = \frac{1}{2^n\cdot n!}\frac{d^n(x^2-1)^n}{dx^n} + \frac{2}{2^n}\sum_{\nu=0}^{\nu=n}\frac{(x^2-1)^{\frac{\nu}{2}}}{(n+\nu)!}\frac{d^{n+\nu}(x^2-1)^n}{dx^{n+\nu}}\cos\nu\varphi.$$

---

53) Mécanique céleste 2, Paris an VII, livre 3, chap. 2 n° 15; Œuvres 2, Paris 1878, p. 41/3. Autre méthode de détermination des coefficients par *F. Neumann*, Vorlesungen über die Theorie des Potentials und der Kugelfunktionen, publ. par *C. Neumann*, Leipzig 1887, p. 71 et suiv.

54) Kugelf.¹), (2ᵉ éd.) 1, p. 313.

55) J. reine angew. Math. 26 (1843), p. 81; Werke 6, Berlin 1891, p. 148.

56) *C. R. Acad. sc. Paris 99 (1884), p. 23/6.*

57) Abh. Ges. Lpz. (math.) 2 (1855), mém. n° 4, p. 285.

58) Diss. Berlin 1842, p. 15/8.

59) J. reine angew. Math. 26 (1843), p. 81; Werke 6, Berlin 1891, p. 148;

Le coefficient de $\cos \nu\varphi$ multiplié par un facteur numérique convenable est ce que *H. E. Heine* appelle *fonction sphérique adjointe* (zugeordnete); il la désigne par $P_\nu^n(x)$:

$$P_\nu^n(x) = \frac{(n-\nu)!}{(2n)!}(x^2-1)^{\frac{\nu}{2}} \frac{d^{n+\nu}(x^2-1)^n}{dx^{n+\nu}},$$

en sorte que

$$P_\nu^n = \frac{2^n (n+\nu)!\,(n-\nu)!}{(2n)!} X_n^\nu.$$

H. E. Heine déduit de l'équation (25) la représentation suivante:

$$(26) \qquad P_\nu^n(x) = \frac{1}{\pi}\,\frac{2^n(n+\nu)!\,(n-\nu)!}{(2n)!}\int_0^\pi (x+\cos\varphi\sqrt{x^2-1})^n \cos(\nu\varphi)\,d\varphi.$$

La fonction P_ν^n et, par suite, la fonction X_n^ν admettent encore d'autres représentations, soit sous forme de séries analogues à (4b), soit sous forme d'intégrales[60]).

On peut aux formules (23) et (23a) adjoindre les suivantes:

$$(27) \qquad \int_{-1}^{+1} P_\mu^n(x) P_\nu^n(x) \frac{dx}{1-x^2} = 0$$

pour $\mu \gtrless \nu$ et tous deux non supérieurs à n,

$$(27\text{a}) \qquad \int_{-1}^{+1} [P_\nu^n(x)]^2 \frac{dx}{1-x^2} = \frac{(-1)^\nu}{\nu} \frac{(n-\nu)!\,(n+\nu)!}{[1\cdot 3 \ldots (2n-1)]^2}$$

pour $n \geqq \nu > 0$.

Il s'ensuit deux modes de développement en série des fonctions sphériques fondamentales (ou adjointes) suivant qu'on laisse constant l'indice supérieur ou l'indice inférieur. On trouvera dans *H. E. Heine*[61]) et *F. Neumann*[62]) des relations récurrentes liant

$$P_\nu^n,\ P_\nu^{n+1},\ P_\nu^{n-1} \text{ ou bien } P_\nu^n,\ P_{\nu+1}^n,\ P_{\nu-1}^n.$$

C. G. J. Jacobi, développe ensuite

$$(x+\cos\varphi\sqrt{x^2-1})^{-(n+1)};$$

E. Beltrami, [Reale Ist. Lombardo *Rendic.* (2) 29 (1896), p. 793] a montré comment on peut parvenir à un développement analogue à (25) sans passer par l'intégrale de Laplace.

60) Pour une représentation géométrique de $X_n^p(x)$ dans le domaine réel, cf. *R. Olbricht*, Diss. Leipzig 1887. On y trouve aussi pour X_n^p et pour des fonctions plus générales les différents développements sous forme de série hypergéométrique.

61) Kugelf.[1]), (2e éd.) 1, p. 259.

62) Beiträge[55]), p. 73.

F. Neumann[53]) définit et écrit les fonctions fondamentales de la manière suivante

$$P_{n\nu}(x) = \sqrt{1-x^2}^{\,\nu} \frac{d^\nu P^n(x)}{dx^\nu}.$$

P_{n0} et P_n sont identiques.

**H. M. Macdonald*[63a]) a considéré $P_n^m(\mu)$ comme un fonction de n et en a recherché les zéros.*

**Hj. Tallquist*[64]) a construit des tables qui donnent la valeur des fonctions $P_n^j(x)$ pour $n = 1, 2, \ldots, 8$ et $j = 1, 2, \ldots, n$. L'argument x est donné de $\frac{1}{100}$ en $\frac{1}{100}$ depuis $x = 0$ jusqu'à $x = 1$.*

Les fonctions sphériques générales.

16. Les fonctions sphériques générales se représentent au moyen des fonctions sphériques fondamentales. On a vu [n° 12] la façon dont on peut choisir les $2n + 1$ fonctions sphériques indépendantes à deux variables, d'ordre n.

La fonction sphérique générale ou encore *fonction de Laplace*[65]), du nom de *P. S. Laplace* chez qui on la rencontre pour la première fois, peut donc s'écrire[66])

$$(28) \qquad Y_n(\theta, \varphi) = \sum_{p=0}^{p=n} (A_p \cos p\varphi + B_p \sin p\varphi) X_n^p(\cos\theta)^{56});$$

A_p, B_p sont des constantes arbitraires.

---

63) Beiträge[55]), p. 2/3; Potential[53]), p. 70, 322 où l'expression de *fonction adjointe* est employée; *P. S. Laplace* [Mécanique céleste 2, Paris an VII, livre 3, chap. 2; Œuvres 2, Paris 1878, p. 44] n'a pas employé de qualification spéciale pour les fonctions fondamentales qu'il désigne par le symbole 6; sa définition coïncide avec celle de la fonction P_ν^n de *H. E. Heine* au facteur $(-1)^{\frac{\nu}{2}}$ près. *W. Thomson* et *P. G. Tait*, comme *J. Clerk Maxwell*, suivent *P. S. Laplace*; *E. Beltrami* suit *F. Neumann*.

63a) *Proc. London math. Soc. (1) 31 (1899), p. 264/78.*

64) *Tafeln der Kugelfunktionen $P_n(\cos\theta)$ [Acta Soc. scient. Fennicae 33 (1908), n° 4, p. 1/8]; Tafeln der Kugelfunctionen $P_n(x)$ und ihrer abgeleiteten Functionen [Acta Soc. scient. Fennicae 32 (1906), n° 6, p. 1/27.]*; Tafeln der abgeleiteten und zugeordneten Kugelfunctionen erster Art, [Acta Soc. scient. Fennicae 33 (1908), n° 9, p. 1/67.]*

65) *E. Beltrami* [Reale Ist. Lombardo *Rendic.* (2) 29 (1896), p. 793] donne une autre définition de ces fonctions.

66) Pour voir démontré que la fonction (28) est la fonction la plus générale définie au n° 1, cf. *R. Dedekind*, Viertelj. Naturf. Ges. Zurich. 4 (1859), p. 346. Pour la transformation des fonctions sphériques par le passage d'un système de coordonnées polaires à un autre, cf. *Ad. Schmidt*, Z. Math. Phys. 44 (1899), p. 327.

Les fonctions

$$\cos p\varphi X_n^p(\cos\theta), \quad \sin p\varphi X_n^p(\cos\theta)$$

sont désignées sous le nom de *tesseral harmonic functions* par *W. Thomson* et *P. G. Tait* et par *J. Clerk Maxwell.* Elles s'annulent sur une série de parallèles et de méridiens qui partagent la sphère en un réseau de quadrilatères.

Dans le cas où $p = n$, comme X_n^p se réduit, abstraction faite d'un facteur constant, à

$$(\cos^2\theta - 1)^n,$$

les fonctions s'annulent sur une série de méridiens découpant la sphère en fuseaux; elles prennent, chez les auteurs précités, le nom de *sectorial harmonic functions.*

Si $p = 0$, les fonctions s'annulent sur une série de parallèles découpant des zônes sur la sphère; ce sont les *zonal harmonic functions.*

17. Représentation de Maxwell et de Thomson et Tait. *J. Clerk Maxwell* définit de la sorte la fonction sphérique générale:

$$(29) \qquad Y_n(\theta, \varphi) = (-1)^n \frac{r^{n+1}}{n!} \frac{\partial}{\partial h_1} \frac{\partial}{\partial h_2} \cdots \frac{\partial}{\partial h_n} \left(\frac{1}{r}\right) \cdot C.$$

r, θ, φ, sont les coordonnées polaires d'un point de l'espace, C une constante arbitraire[67]) et $h_1, h_2, \ldots, h_n$ des directions quelconques.

Si les n directions $h_1, h_2, \ldots, h_n$ coïncident avec l'axe des z et si l'on prend $C = 1$, on obtient la fonction *zonal harmonic* [voir la formule (6)].

Les *tesseral functions* correspondent au cas où $n - p$ directions coïncident avec l'axe des z, les autres directions, au nombre de p, se trouvant dans le plan de l'équateur et faisant entre elles des angles égaux.

W. Thomson et *P. G. Tait* déduisent de leur définition générale (29) l'expression suivante pour les fonctions *tesseral* et *sectorial*:

$$(29\text{a}) \qquad r^{n+1} \frac{\partial^{j+k+l}\left(\frac{1}{r}\right)}{\partial x^j \partial y^k \partial z^l}, \quad \text{avec } j + k + l = n,$$

où x, y, z sont des coordonnées rectangulaires et où $r = \sqrt{x^2 + y^2 + z^2}$. On peut déduire l'expression (28) de l'expression générale (29) et de l'expression (29a)[68]).

---

67) Le facteur C manque chez *J. Clerk Maxwell.* C'est la $(2n+1)^{\text{ième}}$ constante qui doit figurer dans Y_n.

68) Pour la signification géométrique des fonctions sphériques, cf. *C. F. Gauss*, mém. posth.; Werke 5, Göttingue 1877, p. 631; *H. E. Heine*, J. reine angew. Math. 68 (1868), p. 386; Kugelf. [1]), (2e éd.) 1, p. 329.

18. Propriétés d'intégrales définies. Si l'on désigne par $Z_m(\theta, \varphi)$ une fonction analogue à $Y_n(\theta, \varphi)$ [voir (28)], mais dans la définition de laquelle entreraient les constantes A_p' et B_p', on a les deux relations

$$(30) \qquad \int_{-1}^{+1} d\mu \int_0^{2\pi} Y_n Z_m d\varphi = 0 \quad \text{pour } m \gtrless n, \quad \mu = \cos\theta,$$

et

$$(30a) \qquad \int_{-1}^{+1} d\mu \int_0^{2\pi} Y_n Z_n d\varphi = \frac{2\pi}{2n+1} \cdot \frac{1}{1 \cdot 3 \ldots (2n-1)^2} \Big\{ 2(n!)^2 A_0 A_0' + \sum_{\nu=1}^{\nu=n} (n-\nu)!(n+\nu)!(A_\nu A_\nu' + B_\nu B_\nu') \Big\}.$$

Si l'on choisit pour fonction Z_m la fonction X_m $(\cos\gamma)$ du n° **14**, l'égalité (30) subsiste et l'égalité (30a) devient

$$(31) \qquad \frac{2n+1}{4\pi} \int_{-1}^{+1} d\mu \int_0^{2\pi} Y_n X_n(\cos\gamma) d\varphi = Y_n(\theta', \varphi').$$

Les égalités (30) et (31) sont fort importantes. Il en sera fait usage au numéro **19**.

Si l'on pose

$$\cos\gamma_1 = \cos\theta \cos\theta'' + \sin\theta \sin\theta'' \cos(\varphi - \varphi''),$$
$$\cos\delta = \cos\theta' \cos\theta'' + \sin\theta' \sin\theta'' \cos(\varphi' - \varphi''),$$

il suit de l'égalité (31) que

$$(31a) \qquad \frac{2n+1}{4\pi} \int_{-1}^{+1} d\mu \int_0^{2\pi} X_n(\cos\gamma) X_n(\cos\gamma_1) = X_n(\cos\delta)$$

et, en faisant $\theta' = \theta''$, $\varphi' = \varphi''$, que

$$(31b) \qquad \int_{-1}^{+1} d\mu \int_0^{2\pi} [X_n(\cos\gamma)]^2 = \frac{4\pi}{2n+1}.$$

19. Développement d'une fonction de deux variables en série de fonctions sphériques. Supposons qu'une fonction f de deux angles θ, φ admette un développement en série convergente de la forme

$$(32a) \qquad Y_0 + Y_1 + Y_2 + \cdots + Y_n + \cdots,$$

Y_n désignant la fonction de Laplace; l'angle θ est compris entre 0 et π, l'angle φ entre 0 et 2π. En tenant compte des égalités (30) et (31) on déduit de l'équation

$$(32) \qquad f(\theta, \varphi) = \sum_{n=0}^{n=+\infty} Y_n$$

que l'on a

$$\int_0^{\pi}\int_0^{2\pi} X_n(\cos\gamma) f(\theta, \varphi) \sin\theta\, d\theta\, d\varphi = \int_0^{\pi}\int_0^{2\pi} X_n(\cos\gamma)\, Y_n \sin\theta\, d\theta\, d\varphi$$
$$= \frac{4\pi}{2n+1} Y_n(\theta', \varphi').$$

Puis, en changeant θ et φ en θ' et φ',

$$(33)\qquad Y_n = \frac{2n+1}{4\pi}\int_0^{\pi}\int_0^{2\pi} X_n(\cos\gamma) f(\theta', \varphi') \sin\theta'\, d\theta'\, d\varphi'.$$

Si le développement (32) est possible, il ne l'est donc que d'une seule façon. En particulier, toute fonction entière des coordonnées ξ, η, ζ d'un point de la sphère admet un développement de la forme (32); la série est alors limitée[69]).

20. Légitimité du développement d'après Dini, Heine, Darboux, Poincaré. Il est essentiel de fixer les conditions auxquelles doit satisfaire la fonction $f(\theta, \varphi)$, pour que la série du second membre de l'égalité (32) converge et représente la fonction $f(\theta, \varphi)$.

S. D. Poisson[70]), le premier, traita la question; son analyse suppose des conditions de continuité pour la dérivée qui ne sont point essentielles.

Puis *G. Lejeune Dirichlet*[71]) reprit le problème par un procédé analogue à celui qu'il employa pour les séries trigonométriques; mais il introduit une fonction auxiliaire, qu'il suppose dérivable, sans que l'on puisse bien fixer les conditions que cette propriété impose à la fonction donnée.

O. Bonnet[72]) a donné une démonstration qui comporte, pour la fonction, des restrictions dont on peut s'affranchir.

U. Dini reprit la question et sa méthode fut complétée et quelque peu modifiée par *H. E. Heine*[73]).

---

69) Pour la représentation d'une fonction homogène et entière de ξ, η, ζ au moyen des fonctions sphériques, voir une remarque de *C. F. Gauss,* (mém. posth.), Werke 5, Göttingue 1877, p. 630.

70) Connaissance des Temps pour 1831, éd. Paris 1828; Théorie mathématique de la chaleur, Paris 1835, p. 212.

71) J. reine angew. Math. 17 (1837), p. 35/56; Werke 1, Berlin 1889, p. 283/306.

72) *O. Bonnet*, Mém. couronnés et savants étrangers Acad. Bruxelles in 4°, 23 (1848/50), éd. 1850, p. 65; avec quelques changements, J. math. pures appl. (1) 17 (1852), p. 265/300.

73) *U. Dini*, Ann. mat. pura appl. (2) 6 (1873/5), p. 112/40, 208/15; *H. E. Heine*, Kugelf.¹), (2ᵉ éd.) 1, Berlin 1878, p. 435; 2, Berlin 1881, p. 361.

H. E. Heine, comme *G. Lejeune Dirichlet*, transporte le pôle au point A, de coordonnées θ, φ. Cela revient à faire

$$\theta = 0 \text{ et } \cos\gamma = \cos\theta'.$$

En désignant par $F(\theta')$ la valeur moyenne de la fonction donnée $f(\theta', \varphi')$ sur le parallèle décrit de A comme pôle avec θ' pour rayon, l'intégration relative à φ' donne $2\pi F(\theta')$. La relation (13a) permet de transformer la somme des n premiers termes écrits dans le second membre de l'égalité (32) en une somme de deux intégrales dont la première sera

$$(34) \qquad \int_0^\pi F(\theta') \frac{d X_n(\cos\theta')}{d\theta'} d\theta'.$$

Cette intégrale est décomposée en intégrales partielles dont les limites sont

$$0, \alpha_1;\ \alpha_1, \alpha_2; \ldots;\ \alpha_n, \pi.$$

On choisit pour les nombres $\alpha_1, \alpha_2, \ldots, \alpha_n$ les racines de l'équation $X_n = 0$. Chacune des intégrales intermédiaires tend vers zéro quand n augmente indéfiniment.

H. E. Heine remplace α_1 et α_n par deux nombres positifs η et ζ, tels que η et $\pi - \zeta$ tendent vers zéro quand n grandit indéfiniment, sous la condition que

$$\lim_{n=+\infty} X_n(\cos\eta) = 0$$

et que

$$\lim_{n=+\infty} X_n[\cos(\pi - \zeta)] = 0.$$

C'est dans l'évaluation des intégrales de limites 0 et η, puis ζ et π que *H. E. Heine* a complété la démonstration de *U. Dini*. Il prouve que, si S_n désigne la somme des n premiers termes de la série (32a), on a

$$\lim_{n=+\infty} [S_n - F(+0)] = 0.$$

Les hypothèses sont que:

1°) la fonction $f(\theta, \varphi)$ est continue dans chaque direction aux environs de $\theta = 0$.

2°) $F(\theta)$ et $F(\pi - \theta)$ sont des fonctions finies et continues quand θ varie de zéro à un nombre aussi voisin de zéro qu'on le veut, et qu'elles n'ont pas, dans les limites de l'intégration, une infinité de maximés et de minimés.

Une transformation de coordonnées permet de repasser au cas général et le second membre de l'équation (32) représentera la moyenne arithmétique des valeurs que prend $f(\theta, \varphi)$ sur un cercle de rayon γ, quand γ tend vers zéro.

G. Darboux[74]) adopte le même point de départ que *U. Dini*. Posant $\cos\theta = x$, il désigne par $F(x)$ la valeur moyenne que prend $f(\theta, \varphi)$ sur le cercle décrit du point A comme pôle avec un rayon égal à θ'. La formule (13a) lui permet d'écrire

$$(34\text{a}) \qquad S_{n+1} = \tfrac{1}{2}\int_{-1}^{+1} F(x)\left(\frac{dX_n}{dx} + \frac{dX_{n+1}}{dx}\right)dx.$$

Si la fonction $F(x)$ est finie et discontinue pour $x = l_1, l_2, \ldots, l_p$, si elle a une dérivée, finie en général, mais pouvant devenir infinie pour un certain nombre de valeurs de x, on peut appliquer dans chaque intervalle $(-1, l_1)$, (l_1, l_2), etc. l'intégration par partie. Et en tenant compte que $\lim\limits_{n=+\infty} X_n(x) = 0$ quand x est compris entre -1 et $+1$, on déduit

$$\lim_{n=+\infty} S_{n+1} = F(1).$$

G. Darboux considère le cas où la fonction F devient infinie dans les limites de l'intégration. Revenant à la variable γ, il écrit, au lieu de (34a),

$$(34\text{b}) \qquad S_{n+1} = \tfrac{1}{2}\int_0^{\pi} \varphi(\gamma)\frac{d}{d\gamma}[P_n(\cos\gamma) + P_{n+1}(\cos\gamma)]\,d\gamma.$$

Or P_n et $\dfrac{dP_n}{d\gamma}$ admettent des formules d'approximation.

Si n est très grand et si γ est compris entre 0 et π (limites exclues) on a

$$P_n(\gamma) = \frac{2\cos\left(n\gamma + \frac{\gamma}{2} - \frac{\pi}{4}\right)}{\sqrt{2n\pi\sin\gamma}} + \frac{p}{n\sqrt{n}},$$

$$\frac{dP_n}{d\gamma} = \frac{-2\sqrt{n}\sin\left(n\gamma + \frac{\gamma}{2} - \frac{\pi}{4}\right)}{\sqrt{2\pi\sin\gamma}} + \frac{p'}{\sqrt{n}},$$

p et p' étant des quantités finies.

Soit a la valeur de l'argument rendant $\varphi(\gamma)$ infini. On peut toujours écrire

$$\varphi(\gamma) = \varphi_1(\gamma) + \varphi_2(\gamma),$$

où l'on suppose que φ_2 ne devient pas infini quand $\gamma = a$, et que φ_1 s'annule si la variable est prise en dehors de l'intervalle $(a - h', a + h)$, h et h' étant deux nombres positifs.

Alors

$$S_{n+1} = \tfrac{1}{2}\int_{a-h'}^{a+h} \varphi_1(\gamma)\frac{d}{d\gamma}(P_n' + P_{n+1})\,d\gamma + \tfrac{1}{2}\int_0^{\pi} \varphi_2(\gamma)\frac{d}{d\gamma}(P_n + P_{n+1})\,d\gamma.$$

74) *G. Darboux*, J. math. pures appl. (2) 19 (1874), p. 1.

La seconde intégrale tend vers $\varphi_2(0)$ ou $\varphi(0)$ quand n augmente; quant à la première, les formules d'approximation la ramènent à la valeur

$$\sqrt{n}\int_{a-h'}^{a+h}\frac{\varphi_1(\gamma)\sin\left(n\gamma+\frac{\gamma}{2}-\frac{\pi}{4}\right)}{\sqrt{\operatorname{tg}\frac{\gamma}{2}}}\,d\gamma$$

qui devra tendre vers zéro quand n grandit, h et h' étant des nombres fixes.

Il s'ensuit qu'on peut développer $f(\theta,\varphi)$ en une série de fonctions Y_n, tant que la fonction $\varphi(\gamma)$ qu'on déduit de f ne devient pas infiniment grande d'un ordre supérieur ou égal à $\frac{1}{2}$.*

H. Poincaré[75]) a donné des conditions de validité du développement une démonstration de forme différente.

*Soit ε la densité en un point d'une couche sphéroïdale, de rayon 1; cette densité est fonction des coordonnées θ, φ du point considéré. Si V est le potentiel en un point M intérieur à la sphère, point dont les coordonnées sont r, θ, φ $(r < 1)$, la fonction

(35) $$\Phi = 2r\frac{\partial V}{\partial r} + V$$

jouit de la propriété suivante:

(35a) $$\lim_{r=1} \Phi = 4\pi\varepsilon.$$

La distance du point M à un point quelconque de la sphère étant désignée par ϱ,

$$\Phi = \int\frac{(1-r^2)\varepsilon' d\omega'}{\varrho^3};$$

ε' est la densité en un point quelconque de la sphère, $d\omega'$ l'élément de surface; l'intégration s'étend à toute la surface de la sphère.

Si r est plus petit que l'unité, la fonction (35) admet le développement en série convergente

$$Y_0 + 3rY_1 + \cdots + (2n+1)r^n Y_n + \cdots\cdots,$$

en sorte que l'on a

(35b) $$\Phi = \sum_{n=0}^{n=+\infty}(2n+1)r^n Y_n.$$

Et il faut voir sous quelles conditions la série converge pour $r = 1$ et si elle représente $4\pi\varepsilon$. Considérant la direction OM comme fixe (O est le centre de la sphère), *H. Poincaré* donne à r des valeurs

75) *H. Poincaré*, C. R. Acad. sc. Paris 118 (1894), p. 497; Figures d'équilibre[6]), p. 52.

complexes. Il suppose la sphère partagée en un certain nombre de régions limitées, chacune, par un polygone curviligne dont les côtés sont des arcs de courbes analytiques; la fonction ε' est continue à l'intérieur de chacun des polygones, mais peut éprouver des discontinuités quelconques, tout en restant finie, quand on passe d'une région à l'autre. Soit alors

$$F(\mu') = \int_0^{2\pi} \varepsilon' d\varphi', \qquad \mu' = \cos\theta';$$

la valeur de Φ peut s'écrire

$$\Phi = (1 - r^2) \int_{-1}^{+1} \frac{F(\mu')}{\varrho^3} d\mu';$$

$F(\mu')$ est une fonction analytique de μ', exception faite des valeurs qui correspondent aux parallèles passant par les sommets des polygones ou tangents aux côtés. La fonction $\frac{F(\mu')}{\varrho^3}$ est alors intégrable entre -1 et $+1$. Remplaçant r par $e^{i\psi}$, *H. Poincaré* démontre que, sauf en un nombre limité de points singuliers, la fonction Φ qui est devenue fonction de ψ admet une dérivée finie, mais que l'intégrale $\int |\Phi| d\psi$ reste finie en ces points singuliers. Ce sont les conditions pour que Φ soit développable en série de Fourier. Pour $\psi = 0$, la valeur de r est l'unité, et l'on obtient, en tenant compte des relations (35a) et (35b)

$$\varepsilon = \frac{1}{4\pi} \sum_{n=0}^{n=+\infty} (2n+1) Y_n.$$

A. Sommerfeld[76]) multiplie les termes du deuxième membre de l'équation (32) par un facteur dépendant d'un paramètre t, de telle sorte que la série soit certainement convergente; quand $t = 0$, elle coïncide avec la série (32), et l'auteur recherche sous quelles conditions le passage à ce cas limite n'altère pas la convergence.

C. Neumann[77]) suit une autre méthode. Il détermine la limite de l'intégrale (34) dans l'hypothèse où l'intervalle $(0, \pi)$ peut être partagé en intervalles dans lesquels $F(\theta')$ soit continue et monotone (c'est-à-dire seulement croissante ou décroissante); l'intégrale est partagée en intégrales partielles, dont les limites fixes sont des points particuliers de $F(\theta')$, et *C. Neumann* fait usage du deuxième théorème de

76) *A. Sommerfeld*, Diss. Königsberg 1891. Un procédé semblable, quoique conduit avec moins de rigueur, avait été employé par *S. D. Poisson*, J. Éc. polyt. (1) cah. 19 (1823), p. 145; cf. *H. Burkhardt*, Jahresb. deutsch. Math.-Ver. 10² (1901/8), p. 380 [1902].

77) *C. Neumann*, Über die nach Kreis-, Kugel- und Cylinderfunktionen fortschreitenden Entwickelungen, Leipzig 1881, p. 80/126.

la moyenne. L'hypothèse précédente se traduit par la condition que la surface de la sphère peut être partagée en un nombre fini de polygones curvilignes à l'intérieur de chacun desquels $f(\theta, \varphi)$ est continue; les arcs de courbes qui limitent les polygones ne doivent former ni une infinité d'angles, ni avoir une infinité d'oscillations.

L. Fejér[78]), en faisant sur la fonction $f(\theta, \varphi)$ des hypothèses très générales, par exemple qu'elle est bornée, intégrable sur la sphère et continue au point de coordonnées θ, φ, démontre que

$$\lim_{n=+\infty} \frac{S_n''}{\frac{1}{2}(n+1)(n+2)}$$

existe et représente la valeur de la fonction $f(\theta, \varphi)$. Il faut entendre que l'expression

$$\frac{S_n''}{\frac{1}{2}(n+1)(n+2)}$$

est définie par la suite de *E. Cesàro*[79]) correspondant à

$$S_n = \sum_{\nu=0}^{\nu=n} \frac{2\nu+1}{4\pi} \int_0^{\pi}\int_0^{2\pi} P_\nu(\cos\gamma)\, f(\theta', \varphi') \sin\theta' \cdot d\theta' \cdot d\varphi'.$$

21. Représentation d'après F. Neumann d'une fonction connue pour certaines valeurs de la variable au moyen des fonctions sphériques. *C. F. Gauss*[80]) le premier chercha, dans le cas où l'expérience fournit la valeur d'une fonction pour vingt-cinq couples de valeurs de θ et φ, à représenter cette fonction par la série limitée

$$Y_0(\theta, \varphi) + Y_1(\theta, \varphi) + Y_2(\theta, \varphi) + Y_3(\theta, \varphi) + Y_4(\theta, \varphi),$$

et cela au moyen d'un choix approprié des vingt-cinq constantes figurant dans les cinq fonctions Y_0, Y_1, Y_2, Y_3, Y_4.

Dans le cas général, la somme

$$\sum_{\nu=0}^{\nu=n} Y_\nu(\theta, \varphi)$$

comporte $(n+1)^2$ constantes. *F. Neumann*[81]) a donné une méthode

78) C. R. Acad. sc. Paris 146 (1908), p. 224/7.

79) Cette suite de *E. Cesàro* s'obtient en posant

$$S_n' = S_0 + S_1 + \cdots + S_n,$$
$$S_n'' = S_0' + S_1' + \cdots + S_n'.$$

80) Resultate aus den Beobachtungen des magnetischen Vereins im Jahre 1838, Leipzig 1839; Werke 5, Göttingue 1877, p. 145.

81) Astron. Nachr. (Altona) 15 (1838), p. 313; (réimpr.) Math. Ann. 14 (1879), p. 567. Cf. *F. Neumann*, Potential[65]), p. 131/54 (chap. 7).

simple pour les déterminer[82]); elle suppose les points où la fonction est connue répartis d'une façon convenable sur la surface de la sphère; elle envisage aussi le cas où toutes les constantes n'ont pas besoin d'être déterminées, mais où, pour les Y d'ordre le plus élevé, on ne recherche que le terme indépendant de φ et les premiers termes suivants. La méthode s'appuie sur des propriétés des sommes d'un nombre fini de fonctions sphériques, analogues aux propriétés des intégrales (15), (15a), (16), (16a).

Ainsi dans le cas où les $2p+2$ constantes

$$\mu_1, \mu_2, \ldots, \mu_{p+1}, \quad a_1, a_2, \ldots, a_{p+1}$$

satisfont aux $2p+2$ équations

$$a_1\mu_1^i + a_2\mu_2^i + \cdots + a_{p+1}\mu_{p+1}^i = \int_{-1}^{+1} x^i dx, \qquad (i = 0, 1, \ldots, 2p+1)$$

et si $m + n \leq 2p + 1$, la somme

$$\sum_{\lambda=1}^{\lambda=p+1} a_\lambda P_m(\mu_\lambda) P_n(\mu_\lambda)$$

est égale à $\frac{2}{2n+1}$ ou à zéro, suivant que m égale n ou que m est différent de n. De plus $\mu_1, \mu_2, \ldots, \mu_{p+1}$ sont racines de $P_{p+1}(\mu) = 0$. Une proposition analogue existe pour les fonctions fondamentales.

Fonctions sphériques de deuxième espèce.

22. La fonction de deuxième espèce Q_n. La connaissance de la solution particulière X_n de l'équation différentielle linéaire (2a) permet, en prenant x pour variable au lieu de μ, d'écrire une seconde intégrale[83]):

$$(36) \qquad Q_n(x) = X_n(x) \int \frac{dx}{(1-x^2)[X_n(x)]^2}.$$

Les points $x = \pm 1$ sont des infinis logarithmiques pour Q_n, qui s'annule pour x infini; X_n est une fonction finie pour toute valeur finie de l'argument et elle ne devient infinie qu'avec x.

La fonction Q_n est dite *fonction sphérique de deuxième espèce.*

---

82) Pour des recherches plus récentes cf. *H. Burkhardt*, Jahresb. deutsch. Math.-Ver. 10² (1901/8), p. 388 [1902].

83) *N. H. Abel*, J. reine angew. Math. 2 (1827), p. 22; Œuvres, éd. *L. Sylow* et *S. Lie* 1, Christiania 1881, p. 251; *L. Euler*, Institutiones calculi integralis 2, St Pétersbourg 1769, p. 102/3 (problème 104); *G. Bauer*, Habilitationsschrift, Munich 1857.

Elle peut se représenter par l'expression

$$(36a) \qquad Q_n(x) = \frac{1 \cdot 2 \ldots n}{3 \cdot 5 \ldots (2n+1)} \cdot q_n(x),$$

où $q_n(x)$ est la somme de la série

$$x^{-(n+1)} + \frac{(n+1)(n+2)}{2 \cdot (2n+3)} x^{-(n+3)} + \frac{(n+1)(n+2)(n+3)(n+4)}{2 \cdot 4 \cdot (2n+3)(2n+5)} x^{-(n+5)} + \cdots;$$

cette série est convergente pour $|x| > 1$.

C'est le résultat qu'on obtiendrait directement en cherchant à satisfaire à l'équation (2a) par un développement procédant suivant les puissances décroissantes de la variable. La loi de formation des coefficients est celle qui s'applique aux coefficients de la série (4) après qu'on y a remplacé n par $-(n+1)$.

Une autre origine de la série dont la somme est égale à Q_n est le développement de $\frac{1}{x-y}$ par rapport aux puissances croissantes de $\frac{y}{x}$; en remplaçant les puissances de y par leurs expressions au moyen des fonctions sphériques [n° 8, formule (14)] et en réunissant les fonctions sphériques de même indice p on parvient à l'égalité[84])

$$(37) \qquad \frac{1}{x-y} = \sum_{n=0}^{n=+\infty} (2n+1) X_n(y) Q_n(x).$$

Il faut supposer, pour la validité du développement,

$$|y - \sqrt{y^2 - 1}| > |x - \sqrt{x^2 - 1}|,$$

$\sqrt{x^2-1}$ et $\sqrt{y^2-1}$ ayant respectivement les signes de x et de y[85]).

23. Représentation de F. Neumann. Autres représentations. L'égalité (37) fournit l'intégrale de *F. Neumann*[86])

$$(38) \qquad Q_n(x) = \tfrac{1}{2} \int_{-1}^{+1} \frac{X_n(y)\,dy}{x-y}.$$

84) *H. E. Heine*, J. reine angew. Math. 42 (1851), p. 72.

85) Démonstrations de *H. E. Heine* [Kugelf.[1]), (1re éd.) p. 104], de *L. W. Thomé* [J. reine angew. Math. 66 (1866), p. 337/43] et de *H. Laurent* [J. math. pures appl. (3) 1 (1875), p. 373]. La démonstration de *H. Laurent* est reproduite par *H. E. Heine* [Kugelf.[1]), (2e éd.) 1, p. 197]. *C. Neumann* [Über die Entwicklung einer Function mit imaginären Argument nach den Kugelfunctionen erster und zweiter Art, Halle 1862] rattache l'équation (37) à une proposition connue de *A. L. Cauchy* et en conclut le développement d'une fonction en fonctions sphériques de première et de deuxième espèce.

86) *F. Neumann*, J. reine angew. Math. 37 (1848), p. 21; Beiträge[35]), p. 1, 64; Potential[63]), p. 311. La fonction considérée par *F. Neumann* ne contient pas le facteur $\frac{1}{2}$.

F. Neumann montre directement que cette intégrale satisfait à l'équation (2a); elle représente la fonction Q_n pour toute valeur de x différente d'une véritable fraction réelle; on s'affranchit ainsi de la condition $|x| > 1$ qu'imposait l'égalité (36a).

La décomposition en éléments simples de la fonction qui figure sous le signe $\int$ dans l'égalité (36) conduit à la représentation suivante[87]) qui peut aussi se déduire de (38):

$$(38\text{a})\qquad Q_n = \tfrac{1}{2} X_n(x) \log_e \frac{x+1}{x-1} - R_n(x).$$

$R_n(x)$ est un polynome en x de degré $(n-1)$.

La fonction $Q_n(x)$ n'étant pas réelle pour $|x| < 1$, on est amené, pour les valeurs de l'argument comprises entre -1 et $+1$, à considérer la fonction

$$(39)\qquad S_n = \tfrac{1}{2} X_n(x) \log_e \frac{1+x}{1-x} - R_n(x)$$

qui est également solution de l'équation (2a).

Le polynome R_n est la partie entière de

$$\tfrac{1}{2} X_n(x) \log_e \frac{x+1}{x-1};$$

E. B. Christoffel[88]) en a donné l'expression:

$$(40)\ R_n(x) = \frac{2n-1}{1\cdot n} X_{n-1}(x) + \frac{2n-5}{3\cdot(n-1)} X_{n-3}(x) + \frac{2n-9}{5\cdot(n-2)} X_{n-5}(x) + \cdots$$

L. Schläfli[89]) et *Ch. Hermite*[90]) trouvent

$$(40\text{a})\qquad R_n(x) = \sum_{\nu=1}^{\nu=n} \frac{1}{\nu} X_{\nu-1}(x) X_{n-\nu}(x).$$

En imaginant une coupure allant, le long de l'axe des x, de $x = -1$ à $x = +1$, et en prenant la détermination du logarithme figurant dans Q_n de telle sorte que sa partie imaginaire soit comprise entre $-\pi i$ et $+\pi i$, l'égalité (38a) définit une branche de fonction analytique. En un point x de la coupure *H. E. Heine*[91]) adopte pour valeur de la fonction la demi-somme des valeurs qu'elle prend sur

---

87) Cette représentation se trouve déjà donnée par *R. Murphy* [Trans. Cambr. philos. Soc. 5 (1832/4), éd. 1835, p. 338] qui prend pour variable indépendante $t = \frac{1-x}{2}$.

88) J. reine angew. Math. 55 (1858), p. 61/82.

89) Festschrift[25]), p. 61.

90) Jornal sciencias math. astron. (Coïmbre) 6 (1885), p. 81 [1884].

91) Kugelf.[1]), (2e éd) 1, p. 126; pour x compris entre -1 et $+1$ il adopte la fonction désignée par S_n [égalité (39)].

les deux bords de la coupure, c'est-à-dire qu'il écrit

$$Q_n(x) = \lim_{\varepsilon=0} \tfrac{1}{2}\left[Q_n(x+\varepsilon i) + Q_n(x-\varepsilon i)\right].$$

Une semblable détermination, remarque justement *L. Schläfli*[92]), n'est point admissible, car elle ne satisfait pas à l'équation (2a) aux environs de la coupure.

T. J. Stieltjes[93]) pose

(41) $$A = 2\int_0^{\xi} \frac{z^n dz}{\sqrt{z^2-2xz+1}}, \quad B = 2\int_0^{\frac{1}{\xi}} \frac{z^n dz}{\sqrt{z^2-2xz+1}},$$

ξ et $\frac{1}{\xi}$ étant les points critiques $x+\sqrt{x^2-1}$ et $x-\sqrt{x^2-1}$; le chemin d'intégration est un lacet partant de l'origine et passant par chacun des points ξ et $\frac{1}{\xi}$; la valeur initiale du radical est $+1$. Dans ces conditions

(41a) $$\begin{cases} A = 2S_n(x) + i\pi X_n(x), \\ B = 2S_n(x) - i\pi X_n(x). \end{cases}$$

L'intégrale (38) de *F. Neumann* permet d'obtenir pour $Q_n(x)$ des relations de récurrence soit identiques, soit analogues à celles qui existent pour $X_n(x)$. La première des équations (12) et l'équation (13) subsistent pour Q_n. A la place de la deuxième équation (12) il faut écrire

(42) $$Q_1(x) - xQ_0(x) + 1 = 0.$$

On déduit de l'égalité (38) et de l'égalité (38a) les valeurs de Q_n et de $\frac{dQ_n}{dx}$, pour $x = 0$ etc.[94]).

24. Racines de S_n. La fonction $S_n(x)$ admet $(n+1)$ racines situées chacune dans l'un des intervalles

$$\cos\frac{2k\pi}{2n+1}, \quad \cos\frac{(2k+1)\pi}{2n+1} \qquad (k = 0, 1, 2, \ldots, n).$$

Les racines de l'équation $X_n(x) = 0$ séparent celles de l'équation $S_n(x) = 0$.

La fonction $Q_n(x)$, rendue analytique par la coupure définie au numéro 23, n'admet aucune racine finie[95]).

---

92) Festschrift[26]), p. 26.

93) Ann. Fac. sc. Toulouse (1) 4 (1890), mém. n° 7, p. 1/17.

94) *F. Neumann* [Beiträge[36]), p. 64] donne des relations récurrentes pour les fonctions R_n, comme pour les fonctions X et les fonctions Q. *Cf. F. Caspary*, J. reine angew. Math. 107 (1891), p. 137/40; Bull. Soc. math. France 19 (1890/1), p. 11/8.*

95) *T. J. Stieltjes*, Ann. Fac. sc. Toulouse (1) 4 (1890), mém. n° 10, p. 1/10; *Ch. Hermite*, Ann. Fac. sc. Toulouse (1) 4 (1890), mém. n° 9, p. 1/10.

25. Quelques développements en séries pour Q_n et S_n. On peut satisfaire à l'équation différentielle (2a) au moyen des deux séries suivantes, dont l'une est limitée et l'autre converge pour $|x| < 1$:

$$(43)\quad \begin{cases} M = 1 - \frac{n(n+1)}{1\cdot 2}x^2 + \frac{n(n-2)(n+1)(n+3)}{1\cdot 2\cdot 3\cdot 4}x^4 - \dots \\ \qquad = F\left(-\frac{n}{2}, \frac{n+1}{2}, \frac{1}{2}, x^2\right), \\ N = x - \frac{(n-1)(n+2)}{2\cdot 3}x^3 + \frac{(n-1)(n-3)(n+2)(n+4)}{2\cdot 3\cdot 4\cdot 5}x^5 - \dots \\ \qquad = xF\left(-\frac{n-1}{2}, \frac{n+2}{2}, \frac{3}{2}, x^2\right); \end{cases}$$

F désigne ici la série hypergéométrique.

Alors, si n est pair[96]),

$$(43a)\quad \begin{cases} X_n(x) = (-1)^{\frac{n}{2}} \frac{1\cdot 3 \dots (n-1)}{2\cdot 4 \dots n} M, \\ Q_n(x) = (-1)^{\frac{n}{2}} \frac{2\cdot 4\dots n}{1\cdot 3\dots (n-1)} N \pm \frac{1}{2} i\pi X_n(x), \end{cases}$$

et si n est impair,

$$(43b)\quad \begin{cases} X_n(x) = (-1)^{\frac{n-1}{2}} \frac{1\cdot 3\dots n}{2\cdot 4\dots (n-1)} N, \\ Q_n(x) = (-1)^{\frac{n-1}{2}} \frac{2\cdot 4\dots (n-1)}{1\cdot 3\dots n} M \pm \frac{1}{2} i\pi X_n(x). \end{cases}$$

Il faut prendre, dans l'expression de Q_n, le signe supérieur ou le signe inférieur suivant que x se trouve sur le bord inférieur ou sur le bord supérieur de la coupure $(x - 0\cdot i)$ ou $(x + 0\cdot i)$.

On peut encore représenter Q_n par une série procédant suivant les puissances de $x - \sqrt{x^2-1}$. En posant $x = \cos\theta$, *T. J. Stieltjes*[97]) donne pour $S_n(\cos\theta)$ la valeur

$$(44)\qquad S_n(\cos\theta) = -2\frac{2\cdot 4\cdot 6\dots 2n}{3\cdot 5\cdot 7\dots (2n+1)} s_n,$$

où s_n est la somme de la série

$$(44a)\quad \frac{\sin(n\theta + \frac{1}{2}\alpha)}{\sqrt{2\sin\theta}} + \frac{1\cdot 1}{2\cdot (2n+3)}\frac{\sin(n\theta+\frac{3}{2}\alpha)}{\sqrt{(2\sin\theta)^3}} + \frac{1\cdot 3\cdot 1\cdot 3}{2\cdot 4\cdot (2n+3)(2n+5)}\cdot\frac{\sin(n\theta+\frac{5}{2}\alpha)}{\sqrt{(2\sin\theta)^5}} + \cdots;$$

ce développement de $S_n(\cos\theta)$, où $\alpha = \theta - \frac{\pi}{2}$, est analogue à celui

96) *H. E. Heine*, Kugelf.[1]), (2e éd.) 1, p. 147; *F. Neumann*, Beiträge[35]), p. 57.

97) C. R. Acad. sc. Paris 110 (1890), p. 1026; Ann. Fac. sc Toulouse (1) 4 (1890), mém. n° 7, p. 1/17; cette formule donne une valeur approchée de S_n pour n très grand; cf. *H. E. Heine*, Kugelf.[1]), (2e éd.) 1, p. 175.

que la formule (11) donnait pour X_n. On peut déduire de l'égalité (44) l'égalité suivante, donnée déjà par *H. E. Heine*[98]):

$$(44a)\quad S_n(\cos\theta) = C_n\Big[\cos(n+1)\theta + \frac{1\cdot(n+1)}{1\cdot(2n+3)}\cos(n+3)\theta + \frac{1\cdot 3(n+1)(n+2)}{1\cdot 2(2n+3)(2n+5)}\cos(n+5)\theta + \cdots\Big]$$

valable pour $0 < \theta < \pi$; on désigne par $-C_n$ le coefficient de s_n dans la relation (44).

26. Q_n sous forme d'intégrale. Outre la forme (38), on trouve encore pour Q_n[99])

$$(45)\quad Q_n(x) = \int_0^\infty \frac{du}{[x+\cos(iu)\sqrt{x^2-1}]^{n+1}} = \frac{1}{2^{n+1}}\int_{-1}^{+1}\frac{(1-z^2)^n}{(x-z)^{n+1}}\,dz.$$

La première de ces intégrales est valable quelle que soit la valeur de x; la seconde suppose que x n'a pas une valeur réelle comprise dans l'intervalle d'intégration.

On a recherché[100]) la fonction génératrice de Q_n, c'est-à-dire la fonction analogue à (3) dont le développement en série suivant les puissances de α admet Q_n pour coefficient de α^n; c'est

$$(46)\quad \frac{1}{2\sqrt{1-2\alpha x+\alpha^2}}\log_e\frac{x-\alpha-\sqrt{1-2\alpha x+\alpha^2}}{x-\alpha+\sqrt{1-2\alpha x+\alpha^2}}.$$

R. Hargreaves[101]) a donné les valeurs des intégrales

$$\int_0^1 [Q_n(x)]^2 dx,\quad \int_1^{+\infty}[Q_n(x)]^2 dx,\quad \int_0^1 Q_n(x)X_n(x)dx.$$

27. Les fonctions sphériques et les fractions continues. Si l'on développe en fraction continue l'expression

$$\tfrac{1}{2}\log_e(x+1) - \tfrac{1}{2}\log_e(x-1),$$

le numérateur et le dénominateur de la $n^{\text{ième}}$ réduite, multipliés par le facteur

$$\frac{1\cdot 2\ldots n}{1\cdot 3\ldots(2n-1)},$$

représentent $R_n(x)$ et $X_n(x)$; et $\frac{Q_n}{X_n}$ est la différence entre la fonction génératrice et la $n^{\text{ième}}$ réduite[102]).

98) Kugelf.[1]), (2e éd.) 1, p. 130.

99) *H. E. Heine*, Kugelf.[1]), (2e éd.) 1, p. 175; la deuxième intégrale (45) est donnée par *H. Laurent*, J. math. pures appl. (3) 1 (1875), p. 373/98; *L. Schläfli* [Festschrift[25]), p. 12/8] écrit d'autres intégrales.

100) *H. Laurent*[99]); *H. E. Heine*, Kugelf.[1]), (2e éd.) 1, p. 134; *L. Schläfli*, Festschrift[15]), p. 61; *E. Beltrami*, Reale Ist. Lombardo *Rendic.* (2) 20 (1887), p. 469.

101) Proc. London math. Soc. (1) 29 (1897/8), p. 115/23.

102) Cette proposition est donnée, en substance du moins, par *C. F. Gauss*,

28. Fonctions adjointes de deuxième espèce. Ces fonctions dépendent de $Q_n(x)$ comme X_n^ν dépendait de X_n.

H. E. Heine[103]) définit

$$(47) \qquad Q_n^\nu(x) = (-1)^\nu \frac{1\cdot 3\cdot 5\ldots(2n+1)}{(n+\nu)!}(x^2-1)^{\frac{\nu}{2}} \frac{d^\nu Q_n(x)}{dx^\nu}$$

et *F. Neumann*[104]) écrit

$$(47\text{a}) \quad Q_{n\nu}(x) = (1-x^2)^{\frac{\nu}{2}} \frac{d^\nu Q_n(x)}{dx^\nu} = \nu!(-1)^\nu (1-x^2)^{\frac{\nu}{2}} \int_{-1}^{+1} \frac{X_n(y)\,dy}{(x-y)^{\nu+1}},$$

en sorte que

$$(47\text{b}) \qquad Q_{n\nu}(x) = (-1)^{\frac{3\nu}{2}} \frac{(n+\nu)!}{1\cdot 3\cdot 5\ldots(2n+1)} 2\cdot Q_n^\nu(x).$$

La fonction $Q_n^\nu(x)$ satisfait à la même équation différentielle que $X_n^\nu(x)$, savoir

$$(48) \qquad \frac{d}{dx}\left[(1-x^2)\frac{dQ_n^\nu}{dx}\right] + \left[n(n+1) - \frac{\nu^2}{1-x^2}\right] Q_n^\nu = 0.$$

Dans le cas où ν n'est pas supérieur à n, la fonction Q_n^ν est une solution particulière de cette équation qui devient infinie pour $x = \pm 1$ et s'annule pour x infini, tandis que $X_n^\nu(x)$ est une fonction finie pour toute valeur finie de x et qui devient infinie quand l'argument devient infini.

H. E. Heine[105]) a donné de la fonction Q_n^ν des développements en série et des représentations sous formes d'intégrales. *F. Neumann* donne des formules de récurrence. Il existe pour $Q_n(x)$ un théorème d'addition[106]) qui fait intervenir la fonction $Q_n^\nu(x)$, tout comme X_n admettait une propriété analogue [n° **14**].

F. Lindemann[107]) a donné le développement de

$$\frac{1}{x-y}$$

au moyen des fonctions X_n^ν, Q_n^ν. Il trouve en particulier la formule

---

Commentat. Soc. Gott. recent. 3 (1814/5), éd. Göttingue 1816, math. p. 39/76; Werke 3, Göttingen 1876, p. 165/206.

103) *H. E. Heine* [Kugelf.[1]), (2e éd.) 1, p. 210] écrit d'ailleurs $Q_\nu^n(x)$ là où nous écrivons $Q_n^\nu(x)$.

104) Beiträge[35]), p. 2; J. reine angew. Math. 37 (1848), p. 22. Le facteur 2 de (47b) vient de ce que la fonction Q_n de Neumann est le double de la fonction de Heine.

105) Kugelf.[1]), (2e éd.) 1, p. 217/24.

106) *H. E. Heine*, Kugelf.[1]), (2e éd.) 1, p. 332. *C. Neumann* [Abh. Ges. Lpz. (math.) 13 (1887), p. 403] étend le théorème aux valeurs complexes de l'argument. Le théorème est aussi lié aux fonctions considérées au n° 29.

107) Math. Ann. 19 (1882), p. 323.

remarquable

$$\int_{-1}^{+1} X_n^\nu(x)\, Q_n^\nu(x) \frac{x\,dx}{\sqrt{1-x^2}} = \pi.$$

29. Fonctions dont l'indice supérieur surpasse l'indice inférieur. La définition de X_n^ν [voir l'équation (21) où l'on a défini X_n^p] suppose que l'entier ν ne surpasse pas l'entier n; car pour $\nu > n$ la $\nu^{\text{ième}}$ dérivée de X_n est nulle. Mais, dans les mêmes conditions, la $\nu^{\text{ième}}$ dérivée de Q_n est différente de zéro. Cela conduit à considérer les intégrales de l'équation différentielle (48) répondant à des valeurs de ν supérieures à n; c'est ce qu'a fait *F. Neumann*[108]). Il développe une solution de l'équation (48) en une série de puissances décroissantes de $(x-1)$, multipliée par le facteur $\left(\frac{x+1}{x-1}\right)^{\frac{\nu}{2}}$. Il prouve que, *dans le cas seulement où* $\nu \leqq n$, l'équation (48) admet deux intégrales particulières X_n^ν et Q_n^ν satisfaisant aux conditions suivantes: la première de ces intégrales reste finie aux deux points singuliers $x = +1$, $x = -1$ et devient infinie avec x; la seconde est infinie pour $x = \pm 1$ et s'annule pour x infini. Dans le cas où ν est supérieur à n, il existe pour l'équation différentielle (48) des intégrales particulières jouissant de propriétés caractéristiques toutes différentes. L'une des solutions, $S_{n\nu}$, s'annule pour $x = -1$ et devient infinie pour $x = +1$; l'autre, $T_{n\nu}$, s'annule pour $x = +1$ et devient infinie pour $x = -1$. Toutes deux grandissent indéfiniment avec x. Les facteurs constants par lesquels on peut multiplier ces intégrales sont déterminés par *F. Neumann* de façon que la différence

$$S_{n\nu}(x) - T_{n\nu}(x)$$

devienne égale à $Q_{n\nu}(x)$; et ainsi $S_{n\nu} - T_{n\nu}$ s'annule quand x devient infini.

Sous forme d'intégrale

$$S_{n\nu} = (-1)^\nu \nu!\,(1-x^2)^{\frac{\nu}{2}} \int_{+\infty}^{1} \frac{X_n(z)\,dz}{(x-z)^{\nu+1}} \qquad (\nu > n),$$

tandis que $T_{n\nu}$ s'obtient en remplaçant la limite supérieure $+1$ de l'intégrale par le nombre -1.

108) *H. E. Heine* considère aussi les fonctions adjointes pour $\nu > n$; mais il n'indique pas d'où vient que, dans ce cas, la nature des intégrales particulières de l'équation (48) est autre que dans le cas $\nu \leqq n$. C'est *F. Neumann* [Beiträge[35]), p. 22] qui a mis cette différence en lumière; on lui doit l'étude systématique du cas où $\nu > n$ ainsi que l'introduction des fonctions $S_{n\nu}$, $T_{n\nu}$. *R. Olbricht*[45]), dans le cas de l'argument réel, a donné des interprétations géométriques de ces fonctions ainsi que de P_n^ν et Q_n^ν.

F. Neumann[109]) a encore donné d'autres représentations sous forme d'intégrales ainsi que des développements en série des fonctions $S_{n\nu}$, $T_{n\nu}$ (suivant les puissances croissantes de x par exemple).

Quelques extensions.

30. Fonctions sphériques à indices quelconques. *H. E. Heine*[110]) étend la définition de la fonction P_n au cas où l'indice est un nombre quelconque et non plus un entier. *L. Schläfli*[111]) définit les fonctions sphériques de première et de deuxième espèce pour toute valeur réelle ou imaginaire de l'indice au moyen d'une intégrale, toujours valable dans le domaine complexe; de la simple addition de contours d'intégration il déduit les principales relations entre les fonctions sphériques. Il représente $P^a(x)$ par deux intégrales distinctes, l'une prise dans le plan des t, l'autre sur le double feuillet des s.

$$(49)\quad \begin{cases} \text{I)}\quad P^a(x) = \dfrac{1}{2i\pi}\displaystyle\int \frac{1}{2^a}\frac{(t^2-1)^a}{(t-x)^{a+1}}\,dt, \\ \text{II)}\quad P^a(x) = \dfrac{1}{2i\pi}\displaystyle\int s^a \frac{ds}{w}, \qquad (w^2 = s^2 - 2sx + 1). \end{cases}$$

Le contour d'intégration de (I), pour $|x| > 1$, est un cercle de rayon $\sqrt{x^2-1}$ décrit autour de x dans le sens direct; pour (II) le contour est un lacet entourant les points $x + \sqrt{x^2-1}$ et $x - \sqrt{x^2-1}$.

Il résulte des relations (49) que

$$(49\text{a})\qquad P^a(x) = P^{-(a+1)}(x).$$

La fonction $Q^a(x)$ est définie par l'une des égalités

$$(50)\quad \begin{cases} \text{I)}\quad Q^a(x) = \dfrac{1}{2i\sin\pi a}\displaystyle\int 2^a \frac{(x-t)^a}{(t^2-1)^{a+1}}\,dt, \\ \text{II)}\quad Q^a(x) = \dfrac{1}{2i\sin\pi a}\displaystyle\int \frac{1}{2^{a+1}}\frac{(t^2-1)^a}{(x-t)^{a+1}}\,dt. \end{cases}$$

Le chemin d'intégration pour (I) est une courbe nodale entourant le point x; pour (II) il ressemble à une lemniscate circulant dans le sens direct autour du point -1, dans le sens rétrograde autour du point $+1$.

Entre P et Q existe la relation donnée par *L. Schläfli*

$$(51)\qquad P^a(x) = \frac{\operatorname{tg}\pi a}{\pi}\left\{Q^a(x) - Q^{-(a+1)}(x)\right\}.$$

---

109) Beiträge [35]), p. 31/58.

110) Kugelf.[7]), (2e éd.) 1, p. 37; ici l'intégrale de Laplace sert à la définition de P_n pour n quelconque.

111) Festschrift [25]).

L. Schläfli a développé cette théorie; rappelons seulement qu'il donne, pour a quelconque, des formules analogues à (43), (43a), (43b). Le deuxième indice ν des fonctions sphériques adjointes P_ν^a, dont il fait également l'étude, ne prend que des valeurs entières.

Les fonctions $P_n^{\ \nu}$, $Q_n^{\ \nu}$, où n et ν prennent des valeurs quelconques, ont été étudiées par *E. W. Hobson*[112]) et représentées par des intégrales étendues à des domaines imaginaires; une coupure sur l'axe des abscisses les rend univoques. *R. Olbricht* considère les fonctions $P_n^{\ \nu}$ et $Q_n^{\ \nu}$ à deux indices quelconques comme des cas particuliers de la fonction P de Riemann.

31. Fonctions annulaires ou toroïdales. Certaines fonctions sphériques à indices non entiers présentent de l'intérêt pour le rôle qu'elles jouent dans la théorie du potentiel. Citons d'abord les *fonctions annulaires* ou *toroïdales* (*Ringfunctionen*, *Toroidal functions*). Ce sont les fonctions sphériques dont l'indice est la moitié d'un entier impair; et elles sont solutions de l'équation (2a), où $n(n+1)$ a été remplacé par $n^2 - \frac{1}{4}$ (n étant entier). La première étude de ces fonctions a été faite par *C. Neumann*[113]); puis on les rencontre dans un travail posthume de *B. Riemann*[114]). Pourtant, chez aucun de ces auteurs, les analogies des fonctions qu'ils traitent avec les fonctions sphériques n'apparaissent clairement. Elles ont été mises en évidence par un certain nombre d'auteurs parmi lesquels *A. Wangerin*[115]), puis *H. E. Heine*[116]), *W. M. Hicks*[117]). D'autres recherches sont dues à *H. Hübschmann*[118]) qui n'a point égard aux travaux de ses devanciers, ainsi qu'à *A. B. Basset*[119]). *L. Gegenbauer*[120]) généralise les fonctions annulaires.

Comme pour les fonctions sphériques, on peut distinguer parmi les fonctions annulaires les *zonal functions* et les *sectorial functions*. Les dernières sont solutions de l'équation (1) où $n(n+1)$ a été remplacé par $n^2 - \frac{1}{4}$; elles sont le produit de $\cos \nu\varphi$ ou de $\sin \nu\varphi$ par

112) Philos. Trans. London 187 A (1896), p. 443.

113) Theorie der Elektrizitäts- und Wärmeleitung in einem Ringe, Leipzig 1864.

114) Werke, publ. par *H. Weber*, (1re éd.) Leipzig 1876, p. 407; (2e éd.) Leipzig 1892, p. 431.

115) Archiv Math. Phys. (1) 55 (1873), p. 113; Progr. Berlin 1873.

116) Kugelf.[75]), (2e éd.) 2, p. 283 et suiv.

117) Philos. Trans. London 172 (1881), p. 609/52.

118) Progr. Chemnitz 1889.

119) Amer. J. math. 15 (1893), p. 287. Voir aussi *W. D. Niven*, Proc. Lond. math. Soc. (1) 24 (1892/3), p. 372/86; puis *J. R. Schütz*, J. reine angew. Math. 113 (1894), p. 161/78.

120) Sitzgsb. Akad. Wien 100 IIa (1891), p. 745.

l'une des fonctions $P_\nu^{n-\frac{1}{2}}(x)$, $Q_\nu^{n-\frac{1}{2}}$:

$$(52)\qquad P_\nu^{n-\frac{1}{2}}(x) = \frac{(-1)^\nu \Gamma(n+\frac{1}{2})}{\Gamma(n-\nu+\frac{1}{2})} \int_0^\pi \frac{\cos\nu\omega\, d\omega}{(x+\sqrt{x^2-1}\cos\omega)^{n+\frac{1}{2}}};$$

n et ν ont des valeurs entières. La fonction $Q_\nu^{n-\frac{1}{2}}(x)$ se déduit de la fonction $P_\nu^{n-\frac{1}{2}}(x)$ par le changement de $\cos\omega$ en $\operatorname{ch}\omega = \frac{1}{2}(e^\omega + e^{-\omega})$, les limites de l'intégrale, pour $\nu \leq n$, étant 0 et $+\infty$. La *zonal function* correspond au cas $\nu = 0$. Les fonctions envisagées satisfont aux relations suivantes, comme les fonctions sphériques:

$$(53)\qquad \left\{\begin{aligned} P_\nu^{n-\frac{1}{2}}(x) &= (x^2-1)^{\frac{1}{2}\nu} \frac{d^\nu P_0^{n-\frac{1}{2}}(x)}{dx^\nu}, \\ Q_\nu^{n-\frac{1}{2}}(x) &= (x^2-1)^{\frac{1}{2}\nu} \frac{d^\nu Q_0^{n-\frac{1}{2}}(x)}{dx^\nu}. \end{aligned}\right.$$

Les valeurs précédentes de $P_\nu^{n-\frac{1}{2}}$, $Q_\nu^{n-\frac{1}{2}}$ sont celles de *A. B. Basset*[121]); elles diffèrent par un facteur constant de celles adoptées par *H. E. Heine.* Les fonctions annulaires peuvent évidemment s'écrire sous forme de séries hypergéométriques et elles admettent des formules de récurrence analogues à celles qui se présentent pour les fonctions sphériques. Citons celle-ci, importante dans les applications,

$$(54)\qquad \frac{dP_\nu^{n-\frac{1}{2}}(x)}{dx} Q_\nu^{n-\frac{1}{2}}(x) - \frac{dQ_\nu^{n-\frac{1}{2}}(x)}{dx} P_\nu^{n-\frac{1}{2}}(x) = \frac{(-1)^\nu (n+\nu)!}{(n-\nu)!\,(x^2-1)}.$$

Ces fonctions jouent par rapport au tore le rôle des fonctions sphériques par rapport à la sphère.

32. Fonctions coniques de Mehler. Les *fonctions coniques* (*conal harmonic functions*) sont des fonctions sphériques à indices complexes $-\frac{1}{2} + i\mu$ (μ quelconque); déjà *W. Thomson* et *P. G. Tait*[122]) ont montré la nécessité de les introduire. *F. G. Mehler*[123]) fut conduit à ces fonctions en développant la distance d'un point de la surface d'un cône à un point situé sur l'axe. Il les définit ainsi:

$$(55)\qquad K^\mu(\cos\theta) = \frac{2\cos\mu\pi i}{\pi} \int_0^{+\infty} \frac{\cos\mu\alpha\, d\alpha}{\sqrt{2(\cos\alpha i + \cos\theta)}} = P_{i\mu-\frac{1}{2}}(\cos\theta).$$

---

121) La notation de *A. B. Basset*[119]) est un peu différente.

122) *W. Thomson* et *P. G. Tait,* Natural philos.[5]) 1, p. 178; Theor. Phys. 1, p. 170.

123) *F. G. Mehler,* J. reine angew. Math. 68 (1868), p. 134; Progr. Elbing 1870; Math. Ann. 18 (1881), p. 161. Cf. d'ailleurs *H. E. Heine,* Kugelf.[1]), (2e éd.) 1, p. 300; Kugelf.[75]), (2e éd.) 2, p. 219 et suiv.

K^μ satisfait à l'équation (2b) du n° **3**, où l'on remplace $n(n+1)$ par $-(\mu^2+\frac{1}{4})$. L'intégrale générale de l'équation est alors

(55a) $$AK^\mu(\cos\theta) + BK^\mu(-\cos\theta);$$

$K^\mu(-\cos\theta)$ représente la fonction conique de deuxième espèce.

On a d'autre part

(56) $$\frac{1}{x-y} = \pi\int_0^{+\infty} d\mu\, \frac{\mu \operatorname{tg}\mu\pi i}{i\cos\mu\pi i} K^\mu(x)K^\mu(-y),$$

d'où il suit que

(56a) $$K^\mu(-y) = \frac{\cos\mu\pi i}{\pi}\int_1^{+\infty}\frac{K^\mu(x)dx}{x-y}.$$

F. G. Mehler donne d'autres représentations des fonctions coniques sous forme d'intégrales ou de développements en séries; il établit également le théorème d'addition de ces fonctions.

33. Fonctions coniques adjointes. *C. Neumann*[124]), qui représente $K^\mu(-y)$ par la notation $L_\mu(y)$, obtient les formules de *F. G. Mehler* par une autre voie que cet auteur; il ajoute de nouvelles relations, par exemple le développement de $K^\mu(\cos\theta)$ au moyen des fonctions sphériques $X_n(\cos\theta)$. Il introduit les *fonctions coniques adjointes*

(57) $$K_{\mu j}(x) = (1-x^2)^{\frac{j}{2}}\frac{d^jK^\mu(x)}{dx^j},\quad L_{\mu j}(x) = (1-x^2)^{\frac{j}{2}}\frac{d^jL_\mu(x)}{dx^j},$$

au moyen desquelles le théorème d'addition prend une forme analogue à celle qui correspond aux fonctions sphériques. L'étude de ces *fonctions adjointes* est reprise par *G. Leonhardt*[125]) qui considère aussi l'analogue de la fonction $Y_n(\theta,\varphi)$ de Laplace, savoir

(58) $$Y_q(\mu,\varphi) = \sum_{j=0}^{j=+\infty} K_{qj}(\mu)[\alpha_j\cos j\varphi + \beta_j\sin j\varphi].$$

En donnant à $\cos\gamma$ la même signification qu'au n° **14**, on a

(59) $$\int_{-1}^{+1}\int_0^{2\pi} L_q(\cos\gamma)\,Y_\varrho(\mu,\varphi)\,d\mu\, d\varphi$$
$$= \frac{4}{q^2-\varrho^2}[Y_\varrho(\mu_1,\varphi_1)\cos q\pi i - Y_q(\mu_1,\varphi_1)\cos\varrho\pi i].$$

34. Développement d'une fonction en fonctions coniques. *F. G. Mehler* a donné la représentation suivante d'une fonction $f(\theta,\varphi)$ au moyen des fonctions coniques:

(60) $$f(\theta,\varphi) = \frac{1}{2\pi}\int_0^{+\infty}\mu\,\frac{1}{i}\operatorname{tg}\mu\pi i\, d\mu\int_0^{+\infty}\frac{1}{i}\sin i\theta' d\theta'\int_0^{2\pi}K^\mu(z)f(\theta',\varphi')d\varphi',$$

124) Math. Ann. 18 (1881), p. 195.

125) Math. Ann. 19 (1882), p. 578.

où

$$z = \cos\theta i \cos\theta' i + \sin\theta i \sin\theta' i \cos(\varphi - \varphi').$$

Cette représentation est valable sous la condition que la fonction f soit définie de $\theta = 0$ à $\theta = +\infty$ et de $\varphi = 0$ à $\varphi = 2\pi$, qu'elle ne devienne jamais infinie, et que $\theta = +\infty$ soit pour elle un zéro d'ordre supérieur à $e^{-\frac{\theta}{2}}$. Le second membre de l'équation (60) représente, suivant les cas, la fonction $f(\theta, \varphi)$ ou une certaine valeur moyenne de la fonction aux environs du point (θ, φ). Il faut remarquer la différence entre ce cas et celui des fonctions sphériques. Pour celles-ci, l'indice n étant un nombre entier, le développement comportait une somme de fonctions sphériques, tandis que pour celles-là intervient une intégration relative à l'indice μ[126]).

35. Fonctions dont l'origine est le développement de $(1-2\alpha x+\alpha^2)^{-\nu}$. Beaucoup d'auteurs ont fait l'étude des coefficients des puissances de α dans le développement de

$$(61) \qquad (1 - 2\alpha x + \alpha^2)^{-\nu}.$$

Le coefficient $C_n^\nu(x)$ de α^n comprend la fonction de Legendre X_n comme cas particulier, et jouit de nombreuses propriétés analogues à celles des fonctions sphériques.

Le développement de l'expression (61) a été incidemment considéré par *C. G. J. Jacobi*[127]) dans un travail posthume[128]).

Les coefficients C_n^ν ont été étudiés en détail par *L. Gegenbauer*[129]).

---

126) *W. Thomson* et *P. G. Tait*, [Natural philos.[2]) 1, p. 189; Theor. Physik 1, p. 170] parlent de séries de fonctions sphériques même pour des indices imaginaires, mais point d'une représentation sous forme d'intégrale analogue à (60).

127) J. reine angew. Math. 56 (1859), p. 149; Werke 6, Berlin 1891, p. 184; *H. E. Heine*, Kugelf.[1]), (2e éd.) 1, p. 297, 451; *M. Koppe*, Progr. Berlin 1877; *G. Darboux*, J. math. pures appl. (3) 4 (1878), p. 377.

128) Déjà *R. Murphy* [Trans. Cambr. philos. Soc. 5 (1832/4), éd. 1835, p. 322] traite de C_n^ν, mais comme coefficient tiré d'une fonction génératrice compliquée. *F. G. Mehler* [J. reine angew. Math. 63 (1864), p. 152], le premier, a attiré l'attention sur le rôle de ces fonctions dans les quadratures mécaniques.

Il existe un grand nombre de travaux sur le développement de l'expression (61) suivant les cosinus des multiples de θ, x étant posé égal à $\cos\theta$. Cf. *H. Burkhardt*, Jahresb. deutsch. Math.-Ver. 10[2] (1901/8), p. 62/9, 71/92 [1901].

129) Sitzgsb. Akad. Wien 70 II (1874), p. 6/16, 433/43; 75 II (1877), p. 891/905; 97 IIa (1888), p. 259/70; 102 IIa (1893), p. 942/50; Denkschr. Akad. Wien (math.) 48 (1884), p. 293/316. Indépendamment des travaux précédents, un grand nombre d'auteurs se sont occupés des fonctions C_n^ν.

J. Escary [J. math. pures appl. (3) 5 (1879), p. 47/68] étudie, suivant les

Ils satisfont à l'équation différentielle

$$(62) \qquad (1-x^2)\frac{d^2C_n^\nu}{dx^2}-(1+2\nu)x\frac{dC_n^\nu}{dx}+n(n+2\nu)C_n^\nu=0.$$

Il faut citer la propriété analogue à celle du n° 9 [équation (15)]

$$\int_{-1}^{+1} C_n^\nu(x)C_m^\nu(x)(1-x^2)^{\nu-\frac{1}{2}}dx=0 \qquad \text{pour } m \gtrless n.$$

L'équation (62) admet une deuxième intégrale particulière qui provient du développement de $(y-x)^{-2\nu}$ en fonctions C_n^ν et qui est le coefficient de $2(n+\nu)C_n^\nu(x)$.

Les fonctions C_n^ν admettent un théorème d'addition[130]). Il existe des relations de récurrence entre telles de ces fonctions dont les deux indices diffèrent. Ainsi

$$(63) \qquad 2\nu C_{n-1}^{\nu+1}(x)=\frac{dC_n^\nu(x)}{dx};$$

C_n^ν s'exprime alors au moyen de fonctions dont l'indice ν est compris entre 0 et 1[131]).

36. Cas où ν est un multiple de $\frac{1}{2}$. Fonctions sphériques d'ordre supérieur. Dans le cas où ν est un multiple impair de $\frac{1}{2}$, l'équation (63) montre que C_n^ν s'exprime par des dérivées de fonctions sphériques; C_n^ν ne diffère alors des fonctions sphériques fondamentales que par une puissance de $(1-x^2)$ et un facteur constant. Dans le cas où ν est un nombre entier, les fonctions C_n^ν se ramènent à C_n^1 ou à C_n^0:

$$(64) \qquad C_n^1(x)=\frac{\sin(n+1)\theta}{\sin\theta}, \qquad x=\cos\theta$$

$$(64a) \qquad C_n^0(x)=\frac{\cos n\theta}{n}.$$

Cette dernière fonction est le coefficient de $2\alpha^n$ dans le développement de $-\log(1-2\alpha\cos\theta+\alpha^2)$.

---

différentes valeurs de l'exposant, les racines des coefficients de x dans le développement de l'expression $(1-2\alpha x+\alpha^2)^\nu$, où $\nu=\pm\frac{2l+1}{2}$.

130) *H. E. Heine*, J. reine angew. Math. 62 (1863), p. 127. *L. Gegenbauer*, Sitzgsb. Akad. Wien 70 II (1874), p. 433; 102 IIa (1893), p. 942. Relativement aux formules de récurrence, voir *R. Most*, J. reine angew. Math. 70 (1869), p. 163.

131) *S. Pincherle* [Memorie Ist. Bologna (5) 1 (1890), p. 337/69] a recherché les fonctions qui dérivent du développement de

$$\frac{1}{\sqrt{t^3-3tx+1}}$$

suivant les puissances croissantes de t.

Ces fonctions C_n^ν que *H. E. Heine*[132]) appelle *fonctions sphériques d'ordre supérieur* se rattachent à l'équation de Laplace $\Delta P = 0$ relative à un domaine à $(p+1)$ dimensions[133]). Dans ce cas, l'équation (1a) du n° **1** dépend de p variables

$$\theta,\ \varphi_1,\ \varphi_2, \ldots, \varphi_{p-1},$$

liées aux coordonnées rectangulaires par les formules

$$x_1 = r\cos\theta,\ x_2 = r\sin\theta\cos\varphi_1,\ x_3 = r\sin\theta\sin\varphi_1\cos\varphi_2,$$
$$x_4 = r\sin\theta\sin\varphi_1\sin\varphi_2\cos\varphi_3, \ldots,$$
$$x_{p+1} = r\sin\theta\sin\varphi_1\sin\varphi_2\ldots\sin\varphi_{p-1}.$$

Dans l'hypothèse où la fonction cherchée P est indépendante de $\varphi_1, \varphi_2, \ldots, \varphi_{p-1}$ (cas d'une symétrie autour d'un axe), P se réduit à $r^n C_n^\nu$ pour $\nu = \frac{p-1}{2}$.

Si l'on cherche, sans condition de symétrie, la fonction homogène en $x_1, x_2, \ldots, x_{p+1}$ de la forme

$$P = r^n Y$$

qui satisfasse à l'équation $\Delta P = 0$, on parvient aux fonctions sphériques à p variables, ou fonctions de Laplace d'ordre supérieur[134]). Elles ont été étudiées par *A. Cayley*[135]); on les retrouve dans divers travaux de *H. E. Heine*[136]) sur les fonctions de Lamé; enfin il faut citer les mémoires de *F. G. Mehler*[137]), de *C. Neumann*[138]) et de *V. Giulotto*[139]).

37. Fonctions de N. Nielsen. Toutes les fonctions précédemment considérées se présentent comme des cas particuliers des fonctions

---

132) Kugelf.¹), (2ᵉ éd.) 1, p. 299, 451 et suiv.

133) La fonction P est ici le potentiel d'une masse attirante dans l'espace considéré, l'attraction étant inversement proportionnelle à la $p^{\text{ième}}$ puissance de la distance.

134) Il résulte de l'exposé du texte qu'il ne convient guère de donner à C_n^ν, pour ν *quelconque*, le nom de „fonction hypersphérique" comme le fait *A. Letnikov* [Mat. Sbornik (recueil Soc. math. Moscou) 12 (1885), p. 205/83; cf. Jahrb. Fortschr. Math. 17 (1885), éd. 1888, p. 497], ni de „fonction sphérique d'ordre supérieur" comme le fait *F. Büttner*, Festschr. Wernigerode 1900; ni simplement de „fonction sphérique" comme le fait *N. Nielsen*, Handbuch der Cylinderfunktionen, Leipzig 1904.

135) J. math. pures appl. (1) 13 (1848), p. 275/80.

136) J. reine angew. Math. 60 (1862), p. 252/303; 61 (1863), p. 356/66; 62 (1863), p. 110/41.

137) Progr. Danzig 1864; J. reine angew. Math. 66 (1866), p. 161.

138) *C. Neumann* [Z. Math. Phys. 12 (1867), p. 116] donne, entre autres, l'expression de *fonction ultrasphérique*.

139) Voir aussi *V. Giulotto*, Giorn. mat. (2) 8 (1901), p. 162.

métasphériques et *ultrasphériques* dont *N. Nielsen*[140]) a fait une étude systématique.

N. Nielsen définit la fonction sphérique la plus générale

$$K^{\nu,n}(x)$$

de l'argument x, de l'indice n et du paramètre ν comme la solution la plus générale de deux équations fonctionnelles; il en résulte, dans le cas où $K^{\nu,n}$ est analytique par rapport à x, que la fonction satisfait à l'équation du type hypergéométrique

$$(65) \qquad (1-x^2)\frac{d^2y}{dx^2} - (1+2\nu)x\frac{dy}{dx} + n(n+2\nu)y = 0$$

qui n'est autre que l'équation (62).

Si ν et n ont des valeurs finies, quelconques, la fonction est dite *métasphérique*; si n est un entier non négatif la fonction est alors *ultrasphérique*.

On a les solutions particulières suivantes de l'équation (65):

$$(66)\begin{cases} P^{\nu,n}(x) = \dfrac{\Gamma\left(\frac{n}{2}+\nu\right)\cos\frac{n\pi}{2}}{\Gamma(\nu)\Gamma\left(\frac{n}{2}+1\right)}y_1 + \dfrac{2\Gamma\left(\frac{n+1}{2}+\nu\right)\sin\frac{n\pi}{2}}{\Gamma(\nu)\Gamma\left(\frac{n+1}{2}\right)}y_2, \\[2ex] Q^{\nu,n}(x) = -\dfrac{2^{2\nu-2}\sqrt{\pi}\,\Gamma\left(\frac{n}{2}+\nu\right)\sin\frac{n\pi}{2}}{\Gamma\left(\frac{n}{2}+1\right)}y_1 + \dfrac{2^{2\nu-1}\sqrt{\pi}\,\Gamma\left(\frac{n+1}{2}+\nu\right)\cos\frac{n\pi}{2}}{\Gamma\left(\frac{n+1}{2}\right)}y_2, \end{cases}$$

valables pour $|x| < 1$, et où

$$(66\text{a})\begin{cases} y_1 = F\left(-\frac{n}{2},\ \frac{n}{2}+\nu,\ \frac{1}{2},\ x^2\right), \\ y_2 = xF\left(\frac{1-n}{2},\ \frac{n+1}{2}+\nu,\ \frac{3}{2},\ x^2\right); \end{cases}$$

ces solutions doivent être remplacées, dans le cas où $|x| > 1$, par les suivantes:

$$(66\text{b})\begin{cases} M^{\nu,n}(x) = \dfrac{\Gamma(n+\nu)(2x)^n}{\Gamma(n+1)\Gamma(\nu)}F\left(\frac{1-n}{2},\ -\frac{n}{2},\ 1-\nu-n,\ \frac{1}{x^2}\right), \\[2ex] N^{\nu,n}(x) = \dfrac{\sqrt{\pi}\,\Gamma(n+2\nu)x^{-n-2\nu}}{2^{n+1}\Gamma(n+1+\nu)}F\left(\frac{n+1}{2}+\nu,\ \frac{n}{2}+\nu,\ 1+n+\nu,\ \frac{1}{x^2}\right). \end{cases}$$

Le cas de $\nu = \frac{1}{2}$, n étant égal à un entier non négatif, conduit aux

140) K. Danske Videnskab. Selsk. Skr. (Naturv. math. Afhandl.), (7) 2 (1904/6), p. 241; Ann. mat. pura appl. (3) 14 (1908), p. 69/90; C. R. Acad. sc. Paris 144 (1907), p. 477/9; Ann. Éc. Norm. (3) 25 (1908) p. 371; Théorie des fonctions métasphériques, Paris 1911; dans ce dernier ouvrage il est fait une étude générale des fonctions hypergéometriques dont les deux premiers indices diffèrent de $\frac{1}{2}$, ce qui est le cas des fonctions rencontrées en cet article.

fonctions sphériques ordinaires; alors

$$P^{\nu, n} = M^{\nu, n}$$

et $P^{\nu, n}$ est un polynome.

Si l'on désigne par $F_1^{\nu, n}(x)$ et $F_2^{\nu, n}(x)$ chacune des fonctions définies soit par l'expression (66) soit par l'expression (66 b), la fonction métasphérique la plus générale sera

$$K^{\nu, n}(x) = A(\nu, n) F_1^{\nu, n}(x) + B(\nu, n) F_2^{\nu, n}(x),$$

où les valeurs A et B dépendent de ν et de n et sont assujetties à la seule condition de périodicité

$$A(\nu, n+1) = A(\nu, n), \quad B(\nu, n+1) = B(\nu, n).$$

N. Nielsen définit des fonctions métasphériques adjointes; elles dépendent de trois indices n, ν, σ et, pour les valeurs entières de σ, elles sont liées aux dérivées de $P^{\nu, n}$ et de $Q^{\nu, n}$.

Relativement aux fonctions ultrasphériques, *N. Nielsen* donne ce théorème fondamental:

Si le rayon de convergence de la série entière

$$a_0 + a_1 x + a_2 x^2 + \cdots + a_\nu x^\nu + \cdots \cdot \tag{67a}$$

est plus grand que l'unité, on a le développement suivant de la fonction

$$f(x) = \sum_{\nu=0}^{\nu=+\infty} a_\nu x^\nu$$

en série de fonctions métasphériques:

$$f(x) = \Gamma(\nu) \sum_{s=0}^{s=+\infty} (\nu + s) A_s P^{\nu, s}(x), \tag{67}$$

où

$$A_s = \sum_{n=0}^{n=+\infty} \frac{(n+2s)!\, a_{n+2s}}{2^{n+2s} s!\, \Gamma(\nu + n + s + 1)}.$$

La série (67 a) est convergente à l'intérieur de la plus petite ellipse qui a ses foyers aux points (1, 0), (− 1, 0) et qui passe par un point singulier de la fonction $f(x)$.

Les fonctions $K^{\nu, n}$ admettent un théorème d'addition.*

Fonctions de Lamé.

38. **L'équation de Laplace en coordonnées elliptiques.** La considération des familles de quadriques homofocales

$$\frac{x^2}{\lambda^2 - a^2} + \frac{y^2}{\lambda^2 - b^2} + \frac{z^2}{\lambda^2 - c^2} - 1 = 0 \tag{68}$$

permet de substituer aux coordonnées cartésiennes rectangulaires x, y, z le système de coordonnées ϱ, μ, ν caractérisant les trois surfaces qui passent par le point de coordonnées x, y, z.

$$(68a)\quad \begin{cases} x = \sqrt{\dfrac{(\varrho^2-a^2)(\mu^2-a^2)(\nu^2-a^2)}{(a^2-b^2)(a^2-c^2)}}, \\ y = \sqrt{\dfrac{(\varrho^2-b^2)(\mu^2-b^2)(\nu^2-b^2)}{(b^2-c^2)(b^2-a^2)}}, \\ z = \sqrt{\dfrac{(\varrho^2-c^2)(\mu^2-c^2)(\nu^2-c^2)}{(c^2-a^2)(c^2-b^2)}}. \end{cases}$$

Si l'on pose

$$(69)\quad \begin{cases} A^2 = \dfrac{(\varrho^2-a^2)(\varrho^2-b^2)(\varrho^2-c^2)}{\varrho^2}, \\ B^2 = \dfrac{(\mu^2-a^2)(\mu^2-b^2)(\mu^2-c^2)}{\mu^2}, \qquad \varrho^2 > a^2 > \mu^2 > b^2 > \nu^2 > c^2, \\ C^2 = \dfrac{(\nu^2-a^2)(\nu^2-b^2)(\nu^2-c^2)}{\nu^2}, \end{cases}$$

l'équation de Laplace

$$\Delta V = 0$$

s'écrit, dans le nouveau système,

$$(70)\quad \begin{cases} (\mu^2-\nu^2)\left[A^2\dfrac{\partial^2 V}{\partial \varrho^2} + A\dfrac{\partial A}{\partial \varrho}\dfrac{\partial V}{\partial \varrho}\right] \\ + (\nu^2-\varrho^2)\left[B^2\dfrac{\partial^2 V}{\partial \mu^2} + B\dfrac{\partial B}{\partial \mu}\dfrac{\partial V}{\partial \mu}\right] + (\varrho^2-\nu^2)\left[C^2\dfrac{\partial^2 V}{\partial \nu^2} + C\dfrac{\partial C}{\partial \nu}\dfrac{\partial V}{\partial \nu}\right] = 0. \end{cases}$$

On peut, à la place des variables ϱ, μ, ν, introduire des arguments elliptiques par les formules suivantes:

$$(71)\quad \begin{cases} \wp u = \varrho^2 - \frac{1}{3}(a^2+b^2+c^2), & e_1 = \dfrac{2a^2}{3} - \dfrac{b^2+c^2}{3}, \\ \wp v = \mu^2 - \frac{1}{3}(a^2+b^2+c^2), & e_2 = \dfrac{2b^2}{3} - \dfrac{c^2+a^2}{3}, \\ \wp w = \nu^2 - \frac{1}{3}(a^2+b^2+c^2), & e_3 = \dfrac{2c^2}{3} - \dfrac{a^2+b^2}{3}. \end{cases}$$

L'équation (70) prend la forme[141])

$$(70a)\quad (\wp v - \wp w)\frac{\partial^2 V}{\partial u^2} + (\wp w - \wp u)\frac{\partial^2 V}{\partial v^2} + (\wp u - \wp v)\frac{\partial^2 V}{\partial w^2} = 0,$$

141) *G. H. Halphen*, Traité des fonctions elliptiques et de leurs applications 2, Paris 1888, p. 462. La forme symétrique des fonctions de Lamé se prêtant mal au calcul, *G. H. Darwin* [Philos. Trans. London 197 A (1901), p. 461/557] l'abandonne; il met la solution de l'équation de Laplace sous la forme d'un produit de trois facteurs s'exprimant, les deux premiers au moyen des fonctions sphériques ordinaires, le troisième au moyen de sinus et cosinus d'arcs multiples de la variable indépendante; des tables numériques complètent le mémoire.

Cf. *J. Liouville* [J. math. pures appl. (1) 11 (1846), p. 468] et *H. E. Heine* [Kugelf.[1]), 2e éd.) 1, p. 354]; ces auteurs emploient une notation différente.

et les coordonnées rectangulaires d'un point s'écrivent

$$(72)\qquad \begin{cases} x^2 = \dfrac{(\wp u - e_1)(\wp v - e_1)(\wp w - e_1)}{(e_1 - e_2)(e_1 - e_3)}, \\ y^2 = \dfrac{(\wp u - e_2)(\wp v - e_2)(\wp w - e_2)}{(e_2 - e_3)(e_2 - e_1)}, \\ z^2 = \dfrac{(\wp u - e_3)(\wp v - e_3)(\wp w - e_3)}{(e_3 - e_1)(e_3 - e_2)}; \end{cases}$$

si 2ω et $2\omega'$ sont les périodes, il faut prendre u et $w - \omega'$ réels, $v - \omega$ purement imaginaire.

En faisant varier chaque argument dans l'intervalle d'une demi-période, on représente un huitième de l'ellipsoïde.

39. Définition des fonctions de Lamé. Ces fonctions jouent dans les problèmes relatifs à l'ellipsoïde le rôle des fonctions sphériques à l'égard de la sphère. *G. Lamé* les rencontra dans ses recherches sur l'équilibre des températures[142]) et elles furent également trouvées, d'une manière indépendante, par *C. G. J. Jacobi*[143]). La théorie fut perfectionnée par *H. E. Heine*[144]) et par *J. Liouville*[145]) qui introduisirent les fonctions de seconde espèce, puis par *F. Klein* et ses élèves [voir nos **48, 49**].

Considérons le polynome harmonique P_n du no **1**; on a vu qu'il contenait $2n+1$ constantes arbitraires. En remplaçant x, y, z par leurs expressions elliptiques (72), P_n devient une fonction entière et homogène de degré n en

$$\sqrt{\wp u - e_1}, \quad \sqrt{\wp u - e_2}, \quad \sqrt{\wp u - e_3};$$

elle satisfait aux mêmes conditions relativement aux variables v et w, est symétrique en u, v, w et est solution de l'équation de Laplace. Une telle fonction dépendant de $(2n+1)$ constantes arbitraires s'appelle une fonction de Lamé de *première espèce*.

Toute fonction U de la variable u qui est solution de l'équation

$$(73)\qquad \frac{d^2U}{du^2} = (A\wp u + B)U$$

fournit une fonction UVW satisfaisant à l'équation de Laplace. Les fonctions V et W se déduisent de U où la variable u a été remplacée

142) J. math. pures appl. (1) 2 (1837), p. 147/88; (1) 4 (1839), p. 126, 351; (1) 8 (1843), p. 397/434; Mém. présentés Acad. sc. Paris (2) 5 (1838), p. 174/219; J. Éc. polyt. (1) cah. 23 (1834), p. 191/288. Cf. aussi *G. Lamé*, Leçons sur les fonctions inverses des transcendantes et les surfaces isothermes, Paris 1857.

143) *C. G. J. Jacobi*, J. reine angew. Math. 19 (1839), p. 309; Werke 2, Berlin 1882, p. 57.

144) *H. E. Heine*, J. reine angew. 29 (1845), p. 185.

145) *J. Liouville*, C. R. Acad. sc. Paris 20 (1845), p. 1386, 1609; J. math. pures appl. (1) 10 (1845), p. 222.

par v et par w. Et il existe $(2n+1)$ systèmes de valeurs pour les constantes A et B telles que la solution U satisfasse aux conditions d'homogénéité indiquées plus haut. Avec les variables ϱ, μ, ν, les fonctions de Lamé seront des combinaisons linéaires de $(2n+1)$ polynomes RMN, où R, M, N désignent les mêmes fonctions de ϱ, de μ et de ν[146]); les fonctions UVW et RMN seront dites aussi fonctions de Lamé (fonctions particulières).

40. Formation des fonctions de Lamé. La fonction U doit être un polynome en $\wp u$ ou un tel polynome multiplié par un, deux ou trois radicaux

$$\sqrt{\wp u - e_1}, \quad \sqrt{\wp u - e_2}, \quad \sqrt{\wp u - e_3}.$$

Avec la variable ϱ, R sera un polynome en ϱ^2 ou un tel polynome multiplié par un, deux ou trois radicaux

$$\sqrt{\varrho^2 - a^2}, \quad \sqrt{\varrho^2 - b^2}, \quad \sqrt{\varrho^2 - c^2}.$$

A chacun de ces cas correspondent des polynomes qu'on dira de première, deuxième, troisième ou quatrième classe.

La considération des termes de moindre degré dans l'équation (73) montre que, pour tous les polynomes U, on a

$$A = n(n+1).$$

La substitution à U, dans l'équation (73), d'un polynome de première classe, c'est-à-dire de degré $\frac{n}{2}$ en $\wp u$ (ce qui suppose n pair) donne pour B une équation de degré $\frac{n}{2}+1$. Pour la deuxième classe, l'équation en B est de degré $\frac{n+1}{2}$; pour la troisième classe, elle est de degré $\frac{n}{2}$; pour la quatrième classe elle est de degré $\frac{n-1}{2}$.

A chaque racine de l'équation en B correspond un polynome et un seul.

Si n est pair il n'y a de polynomes que de première classe et de troisième classe; leur nombre est

$$\left(\frac{n}{2}+1\right) + 3\,\frac{n}{2} = 2n+1.$$

Si n est impair il n'y a de polynomes que de deuxième et de quatrième classe; leur nombre est

$$3\left(\frac{n+1}{2}\right) + \frac{n-1}{2} = 2n+1.$$

Or on démontre que le degré de l'équation en B ne peut s'abaisser (le coefficient de la plus haute puissance de B est l'unité) et que

146) Pour la représentation des fonctions de Lamé en coordonnées cartésiennes voir *W. D. Niven*, Philos. Trans. London 182 A (1891), p. 231/78.

toutes les racines sont réelles et distinctes[147]); on peut alors former $(2n+1)$ polynomes UVW et il sont indépendants.

G. Guerritore[147a]) a calculé les expressions des fonctions de Lamé de $n = 1$ à $n = 10$.*

41. Les quatre classes de fonctions de Lamé de première espèce. La fonction de première classe est un polynome en $\wp u$ de degré $\frac{n}{2}$; celle de quatrième classe se ramène à un polynome en $\wp u$ de degré $\frac{n-3}{2}$, multiplié par $\wp' u$. Toutes deux peuvent être composées linéairement avec les dérivées de $\wp u$ et s'écrivent

$$U = \wp^{n-2} u + a_1 \wp^{n-4} u + a_2 \wp^{n-6} u + \cdots \tag{74}$$

La fonction de deuxième classe est de la forme

$$U = \sqrt{\wp u - e_\alpha}\,(\wp^{n-3} u + b_1 \wp^{n-5} u + b_2 \wp^{n-7} u + \cdots), \quad (\alpha = 1, 2, 3). \tag{74a}$$

La fonction de troisième classe est de la forme

$$U = \sqrt{(\wp u - e_\beta)(\wp u - e_\gamma)}\,(\wp^{n-2} u + c_1 \wp^{n-4} u + c_2 \wp^{n-8} u + \cdots). \tag{74b}$$

42. Analogie avec les fonctions sphériques. Le lien des fonctions de Lamé et des fonctions sphériques apparaît nettement si, avec *G. Lamé*, on passe des coordonnées polaires aux coordonnées elliptiques.

Les formules

$$x = \sqrt{\varrho^2 - a^2}\, X, \quad y = \sqrt{\varrho^2 - b^2}\, Y, \quad z = \sqrt{\varrho^2 - c^2}\, Z$$

font correspondre au point (x, y, z) de l'ellipsoïde

$$\frac{x^2}{\varrho^2 - a^2} + \frac{y^2}{\varrho^2 - b^2} + \frac{z^2}{\varrho^2 - c^2} - 1 = 0$$

le point (X, Y, Z) de la sphère de rayon 1. On aura μ et ν en fonction de θ, φ en remplaçant x, y, z par leurs expressions elliptiques (68a) et X, Y, Z par leurs valeurs en θ et φ. Chaque produit MN pourra être transformé en une fonction de degré n en X, Y, Z.

Si l'on pose

$$MN = \Phi,$$

l'élimination de μ et de ν conduit à l'équation

$$\sin\theta \frac{d}{d\theta}\left(\sin\theta \frac{d\Phi}{d\theta}\right) + \frac{d^2\Phi}{d\varphi^2} + n(n+1)\sin^2\theta \cdot \Phi = 0,$$

qui est l'équation[148]) à laquelle satisfait $Y_n(\theta, \varphi)$.

147) *J. Liouville* [J. math. pures appl. (1) 11 (1846), p. 221] montre que les racines sont distinctes; *G. Lamé* a montré qu'elles sont réelles; cf. *H. Poincaré*, Figures d'équilibre[6]), p. 113. Dans le cas où a, b, c ont des valeurs imaginaires, l'équation peut avoir une racine double; *Fr. Cohn* [Diss. Königsberg 1888] a recherché quelles fonctions nouvelles il faut introduire dans ce cas.

147a) *Giorn. math. (2) 16 (1909), p. 164/72.*

148) *J. Liouville*, J. math. pures appl. (1) 11 (1846), p. 278.

On peut encore supposer que, ϱ devenant infini du premier ordre, les variables μ et ν restent finies. Les coordonnées polaires étant r, θ et φ, on voit que la variable ϱ tend alors vers r, et que les variables μ et ν ne dépendent que de θ et de φ; l'ensemble des termes homogènes de plus haut degré dans la fonction de Lamé constitue un polynome sphérique P_n; il s'ensuit que

(75) $$P_n(x, y, z) = P_n(\sin\theta\cos\varphi, \sin\theta\sin\varphi, \cos\theta) = aMN.$$

Toute fonction de deux variables pouvant se mettre sous la forme d'une somme de fonctions sphériques, il en résulte que toute fonction de μ et de ν peut se mettre sous la forme

$$\sum aMN$$

ou, si l'on veut, en vertu des relations (71), sous la forme

$$\sum \alpha VW.$$

Dans le cas des surfaces homofocales de révolution, il y a *identité* entre les groupes de produit MN et les groupes de fonctions Y_n.

En effet si b tend vers a, il en est de même de μ et

$$\lim_{a=b}\sqrt{\frac{a^2-\mu^2}{a^2-b^2}} = \sin\varphi, \quad \lim_{a=b}\sqrt{\frac{b^2-\mu^2}{a^2-b^2}} = \cos\varphi;$$

puis

$$\sin\theta = \sqrt{\frac{a^2-\nu^2}{a^2-c^2}}, \quad \cos\theta = \sqrt{\frac{\nu^2-c^2}{a^2-c^2}}.$$

MN est une fonction sphérique, M ne dépendant d'ailleurs que de φ, N de θ; c'est une des fonctions sphériques fondamentales [n°s 12, 13].

M devient soit $\cos p\varphi$, soit $\sin p\varphi$ et l'on prendra

$$N = X_n^p(\cos\theta) = X_n^p\left(\sqrt{\frac{\nu^2-c^2}{a^2-c^2}}\right).$$

Si l'on repasse aux coordonnées cartésiennes, le produit RMN se transforme en un polynome $Q(x^2, y^2, z^2)$ ou en un tel polynome multiplié par un des facteurs

$$x, y, z, yz, zx, xy, xyz.$$

Pour le cas où $a = b$, le nombre p qui figure dans $\sin p\varphi$ ou $\cos p\varphi$ est impair quand figure *l'un* des facteurs x ou y; s'il n'en figure *aucun* ou s'ils figurent *tous deux*, p est pair. La présence du facteur y donne à M la forme $\sin p\varphi$; dans le cas contraire on prendra M égal à $\cos p\varphi$. Il y a des conclusions analogues dans l'hypothèse $b = c$[149]).

149) *H. Poincaré*, Figures d'équilibre[6]), p. 126. Cf. *H. E. Heine*, Kugelf.[1]), (2e éd.) 1, p. 375 et suiv. Pour le passage des fonctions sphériques aux fonctions de Lamé, voir *G. H. Darwin*, Philos. Trans. London 197 A (1901), p. 461/557.

$X_n(\cos\gamma)$, où $\cos\gamma$ a la même signification qu'au n° **14**, se développe en une somme finie de produits de fonctions de Lamé[150]).

E. Haentzschel[150a]) a étudié les liens entre les fonctions de Lamé, les fonctions de Laplace et les fonctions de Bessel qui seront définies au n° **52**.

43. Racines des polynomes *R*. Un polynome R a toutes ses racines réelles et elles sont comprises entre a^2 et c^2[151]); d'ailleurs si l'on partage cet intervalle en deux autres par l'introduction de b^2, le nombre de racines comprises dans chaque intervalle est le même lorsque b^2 varie de a^2 à c^2[152]). Cela permet de démontrer qu'il y a parmi les polynomes correspondant à une valeur n:

un polynome ayant 0 racine entre a^2 et b^2, et $\frac{n}{2}$ racines entre b^2 et c^2

un polynome ayant 1 racine entre a^2 et b^2, et $\frac{n}{2}-1$ racines entre b^2 et c^2

un polynome ayant 2 racines entre a^2 et b^2, et $\frac{n}{2}-2$ racines entre b^2 et c^2

. . . .

un polynome ayant $\frac{n}{2}$ racines entre a^2 et b^2, et aucune racine entre b^2 et c^2.

44. Propriétés d'intégrales définies. Le carré d'une fonction de Lamé est un polynome entier en $\wp u$; la décomposition en éléments simples donne

$$(76)\qquad \begin{cases} U^2 = a + b\wp u + c\wp'' u + d\wp^{\mathrm{IV}} u + \cdots\cdots \\ U^2\wp u = a' + b'\wp u + c'\wp'' u + d'\wp^{\mathrm{IV}} u + \cdots\cdots \end{cases}$$

Il en résulte que

$$(77)\qquad \iint(\wp v - \wp w) V^2 W^2 dv\, dw = 8(ab' - ba')i\pi,$$

les limites de l'intégrale étant 0 et $\frac{4\omega'}{i}$ pour la variable réelle $\frac{v-\omega}{i}$; 0 et 4ω pour la variable réelle $w - \omega'$.

Si V_1, W_1 sont solutions d'une équation de la forme (73) où A et B sont remplacés par A_1 et B_1, l'une au moins des différences

---

150) *H. E. Heine*, Kugelf.[1]), (2e éd.) 1, p. 430/2.

150a) Z. Math. Phys. 31 (1886), p. 25/38.

151) *J. Liouville*, J. math. pures appl. (1) 11 (1846), p. 161; *H. Poincaré*, Figures d'équilibre[6]), p. 129.

152) *H. Poincaré*, Figures d'équilibre[6]), p. 129; *F. Klein*, Math. Ann. 18 (1881), p. 237. *A. A. Markov* [Math. Ann. 27 (1886), p. 143/50] étudie le nombre des racines de certaines fonctions dont les fonctions de Lamé sont des cas particuliers.

$A - A_1$, $B - B_1$ étant différente de zéro, on a[153])

$$\int\!\!\int (\wp v - \wp w) V V_1 W W_1 dv dw = 0. \tag{77a}$$

45. Développement d'une fonction en une somme de fonctions de Lamé. On a vu [n° 42] que toute fonction de deux variables pourra se mettre sous la forme

$$\sum \alpha V W$$

dans les conditions même où elle est développable en série de fonctions sphériques.

Soit Φ la fonction proposée et

$$A_k V_k W_k$$

un des termes du développement. Les égalités (77) et (77a) permettent d'écrire

$$A_k \int\!\!\int (\wp v - \wp w) V_k^2 W_k^2 dv dw = \int\!\!\int (\wp v - \wp w)\, \Phi V_k W_k dv dw,$$

d'où

$$A_k = \frac{\int\!\!\int (\wp v - \wp w)\, \Phi V_k W_k dv dw}{8(ab' - ba') i\pi}. \tag{78}$$

46. Les fonctions de Lamé de deuxième espèce. La théorie du potentiel conduit à introduire une autre solution de l'équation (73), de même qu'à côté de la fonction Y_n on a considéré Q_n.

La fonction de Lamé de *deuxième espèce*[154]) sera

$$Z = (2n+1) U \int_0^u \frac{du}{U^2}. \tag{79}$$

On peut poser

$$Z = f_1(u) P(u) + (C + D\zeta u) U; \tag{79a}$$

$f_1(u)$ est le produit de ceux des facteurs $\sqrt{\wp u - e_\alpha}$ qui ne figurent pas dans U; $P(u)$ est une fonction entière de $\wp u$, C et D sont des constantes[155]).

F. Lindemann[156]) a développé $\frac{1}{z_1 - z}$ au moyen des fonctions de

153) *G. H. Halphen*, Fonct. ellipt.[141]) 2, p. 479. Ces propriétés, avec d'autres notations, ont été données par *G. Lamé* lui-même [J. math. pures appl. (1) 4 (1839), p. 158].

154) *H. E. Heine* et *J. Liouville* s'en sont occupés simultanément. Cf. notes 144, 145.

155) *H. E. Heine* [J. reine angew. Math. 60 (1862); Monatsb. Akad. Berlin 1866, p. 446; J. reine angew. Math. 67 (1867), p. 315] a montré que les fonctions de première et de seconde espèce peuvent se rattacher au développement en fraction continue d'une certaine intégrale complète de troisième espèce.

156) *F. Lindemann*, Math. Ann. 19 (1882), p. 323.

Lamé de première et de deuxième espèce; il en a déduit, par la méthode de *A. L. Cauchy,* le développement dans un certain domaine d'une fonction analytique $f(z)$; en particulier, la valeur zéro peut se représenter par des séries qui procèdent des fonctions de première espèce ou des fonctions de seconde espèce ou simultanément de l'une et de l'autre.

Lorsque u est très petit (ϱ très grand) les fonctions de première et de deuxième espèce prennent les valeurs approchées

$$U = \frac{1}{u^n} \qquad Z = u^{n+1}. \tag{80}$$

47. Recherches d'Hermite sur l'équation de Lamé. *Ch. Hermite*[157]) a montré que l'on peut intégrer l'équation

$$\frac{d^2 U}{du^2} = [n(n+1)\wp u + B]U$$

quel que soit B, n étant un entier quelconque. La solution est une fonction doublement périodique de seconde espèce.

48. Fonctions de Lamé d'ordre supérieur[158]). Soit

$$du = \frac{1}{2}\frac{dx}{\sqrt{(x-a_0)(x-a_1)(x-a_2)\dots(x-a_p)}} = \frac{1}{2}\frac{dx}{\sqrt{\psi(x)}}. \tag{81}$$

Toute fonction entière de degré n, aux variables

$$\sqrt{x-a_0},\ \sqrt{x-a_1},\ \dots,\ \sqrt{x-a_p},$$

qui satisfait à une équation de la forme

$$\frac{d^2 W}{du^2} + \theta(x) W = 0 \tag{81a}$$

est une fonction de Lamé de *première espèce,* d'*ordre* p et de *degré* n.

La fonction $\theta(x)$ est entière en x et telle que l'équation (81a) admette une solution entière en x; $\theta(x)$ est de degré $p-1$. Le nombre des fonctions θ et, par suite, celui des différentes fonctions de Lamé correspondant à des valeurs données de n et de p, est égal au nombre des fonctions homogènes indépendantes de degré n, aux $p+1$ variables $\xi_0, \xi_1, \xi_2, \dots, \xi_p$, et qui satisfont à l'équation aux dérivées partielles

$$\frac{\partial^2 W}{\partial \xi_0^2} + \frac{\partial^2 W}{\partial \xi_1^2} + \dots + \frac{\partial^2 W}{\partial \xi_p^2} = 0.$$

---

157) *Ch. Hermite,* Sur quelques applications des fonctions elliptiques [C. R. Acad. sc. Paris 85 (1877), p. 689, 728, 821; Œuvres 3, Paris 1912, p. 266].

158) *H. E. Heine,* J. reine angew. Math. 60 (1862), p. 253/303; 61 (1863), p. 356/66; 62 (1863), p. 110/41; Monatsb. Akad. Berlin 1864, p. 13/22; Kugelf.[1]), (2e éd.) 1, p. 445 et suiv. Les fonctions de Lamé à un nombre quelconque de variables ont déjà été considérées par *G. Green,* Trans. Cambr. philos. Soc. 5 (1832/4), éd. 1835, p. 395/430; Papers, publ. par *N. M. Ferrers,* Londres 1871, p. 185. Cf. aussi *A. Cayley,* Philos. Trans. London 165 (1875), p. 675/774; Papers 9, Cambridge 1896, p. 318/423.

Ces fonctions de Lamé prennent la forme

$$\sqrt{\psi_i}\, V_i,$$

V_i étant une fonction entière en x, et ψ_i représentant l'un quelconque des facteurs en lesquels se décompose $\psi(x)$, (l'unité et $\psi(x)$ inclus). Les fonctions introduites par *G. Lamé* s'obtiennent en faisant $x = \varrho^2$, $p = 2$; elles sont donc du second ordre.

L'équation (81a) admet une deuxième intégrale particulière qui s'annule à l'infini, et qui, développée suivant les puissances décroissantes de x, commence par un terme en $x^{-\frac{(n+p-1)}{2}}$.

Si l'on suppose quelques-unes des constantes $a_0, a_1, \ldots, a_p$ égales entre elles, on obtient les *fonctions spéciales de Lamé* du $p^{\text{ième}}$ ordre; le cas où les p constantes deviennent égales entre elles ramène aux fonctions sphériques d'ordre supérieur [n° **36**]. Comme ces dernières, les fonctions de Lamé envisagées ici se rattachent aux problèmes de l'espace à $p + 1$ dimensions; elles découlent de l'expression des coordonnées d'un point au moyen des variétés d'ordre p correspondant aux surfaces homofocales du second ordre de l'espace à trois dimensions.

49. Extensions de la notion de fonction de Lamé. Les problèmes de la théorie du potentiel pour les cyclides de révolution conduisent à une équation différentielle qui ne diffère de celle de Lamé que par la substitution à l'entier n d'un paramètre égal à la moitié d'un entier impair[159]). Des valeurs plus générales du paramètre se présentent si l'on envisage des volumes limités par deux surfaces d'une même famille, choisie dans les trois familles d'un système homofocal du deuxième degré.

F. Klein[160]) a traité de semblables équations de Lamé généralisées et il a établi la proposition suivante à laquelle il a donné le nom de *théorème des oscillations* (Oscillationstheorem):

Soit

$$u = \frac{1}{2}\int^{x} \frac{dx}{\sqrt{(x-a)(x-b)(x-c)}}; \tag{82}$$

159) *A. Wangerin*, Reduktion der Potentialgleichung für gewisse Rotationskörper auf einer gewöhnlichen Differentialgleichung, Leipzig 1875; Monatsb. Akad. Berlin 1878, p. 152; la théorie n'est conduite que jusqu'à l'établissement de l'équation différentielle. *E. Haentzschel* [Studien über die Reduktion der Potentialgleichung auf gewöhnliche Differentialgleichungen, Berlin 1893], donne quelques propriétés de l'intégrale de cette équation différentielle, notamment son lien avec les *fonctions spéciales* qui se présentent comme cas particuliers.

160) *F. Klein*, Math. Ann. 18 (1881), p. 410; Vorlesungen über lineare Differentialgleichungen der zweiten Ordnung (autographié), Göttingue 1894, p. 276.

il existe toujours, pour les paramètres A et B de l'équation de Lamé

$$\text{(82a)} \qquad \frac{d^2E}{du^2} = (Ax + B)E,$$

un système de valeurs et un seul tel qu'une première solution particulière de l'équation jouisse des propriétés suivantes: elle s'annule aux extrémités a_1, a_2 d'un segment porté par l'axe des x, et entre les points extrêmes elle exécute m demi-oscillations (c'est-à-dire qu'elle s'annule m fois); et il existe une deuxième solution particulière s'annulant aux extrémités d'un segment b_1, b_2 et exécutant n demi-oscillations entre les points extrêmes.

Des valeurs approchées de ces fonctions généralisées, pour les grandes valeurs de m et de n, sont données par *Ch. Jaccottet*[161]) qui en a déduit la convergence du développement d'une fonction de deux variables en produit de fonctions de Lamé généralisées.

50. Fonction de Lamé ayant plus de trois points singuliers à distance finie. *F. Klein*[162]) a étendu son théorème (Oscillationstheorem) au cas où l'équation (82a) possède plus de trois points singuliers à distance finie. La théorie du potentiel relative à un volume limité par des cyclides conduit à une équation comportant cinq points singuliers[163]).

Le problème analogue, dans l'espace à n dimensions, amène un radical composé de $(n+2)$ facteurs. A l'équation (82a) correspond alors

$$\text{(82b)} \quad \frac{d^2E}{du^2} = \left\{\frac{2-n}{16(n+1)} f''(x) + Ax^{n-2} + Bx^{n-3} + \cdots + N\right\}E;$$

$f''(x)$ est la dérivée seconde de

$$f(x) = (x-a)(x-b)\ldots(x-l),$$

où $a, b, \ldots, l$ sont des points singuliers; et l'on peut disposer des $(n-1)$ paramètres $A, B, \ldots, N$ de façon que $(n-1)$ solutions particulières de (82b) s'annulent chacune aux extrémités d'un segment de l'axe des x ainsi qu'en un nombre déterminé de points intérieurs à chaque segment.

161) Diss. Göttingue 1895.

162) Nachr. Ges. Gött. 1890, p. 85; Diffgl.[160]), p. 197, 401.

163) *A. Wangerin*, J. reine angew. Math. 82 (1877), p. 145/57 [1876]; *G. Darboux*, C. R. Acad. sc. Paris 83 (1876), p. 1037, 1099. Une monographie de *M. Bôcher* [Über die Reihenentwickelungen der Potentialtheorie, avec préface de *F. Klein*, Leipzig 1894] donne des renseignements détaillés sur le problème du potentiel relatif à des volumes limités par des cyclides, d'après les recherches de *F. Klein*. On y trouve les principales propriétés des cyclides ainsi que les cas de dégénérescence.

La fonction E apparaît sous un jour nouveau si, comme le fait *F. Klein*, on la rend homogène. Soient donc

$$x = \frac{x_1}{x_2}, \quad E(x) = x_2^{\frac{n-2}{4}} F(x_1, x_2),$$

$$f = (x_1 - e_1 x_2)(x_1 - e_2 x_2) \ldots (x_1 - e_{n+2} x_2);$$

F est une fonction homogène en x_1, x_2, de degré $\frac{2-n}{4}$, qu'on appellera *forme de Lamé* et qui jouit de la propriété suivante: le covariant

$$\frac{\partial^2 f}{\partial x_2^2}\frac{\partial^2 F}{\partial x_1^2} - 2\frac{\partial^2 f}{\partial x_1 \partial x_2}\frac{\partial^2 F}{\partial x_1 \partial x_2} + \frac{\partial^2 f}{\partial x_1^2}\frac{\partial^2 F}{\partial x_2^2}$$

est égal au produit de F par une fonction rationnelle entière de degré $n-2$.

Cette propriété est si simple qu'il peut paraître naturel de la prendre pour définition, dans la théorie des fonctions de Lamé[164]).

Les points singuliers de la fonction F sont les racines de l'équation $f = 0$, et quand celles-ci sont distinctes elles figurent dans F avec les exposants $\frac{1}{2}$ et 0.

51. Fonctions du cône elliptique. On passe des fonctions de Lamé aux „fonctions du cône elliptique" comme on a passé des fonctions sphériques aux fonctions coniques de *F. G. Mehler*: l'indice n prend une valeur complexe $-\frac{1}{2} + ip$ (p quelconque). Il faut citer à propos de ces fonctions les recherches de *E. W. Hobson*[165]).

Fonctions cylindriques ou fonctions de Bessel.

52. Équation différentielle. Séries et intégrales relatives aux fonctions de première espèce. Ces fonctions ont leur place dans les problèmes de physique mathématique relatifs au cylindre circulaire, dans la théorie de la propagation de la chaleur à l'intérieur d'une sphère, dans la théorie de la diffraction; enfin, en mécanique céleste, elles sont la base de développements en séries des coordonnées d'une planète, dans le mouvement elliptique.

On devrait en toute rigueur, pour les distinguer d'autres fonctions dont il sera question plus loin [n° 70], les appeler *fonctions du cylindre circulaire*; l'habitude est pourtant de leur donner simplement le nom de *fonctions cylindriques* ou *fonctions de Bessel*.

Incidemment, on rencontre déjà les plus simples de ces fonctions chez *Daniel Bernoulli* et chez *L. Euler*[166]); au dix-neuvième siècle

164) Cf. *G. H. Halphen*, Fonct. ellipt.[141]) 2, p. 471.

165) Proc. London math. Soc. (1) 23 (1891/2), p. 231.

166) *Daniel Bernoulli*, Comm. Acad. Petrop. 6 (1732/3), éd. 1738, p. 108/22;

J.-B. J. Fourier[167]), *F. W. Bessel*[168]) et *S. D. Poisson*[169]) en font usage; aussi *H. E. Heine*[170]) les appelle-t-il *fonctions de Fourier-Bessel*, mais cette dénomination ne s'est pas imposée[171]).

Depuis *F. W. Bessel*, les fonctions cylindriques ont fait l'objet de nombreux mémoires et ont donné lieu à une foule de formules dont on ne reproduira ici que les plus importantes[172]).

On peut prendre pour point de départ l'équation différentielle à laquelle satisfait la fonction:

La *fonction de Bessel de première espèce, d'ordre n,* sera alors une solution particulière de l'équation

$$\frac{d^2y}{dx^2} + \frac{1}{x}\frac{dy}{dx} + \left(1 - \frac{n^2}{x^2}\right)y = 0 \tag{83}$$

qui reste finie pour $x = 0$; on la désignera par la notation[173])

$$J_n(x) \quad \text{ou} \quad J^n(x).$$

Toutes les autres solutions de l'équation (83) qui restent finies pour $x = 0$ sont alors de la forme

$$CJ_n(x)$$

où C désigne une constante arbitraire.

---

7 (1734/5), éd. 1740, p. 162/79; *L. Euler*, Acta Acad. Petrop. 5 (1781), pars prior, éd. 1784, math. p. 157/77 [1774].

D. Bernoulli, comme *J.-B. J. Fourier* d'ailleurs, n'a fait usage que des fonctions d'indice zéro. Il envisage la fonction $J_0\left(2\sqrt{\frac{x}{a}}\right)$ qui vérifie l'équation différentielle $\frac{d^2y}{dx^2} + \frac{1}{x}\frac{dy}{dx} + \frac{y}{ax} = 0$ (Note de *G. Eneström*).*

167) Théorie analytique de la chaleur, Paris 1822, p. 369; Œuvres, publ. par *G. Darboux* 1, Paris 1888, p. 332.

168) Abh. Akad. Berlin (1816/7), éd. 1819, math. Klasse, p. 49; id. (1824), éd. 1826, math. Klasse, p. 1/52.

169) J. Éc. polyt. (1) cah. 19 (1823), p. 249/403.

170) J. reine angew. Math. 69 (1868), p. 128.

171) *H. E. Heine* lui-même, dans la suite, employa exclusivement la dénomination de „fonctions cylindriques".

172) Une bibliographie s'arrêtant à l'année 1867 se trouve dans *C. Neumann* [Theorie der Besselschen Funktionen, Leipzig 1867, préface p. VI]; *H. E. Heine* [Kugelf.¹) 1, p. 189] s'arrête à l'année 1878; *A. Gray* et *G. B. Mathews* [A treatise on Bessel's functions and its applications to physics, Londres 1895] vont plus loin; la bibliographie la plus complète se trouve dans l'ouvrage de *N. Nielsen* [Handbuch der Theorie der Cylinderfunktionen, Leipzig 1904, p. 389/404].

173) *F. W. Bessel* écrit J_n^x ou $J_{n,x}$; quand il s'agit de la fonction J_0, l'indice est parfois omis. Au sujet du rapprochement de l'équation (83) et de l'équation de Riccati, cf. *E. Lommel*, Studien über die Besselschen Funktionen, Leipzig 1868, p. 112 (§ 31).

La constante n, dans l'équation (83), sera tout d'abord un nombre positif[174]).

La solution particulière envisagée se représente par la somme

$$(84)\qquad J_n(x) = \frac{\left(\frac{x}{2}\right)^n}{\Gamma(1+n)}\left[1+\sum_{\nu=1}^{\nu=+\infty}(-1)^\nu \frac{n!\left(\frac{x}{2}\right)^{2\nu}}{\nu!(n+\nu)!}\right]$$

de la série

$$(84\text{a})\qquad \frac{\left(\frac{x}{2}\right)^n}{\Gamma(1+n)}\left[1-\frac{\left(\frac{x}{2}\right)^2}{1!(n+1)}+\frac{\left(\frac{x}{2}\right)^4}{2!(n+1)(n+2)}-\cdots\cdots\right]$$

convergente pour toute valeur de x, ou bien par l'intégrale

$$(85)\qquad J_n(x) = \frac{\left(\frac{x}{2}\right)^n}{\Gamma(n+\frac{1}{2})}\frac{1}{\sqrt{\pi}}\int_0^\pi \cos(x\cos\varphi)\sin^{2n}\varphi\, d\varphi.$$

Les deux formules précédentes sont valables pour toute valeur positive de n; dans le cas où n est un *entier* non négatif, on trouve encore l'expression suivante[175])

$$(86)\qquad J_n(x) = \frac{1}{\pi}\int_0^\pi \cos(n\omega - x\sin\omega)\,d\omega;$$

la formule (86) se déduit de la formule (85) par une transformation indiquée par *C. G. J. Jacobi*[176]).

Dans le cas où n est un multiple impair de $\frac{1}{2}$, la série (84a) peut se sommer au moyen des fonctions élémentaires et l'on trouve par exemple[177])

$$J_{\frac{1}{2}}(x) = \sqrt{\frac{2}{\pi x}}\sin x,\quad J_{\frac{3}{2}}(x) = \sqrt{\frac{2}{\pi x}}\left(\frac{\sin x}{x} - \cos x\right).$$

---

174) On n'a envisagé, avant *E. Lommel*, que des valeurs entières de $2n$; *E. Lommel* lui même ne considère que des valeurs réelles de n, supérieures à $-\frac{1}{2}$. *H. Hankel* [Math. Ann. 1 (1869), p. 467] le premier, introduit des indices complexes; *M. Bôcher* [Annals of math. (1) 6 (1890/2), p. 137] indique des applications des fonctions de Bessel à indices complexes.

175) L'équation (86) sert de point de départ à *F. W. Bessel*. La constante figurant au dénominateur du second membre de l'équation (84) est choisie de façon que la série (84) soit identique à l'intégrale (86), quand l'indice n est entier; *E. Lommel* [Besselsche Funkt.[173])] part de l'équation (85); *J. H. Graf* et *E. Gubler* [Einleitung in die Theorie der Besselschen Funktionen 1, Berne 1898; 2, Berne 1900] partent de la série (84a); *A. Sommerfeld* [Math. Ann. 47 (1896), p. 337] trouve, par une intégration complexe, une représentation analogue à (86), s'appliquant à toute valeur de l'indice; il fait connaître une intégrale de même nature pour la fonction de Bessel de seconde espèce.

176) J. reine angew. Math. 15 (1836), p. 1/26; Werke 6, Berlin 1891, p. 86/118.

177) Cf. *S. D. Poisson*, J. Éc. polyt. (1) cah. 19 (1823), p. 293; Théorie de la

N. Nielsen envisage la série obtenue en multipliant deux fonctions J, développées sous la forme (84); il en déduit des représentations de séries de puissances pour le produit de deux fonctions J[178]).

Les fonctions de Bessel *à indices entiers* (positifs ou non) s'introduisent, en mécanique céleste, comme coefficients des puissances de z dans le développement en série convergente de

$$e^{\frac{x}{2}\left(z-\frac{1}{z}\right)},$$

e désignant la base des logarithmes népériens. Ce développement est[179])

$$(87)\qquad J_0(x)+J_1(x)z+J_2(x)z^2+\cdots+J_n(x)z^n+\cdots\cdots \\ +J_{-1}(x)z^{-1}+J_{-2}(x)z^{-2}+\cdots+J_{-n}(x)z^{-n}+\cdots\cdots$$

en sorte que l'on a

$$(87\text{a})\qquad e^{\frac{x}{2}\left(z-\frac{1}{z}\right)}=\sum_{\nu=-\infty}^{\nu=+\infty}J_\nu(x)z^\nu.$$

Le changement de z en $-\frac{1}{z}$ montre immédiatement que

$$(88)\qquad J_{-n}(x)=(-1)^nJ_n(x)\qquad (\text{pour } n \text{ entier}).$$

En rapprochant cette égalité de l'égalité (84), on déduit pour n entier

$$(89)\qquad \begin{cases} J_n\,(-x)=(-1)^nJ_n(x), \\ J_{-n}(-x)=J_n(x). \end{cases}$$

Le changement de z en $\frac{1}{z}$ dans la relation (87a) fournit une relation qui, multipliée membre à membre par la relation (87a) elle-même, donne la relation identique

$$1=A_0+\sum_{n=1}^{n=+\infty}A_nz^n+\sum_{n=1}^{n=+\infty}A_{-n}z^{-n}.$$

Il s'ensuit que $A_0=1$, c'est-à-dire que l'on a

$$(90)\qquad 1=J_0^2(x)+2\sum_{\nu=1}^{\nu=+\infty}J_\nu^2(x).$$

Cette formule prouve que, x étant réel, la valeur absolue de $J_0(x)$ est inférieure à l'unité, et que la valeur absolue de $J_n(x)$ pour n entier et positif est inférieure à $\frac{1}{\sqrt{2}}$.

---

chaleur, Paris 1833, p. 159. *P. S. Laplace*, Connaissance des temps pour 1823, publiée à Paris en 1820; Mécanique céleste 5, Paris 1825, p. 72 (livre 11, chap. 4); Œuvres 5, Paris 1882, p. 83.

178) Math. Ann. 52 (1899), p. 228; Theorie der Cylinderfunktionen[173]), p. 20.

179) *O. Schlömilch*, Z. Math. Phys. 2 (1857), p. 137.

En posant

$$z = e^{i\varphi},$$

on obtient des séries représentant $\cos(x \sin\varphi)$ et $\sin(x \sin\varphi)$; $\cos x$ et $\sin x$ s'obtiennent en faisant $\varphi = \frac{\pi}{2}$.

Si dans l'exponentielle qui figure dans le premier membre de la relation (87a) on remplace x par $2x$, puis qu'on identifie avec le carré de l'exponentielle, on obtient l'expression de $J_n(2x)$ au moyen des carrés et des produits des fonctions J_n[180]).

53. Fonctions de Bessel de deuxième espèce. La plupart des auteurs[181]) appellent ainsi une intégrale particulière de l'équation (83) qui devient infinie quand $x = 0$.

Si n *n'est pas entier* on obtient cette seconde intégrale en changeant n en $-n$ dans la série (84a).

Si n *est entier*, $J_{-n}(x)$ ne diffère de $J_n(x)$ que par un facteur constant [n° 52]; on le reconnaît d'ailleurs en cherchant à satisfaire à l'équation (83) par une série de puissances croissantes de x et commençant par x^{-n}.

La méthode de *L. Euler*[83]), qui permet de trouver la deuxième intégrale d'une équation différentielle du second ordre quand on en connaît une première intégrale particulière, conduit alors à une solution qui contient un logarithme.

C. Neumann a fait une étude approfondie de la fonction de deuxième espèce dans le cas où n est un nombre entier ou nul; désignant la fonction par Y, il trouve[182]):

$$(91) \qquad Y_0(x) = J_0(x) \log_e(x) + 2\sum_{\nu=1}^{\nu=+\infty} \frac{(-1)^{\nu-1}}{\nu} J_{2\nu}(x).$$

La série

$$(91\text{a}) \qquad \tfrac{1}{1}J_2(x) - \tfrac{1}{2}J_4(x) + \tfrac{1}{3}J_6(x) - \tfrac{1}{4}J_8(x) + \cdots\cdots$$

dont la somme figure dans le second membre de cette relation (91) converge pour toute valeur de x.

---

180) *E. Lommel*, Besselsche Funkt.[175]), p. 31, 48 (§ 12, 15).

181) *C. Neumann* et *L. Schläfli* donnent à la fonction dont il est question ici le nom de „fonction de Bessel complémentaire". Ils désignent par les mots de „seconde espèce" une autre fonction [cf. n° 62]; ce n'est pas la dénomination habituelle.

182) *C. Neumann*, Besselsche Funkt.[178]), p. 44. L'intégrale (92) se trouve déjà chez *G. G. Stokes*, Trans. Cambr. philos. Soc. 9 (1850), part II p. [38]; Papers 3, Cambridge 1901, p. 42.

C. Neumann trouve encore

$$(92)\qquad Y_0(x) = \frac{1}{\pi}\int_0^\pi \cos(x \sin \omega) \log_e (4x \cos^2 \omega)\, d\omega.$$

La fonction de deuxième espèce, d'indice n entier autre que zéro, s'obtient par la formule[183])

$$(93)\qquad Y_n(x) = (-2x)^n \frac{d^n Y_0(x)}{(dx^2)^n}.$$

Comme la même relation existe entre J_n et J_0, il s'ensuit que $Y_n(x)$ est la somme de $J_n(x) \log_e x$ et d'une fonction univoque et continue de x, développable en une série de fonctions cylindriques analogue à la série (91a); cette série peut s'écrire sous forme d'intégrale[184]).

54. Les fonctions de seconde espèce comme limites des fonctions de première espèce. *H. Hankel*[185]) a montré le premier que[186])

$$(94)\quad Y_n(x) = \lim_{\varepsilon=0} \frac{1}{2\varepsilon}[J_{n+\varepsilon}(x) - (-1)^n J_{-(n+\varepsilon)}(x)] + [\log_e 2 + \Gamma'(1)] J_n(x);$$

où $\Gamma'(1)$ est la *constante d'Euler* [cf. II 5].

55. Les fonctions cylindriques comme limites des fonctions sphériques. *G. Mehler*[187]) a trouvé entre les fonctions sphériques et les fonctions cylindriques la remarquable relation suivante:

$$(95)\qquad \lim_{n=+\infty} X_n\left(\cos\frac{\theta}{n}\right) = J_0(\theta),$$

qui se déduit de la représentation de X_n sous la forme d'une série hypergéométrique dont le quatrième élément est $\sin^2 \frac{\theta}{2n}$, ou bien encore de l'intégrale de Laplace [équation (7) du n° 7].

H. E. Heine[188]) a considéré de semblables passages à la limite pour les fonctions sphériques adjointes [n° 15] et pour les fonctions sphé-

---

183) *C. Neumann*, Besselsche Funkt.[173]), p. 54.

184) *E. Lommel*, Besselsche Funkt.[173]), p. 86. Pour d'autres formes de ces séries, cf. *H. Hankel*[185]) et *L. Schläfli*[186]).

185) *H. Hankel*, Math. Ann. 1 (1869), p. 467/501. Cf. note 186.

186) *L. Schläfli*, Math. Ann. 3 (1871), p. 134. Ce que *H. Hankel* désigne par Y_n n'est pas identique à la fonction Y_n de *C. Neumann*; dans la formule (94) qu'écrit *L. Schläfli*, il s'agit de la fonction Y_n de *C. Neumann*.

187) J. reine angew. Math. 68 (1868), p. 140. **H. Laurent* [J. math. pures appl. (3) 1 (1875), p. 385] montre que

$$\lim_{n=+\infty} 2^n X_n\left(\frac{x^2+n^2}{x^2-n^2}\right)$$

est une fonction de Bessel.*

188) J. reine angew. Math. 69 (1868), p. 128.

riques de deuxième espèce. Il pose ainsi

$$(95a)\quad \begin{cases} \lim\limits_{n=+\infty} Q^n\left(\cos\frac{\theta}{n}\right) = K_0(\theta), \\ \lim\limits_{n=+\infty} \frac{2^n}{\sqrt{n\pi}} P_\nu^{\,n}\left(\cos\frac{\theta}{n}\right) = J_\nu(\theta), \\ \lim\limits_{n=+\infty} \frac{1}{2^{n+1}}\sqrt{\frac{\pi}{n}}\, Q_\nu^{\,n}\left(\cos\frac{\theta}{n}\right) = K_\nu(\theta). \end{cases}$$

L'équation différentielle des fonctions sphériques fondamentales [équation (2) du n° **3**], où $\mu = \cos\theta$, conduit, si l'on y fait l'argument égal à $\frac{\theta}{n}$ et qu'on cherche la limite pour $n = +\infty$, à l'équation différentielle des fonctions de Bessel; cela permet de prévoir la nature de la relation entre K_ν, J_ν et Y_ν; on a effectivement[189]:

$$(96)\quad -K_0(\theta) = Y_0(\theta) - J_0(\theta)\,[\log_e 2 + \Gamma'(1)] = \lim_{\varepsilon=0} \frac{J_\varepsilon(\theta) - J_{-\varepsilon}(\theta)}{2\varepsilon}$$

et

$$(96a)\quad -K_\nu(\theta) = \lim_{\varepsilon=0} \frac{1}{2\varepsilon}[J_{\nu+\varepsilon}(\theta) - (1)^\nu J_{-(\nu+\varepsilon)}(\theta)].$$

H. E. Heine fait l'étude des fonctions de Bessel en les considérant comme des cas limites de fonctions sphériques. Les fonctions de Bessel peuvent encore se rattacher aux fonctions coniques de *G. Mehler* ou, d'une façon plus générale, aux fonctions *P* de *B. Riemann*[190]).

56. Les fonctions de deuxième espèce sous forme d'intégrales. *H. E. Heine* trouve

$$(97)\quad K_0(\theta) = \int_0^{+\infty} \cos(\theta\cos iu)\,du,$$

ainsi qu'une forme correspondante pour $K_\nu(\theta)$.

L. Schläfli[191]), *H. Hankel*[192]), *H. E. Heine*[193]), *H. Weber*[194]), *N. J.*

---

189) *H. Weber*, J. reine angew. Math. 75 (1873), p. 85. Cf. *H. E. Heine*, Kugelf.[1]) 1, p. 244.

190) *R. Olbricht* [Studien[38]) über die Kugel- und Cylinderfunktion, Diss. Leipzig 1887; Nova Acta Acad. Leop. 52 (1888), p. 1/48] traite d'extensions qu'il considère comme des fonctions cylindriques d'ordre plus élevé et montre que les formules (95) et (95a) s'étendent au cas d'indices quelconques. Cette généralisation a été donnée également par *A. Sommerfeld*, Math. Ann. 47 (1896), p. 387.

191) Ann. mat. pura appl. 1 (1868), p. 232; Math. Ann. 3 (1871), p. 134.

192) Math. Ann. 1 (1869), p. 467.

193) J. reine angew. Math. 69 (1868), p. 128/41; Kugelf.[1]) 1, p. 234.

194) J. reine angew. Math. 69 (1868), p. 222/37; 75 (1873), p. 75/106; 76 (1873), p. 1/20.

Sonin[195]) et *P. Schafheitlin*[196]) donnent, pour représenter J_n, Y_n et K_n, diverses intégrales portant sur des variables réelles ou complexes.

On peut citer la formule suivante due à *L. Schläfli*, où a est quelconque et où la partie réelle de x est positive,

$$(98)\quad J_a(x) = \frac{1}{\pi}\int_0^{\pi} \cos(x \sin\varphi - a\varphi)\,d\varphi - \frac{\sin a\pi}{\pi}\int_0^{+\infty} e^{-x\,\mathrm{sh}\,\varphi - a\varphi}\,d\varphi;$$

sh désigne le sinus hyperbolique [II 7, 19]; puis la *formule de Sonin*

$$(98\text{a})\quad Y_0(x) = -\int_0^{+\infty} J_0(u)\frac{\cos(x+u)}{x+u}\,du = -\int_0^{+\infty}\frac{J_0(u)\,du}{x+u} + \int_0^{\frac{\pi}{2}}\sin(x\cos\varphi)\,d\varphi;$$

enfin la *formule de Mehler*[197])

$$(98\text{b})\qquad K_0(i\theta) = \frac{1}{\pi}\int_0^{+\infty}\frac{x J_0(x)\,dx}{x^2+\theta^2}.$$

Il faut remarquer que *L. Schläfli* donne à la fonction de Bessel de seconde espèce, qu'il appelle *fonction complementaire*, la forme suivante

$$(98\text{d})\qquad K_a(x) = \operatorname{cotg}(a\pi) J_a(x) - \frac{1}{\sin(a\pi)} J_{-a}(x).$$

N. Nielsen[178]), dans son traité, introduit à côté de J_ν et de Y_ν les fonctions

$$H^{(\nu)}(x) = J_\nu(x) \pm i\,Y_\nu(x),$$

qu'il appelle *fonctions cylindriques de Hankel.*

57. Relations de récurrence. Les principales relations récurrentes, déjà connues de *F. W. Bessel*, sont les suivantes:

$$(99)\qquad \begin{cases} 2\dfrac{dJ_n(x)}{dx} = J_{n-1}(x) - J_{n+1}(x), \\ J_{n-1}(x) + J_{n+1}(x) = \dfrac{2n}{x} J_n(x), \\ J_{n+1}(x) = \dfrac{n}{x} J_n(x) - \dfrac{dJ_n(x)}{dx}. \end{cases}$$

La deuxième de ces relations est utile pour la détermination numérique des fonctions J_n.

195) Math. Ann. 16 (1880), p. 1.

Dans le second membre de la formule (98a), *N. J. Sonin* introduit un facteur 2. Mais la fonction qu'il appelle Y_n est le double de celle que *C. Neumann* désigne par la même notation.

196) J. reine angew. Math. 114 (1894), p. 31; Die Theorie der Besselschen Funktionen, Leipzig 1908.

197) J. reine angew. Math. 68 (1868), p. 134; cf. *H. E. Heine*, Kugelf.[1]) 1, p. 197.

Les égalités (99) subsistent pour les fonctions $Y_n(x)$.

Parmi les conséquences de ces égalités rappelons la formule (93), ainsi que celles qui permettent d'exprimer J_n au moyen de J_{n-m}, J_{n-m-1} etc.

Comme *E. Lommel*[198]) l'a montré le premier, ces relations sont valables pour toute valeur entière ou nulle de n, en tenant compte de la relation (88) lorsque n est un entier négatif.

E. Lommel[199]) indique, entre les fonctions de première et de seconde espèce, les égalités suivantes, où n est un entier et où v a une valeur quelconque:

$$(100)\quad \begin{cases} Y_n(z)J_{n+1}(z) - J_n(z)Y_{n+1}(z) = \dfrac{1}{z}, \\ J_\nu(z)J_{-(\nu-1)}(z) + J_{-\nu}(z)J_{\nu-1}(z) = \dfrac{2}{\pi z}\sin(\nu\pi). \end{cases}$$

N. J. Sonin adopte les formules de récurrence pour point de départ de sa théorie; elles servent également de définition à *N. Nielsen* qui en déduit une généralisation des fonctions cylindriques[200]).

58. Développement en fraction continue. La deuxième relation récurrente (99) permet de développer

$$\frac{J_n(x)}{J_{n-1}(x)}$$

en fraction continue. On a

$$(101)\quad \frac{J_n(x)}{J_{n-1}(x)} = \cfrac{1}{\cfrac{2n}{x} - \cfrac{1}{\cfrac{2n+2}{x} - \cfrac{1}{\cfrac{2n+4}{x} - \cdots}}}$$

O. Schlömilch[201]) et *F. W. Bessel* ont signalé ce développement sous des formes différentes. Plus récemment *J. H. Graf* a étudié de

198) Besselsche Funkt.[175]), p. 2.

199) Math. Ann. 4 (1871), p. 103.

N. Nielsen [Math. Ann. 52 (1899), p. 228; Handbuch[175]), p. 23] donne une formule de récurrence plus générale. Dans le second membre de la première des deux équations (100), *N. Nielsen* écrit $\frac{2}{\pi z}$ au lieu de $\frac{1}{z}$ et *P. Schafheitlin* [Theorie der Besselschen Funktionen[106]), p. 48] écrit $-\frac{2}{\pi z}$. Cela tient à ce que ces auteurs désignent par Y_n le produit par $\frac{\pm 2}{\pi}$ de la fonction Y_n de *C. Neumann*.

200) Ann. mat. pura appl. (3) 5 (1900), p. 17; Handbuch[199]), p. 25.

201) Z. Math. Phys. 2 (1857), p. 137; **O. Perron* [Sitzgsb. Acad. München 37 (1907), p. 483/504] étudie la convergence du développement; sa méthode est simplifiée par *N. Nielsen*, Sitzgsb. Acad. München 38 (1908), p. 85/8.*

près le lien qui existe entre les fonctions de Bessel et les fractions continues[202]).

*Citons à ce propos des études de *W. Kapteyn*[203]), *O. Perron*[201]), *N. Nielsen*[201]), sur le développement en fraction continue du quotient de deux fonctions de Bessel.*

59. **Séries semi-convergentes.** La série (84), bien que convergente pour toute valeur de x, ne convient guère au calcul numérique de $J_n(x)$ quand x est grand. Il vaut mieux employer le développement semi-convergent au sens de *A. M. Legendre* [I 4, 19]

$$(102)\quad J_n(x) = \sqrt{\frac{2}{\pi x}}\left[\cos\left(x - \frac{\pi}{4} - \frac{n\pi}{2}\right) S_1 + \sin\left(x - \frac{\pi}{4} - \frac{n\pi}{2}\right) S_2\right],$$

où

$$(102\text{a})\quad S_1 = \sum_{p=0}^{p=+\infty} (-1)^p \frac{(n, 2p)}{(2x)^{2p}}, \quad S_2 = \sum_{p=0}^{p=+\infty} (-1)^p \frac{(n, 2p+1)}{(2x)^{2p+1}}.$$

La notation (n, p) a ici la signification suivante

$$(n, p) = \frac{\Gamma\left(n + p + \frac{1}{2}\right)}{\Gamma\left(n - p + \frac{1}{2}\right)} \frac{1}{\Gamma(p+1)} = \frac{n^2 - \left(\frac{1}{2}\right)^2}{1} \cdot \frac{n^2 - \left(\frac{3}{2}\right)^2}{2} \cdots \frac{n^2 - \left(\frac{2p-1}{2}\right)^2}{p}.$$

La série (102) a été indiquée par *S. D. Poisson*[204]) pour $n = 0$ et par *C. G. J. Jacobi*[205]) pour les valeurs entières de l'indice.

Le *reste* de la série, dans le cas où $n = 0$, a été déterminé par *R. Lipschitz*[206]), qui n'a donné que quelques indications pour le cas où n est un entier positif.

H. Hankel[207]) a étudié le cas où n ainsi que x ont des valeurs quelconques réelles ou complexes; il parvient au résultat suivant: si l'on calcule un nombre fini de termes pour S_1 ou pour S_2, la valeur absolue du reste de la série est inférieure à celle du premier terme négligé; on n'est pourtant assuré de ce résultat qu'à partir du terme pour lequel $2p$ ou $2p+1$ est supérieur à la partie réelle de $n - \frac{1}{2}$. Si n et x ont des valeurs réelles et positives, les termes consécutifs sont de signes différents à partir du terme de rang p, pourvu que $2p$ ou $2p+1$ étant déterminé par la condition précédente on ait $p \geqq n$.

202) *J. H. Graf*, Ann. mat. pura appl. (2) 23 (1895), p. 45/65.

203) *K. Akad. Wetensch. Amsterdam, Verslagen Natuurk Afdeeling 14 (1905/6), p. 562/4, 672/4; éd. anglaise, p. 547/9, 640/2; Archives néerlandaises sc. Harlem (2) 11 (1906), p. 149/68.*

204) J. Éc. polyt. (1) cah. 19 (1823), p. 349.

205) Astron. Nachr. 28 (1849), p. 94; Werke 7, Berlin 1891, p. 174.

206) J. reine angew. Math. 56 (1859), p. 189.

207) Math. Ann. 1 (1869), p. 467/501.

E. Lommel[208]) et *H. Hankel* ont également donné pour représenter $Y_n(x)$ des séries semi-convergentes.

Une forme nouvelle et une discussion précise de la valeur du reste se trouve dans un mémoire de *H. Weber*[209]) qui prend pour n un nombre réel quelconque et pour x un nombre complexe; on trouve également dans ce mémoire, pour le cas où n est entier, les séries qui conviennent à $Y_n(x)$. Dans le cas où la valeur de l'indice n n'est pas petite relativement à celle de l'argument x, *P. Debye*[210]) a donné pour $Y_n(x)$ des développements en séries semi-convergentes.

On tire de (102), pour n entier, x ayant une valeur réelle très grande, les valeurs asymptotiques suivantes

$$\text{(102b)} \quad \begin{cases} J_{2n}(x) \cong \dfrac{1}{\sqrt{\pi x}}(-1)^n(\cos x + \sin x), \\ J_{2n+1}(x) \cong \dfrac{1}{\sqrt{\pi x}}(-1)^{n+1}(\cos x - \sin x). \end{cases}$$

On a, dans les mêmes conditions,

$$\text{(102c)} \qquad K_n(x) \cong \frac{1}{2}\sqrt{\frac{\pi}{x}}(\cos x - \sin x).$$

Si n est la moitié d'un nombre impair, les séries (102a) sont limitées, résultat indiqué déjà au n° 52. L'intégrale (85) permet de donner à J_n la forme

$$J_n(x) = x^n[C \cos x + S \sin x],$$

où C et S sont des sommes de séries toujours positives, ordonnées suivant les puissances croissantes de x[211]).

---

208) Besselsche Funkt.[173]), p. 95; *H. Hankel*[207]) remarque que le mode de démonstration de *E. Lommel*, pour le développement en série dans le cas où n est quelconque, ne répond pas aux exigences de l'analyse moderne.

209) Math. Ann. 37 (1890), p. 401/16; *B. Riemann* [Ann. Phys. und Chemie 95 (1855), p. 130; Werke, (1e éd.) Leipzig 1876, p. 54] n'envisage que des valeurs de x purement imaginaires. Voir aussi *P. Schafheitlin*, Jahresb. deutsch. Math.-Ver. 19 (1910), p. 120/9.

210) Math. Ann. 67 (1908), p. 535; Sitzgsb. Akad. München, Math. Phys. Klasse 1910, mém. n° 5.

211) Cf. *I. Todhunter*, An elementary treatise on Laplaces functions, Lamés functions and Bessels functions, Londres 1875, p. 292.

Pour la détermination des constantes par le passage des séries convergentes de puissances croissantes aux séries semi-convergentes de puissances décroissantes, voir *G. G. Stokes*, Trans. Cambr. philos. Soc. 9 (1850), part II p. [38]; 10 (1857), p. 122; 11 (1868), p. 415; Papers 3, p 43; 4, p. 101, 286.

**A. Adamov* [Ann. Inst. Polyt. St Pétersbourg 6 (1906), p. 239/65] étudie les expressions asymptotiques des fonctions cylindriques et de leurs dérivées pour les grandes valeurs de l'argument.*

**T. J. Stieltjes*[212]) a étudié le cas où $n = 0$; *O. Callandreau*[213]) étendant sa méthode, donne pour $J_n(x)$ une expression qui comporte le calcul de deux séries semi-convergentes.

J. Hadamard[214]) a appliqué à $J_0(x)$ et $J_0(ix)$ une méthode qui consiste à rendre convergentes les séries au moyen de termes correctifs; les nouvelles séries ne représentent plus les fonctions de Bessel, mais ont même valeur asymptotique pour x très grand.*

60. Racines de l'équation $J_n(x) = 0$. L'équation

$$\frac{1}{x^n} J_n(x) = 0$$

a une infinité de racines, réelles et distinctes, séparées par les valeurs[215])

$$(m + \tfrac{1}{2})\pi, \quad (m + 1)\pi, \quad \text{où} \quad m = 0, 1, 2, \ldots\ldots$$

Cela résulte du fait que, pour n compris entre $-\frac{1}{2}$ et $+\frac{1}{2}$, $J_n(x)$ est constamment positif quand x varie de $2m\pi$ à $(2m + \frac{1}{2})\pi$ et est constamment négatif quand x varie de $(2m + 1)\pi$ à $(2m + \frac{3}{2})\pi$.

Les grandes valeurs des racines de l'équation $J_n(x) = 0$ diffèrent les unes des autres de π environ.

Ce qui a été dit des racines de l'équation $J_n(x) = 0$ s'applique aux racines de l'équation $\frac{dJ_n(x)}{dx} = 0$ et plus généralement à celles de l'équation

$$aJ_n(x) + bx\frac{dJ_n(x)}{dx} = 0,$$

où a et b sont des constantes arbitraires.

En désignant par p une racine de l'équation $J_n(x) = 0$, on a pour les valeurs naturelles de n[216])

$$\sum_{(p)} \frac{1}{p^2} = \frac{1}{4(n+1)}, \quad \sum_{(p)} \frac{1}{p^4} = \frac{1}{16(n+1)^2(n+2)}, \text{ etc.}$$

212) *Recherches sur quelques séries semi-convergentes, Thèse Fac. sc. Paris 1886.*

213) *Bull. sc. math. (2) 14 (1890), p. 110.*

214) *Bull. Soc. math. France 36 (1908), p. 77/85.*

215) *D. Bernoulli* [Comm. Acad. Petrop. 6 (1732/3), éd. 1738, p. 116] avait déjà établi qu'une des racines de l'équation $J_0(2\sqrt{x})$ est approximativement égale à $\frac{1}{0,691}$ et qu'il y a une infinité d'autres racines réelles.

Pour la proposition du texte, voir *J.-B. J. Fourier*, Théorie analytique de la chaleur, Paris 1822, p. 372; Œuvres, publ. par *G. Darboux* 1, Paris 1888, p. 335; *E. Lommel* [Besselsche Funkt.[173]), p. 65] donne une démonstration pour toute valeur de l'indice. Voir aussi *B. Riemann*, Partielle Differentialgleichungen, (2e éd.) Brunswick 1876, p. 266.

216) *J. W. Strutt* (lord *Rayleigh*), London Edinb. Dublin philos. mag. (4) 44 (1872), p. 328/44. Sous une forme un peu différente pour $n = 0$ par *L. Euler*, Acta Acad. Petrop. 5 (1781), pars prior éd. 1784, p. 173 [1774].

A. Hurwitz[217]) a fait une étude approfondie des racines de l'équation $J_n(x) = 0$ pour n arbitraire, même négatif.

P. Schafheitlin[218]) a recherché les racines des fonctions de Bessel de seconde espèce.

61. Théorème d'addition des fonctions de première et de seconde espèce. En posant

$$R = \sqrt{r^2 + r_1^2 - 2rr_1 \cos\theta}$$

on a[219])

$$(103) \quad \begin{cases} J_0(R) = J_0(r)J_0(r_1) + 2\sum_{n=1}^{n=+\infty} J_n(r)J_n(r_1)\cos n\theta \\ Y_0(R) = J_0(r)\,Y_0(r_1) + 2\sum_{n=1}^{n=+\infty} J_n(r)\,Y_n(r_1)\cos n\theta. \end{cases}$$

La première équation est valable pour des valeurs arbitraires de r et de r_1, la deuxième ne convient que pour $r < r_1$.

Le théorème analogue pour $J_n(R)$ a été donné par *L. Gegenbauer*[220]), *N. J. Sonin*[221]) et *J. H. Graf*[222]).

On trouve dans l'ouvrage de *H. E. Heine* le théorème d'addition de la fonction K_n[223]).

Il convient de mentionner des formules[224]) relatives à $J_n(x+y)$ ainsi[225]) qu'à $J_n(\sqrt{z+h})$.

---

217) Math. Ann. 33 (1888), p. 246/66; *J. Mac Mahon*, Annals of math. 9 (1894), p. 23; *A. Gray* et *G. B. Mathews*, Bessels Functions[172]), p. 241; *H. M. Macdonald*, Proc. London math. Soc. 29 (1899), p. 165.

218) J. reine angew. Math. 122 (1900), p. 299; Archiv Math. Phys. (3) 1 (1901), p. 133; Berl. Math. Ges. 5 (1906), p. 82/93; Jahresb. deutsch. Math. Ver. 16 (1907), p. 272/9; *C. N. Moore*, Annals of math. 9 (1908), p. 156/62; *A. Chessin*, Amer. J. math. 16 (1896), p. 186; *R. W. Willson* et *B. O. Peirce* [Bull. Amer. math. Soc. 3 (1897), p. 153] donnent des tables des racines.*

Relativement aux courbes $y = J_m(x)$ et $y = Y_m(x)$, cf. *R. Olbricht*[190]).

219) *C. Neumann*, Besselsche Funkt.[172]), p. 65.

220) Sitzgsb. Akad. Wien 69 II (1874), p. 6/16; 74 II (1876), p. 124/30; *C. Wendt* [Monatsh. Math. Phys. 11 (1900), p. 125] donne une généralisation du résultat de *L. Gegenbauer*. Autre extension de *N. Nielsen*, Ann. mat. pura appl. (3) 6 (1901), p. 43.

221) Math. Ann. 16 (1880), p. 1.

222) Math. Ann. 43 (1893), p. 136.

223) *H. E. Heine*, Kugelf.[1]) 1, p. 464; *A. Sommerfeld* [Math. Ann. 47 (1896), p. 356] et *H. M. Macdonald* [Proc. Lond. math. Soc. 32 (1900), p. 152] établissent le théorème d'addition des fonctions de deuxième espèce dans le cas où l'indice est quelconque.

62. La fonction O_n de C. Neumann. La formule de Cauchy

$$f(x) = \frac{1}{2i\pi}\int_0^{2\pi} \frac{f(y)\,dy}{y-x}$$

conduit *C. Neumann*[226]) à introduire de nouvelles fonctions, les fonctions O_n. Il écrit

$$(104) \qquad \frac{1}{y-x} = J_0(x)\,O_0(y) + 2\sum_{n=1}^{n=+\infty} J_n(x)\,O_n(y).$$

C. Neumann donne assez improprement à cette fonction, le nom de „fonction de Bessel de seconde espèce". Ainsi que l'a fait remarquer déjà *E. Lommel*, cette fonction O_n ne satisfait pas à l'équation différentielle de Bessel (83); il vaut donc mieux, conformément à l'habitude de la plupart des mathématiciens, réserver la qualification *de seconde espèce* à la deuxième intégrale particulière de l'équation (83) désignée précédemment par les notations Y_n ou K_n dans le cas de n entier et par J_{-n} quand n n'est pas entier.

Suivant que n est pair ou impair, O_n satisfait à l'une des équations

$$(105) \qquad \begin{cases} \dfrac{d^2 O_n(y)}{dy^2} + \dfrac{3}{y}\dfrac{d\,O_n(y)}{dy} + \left(1 - \dfrac{n^2-1}{y^2}\right) O_n(y) = \dfrac{1}{y}, \\[2ex] \dfrac{d^2 O_n(y)}{dy^2} + \dfrac{3}{y}\dfrac{d\,O_n(y)}{dy} + \left(1 - \dfrac{n^2-1}{y^2}\right) O_n(y) = \dfrac{n}{y^2}. \end{cases}$$

C. Neumann développe cette fonction en une série limitée, procédant suivant les puissances négatives de y, en donne une représentation sous forme d'intégrale définie et montre qu'elle satisfait à la première des relations de récurrence (99).

L. Schläfli[227]) a donné une formule analogue à la deuxième des relations (99).

La fonction O_n jouit des propriétés suivantes[228]): on a

$$(106) \qquad \begin{cases} \int J_n(z)\,O_\nu(z)\,dz = \pi i \text{ dans le cas où } n \text{ et } \nu \text{ égaux entre eux représentent un entier positif,} \\ \qquad = 2\pi i \text{ si } n = \nu = 0, \\ \qquad = 0 \quad \text{si } n \gtrless \nu. \end{cases}$$

224) *C. Neumann*, Besselsche Funkt.[172]), p. 40. Cf. *L. Schläfli*, Math. Ann. 3 (1871), p. 134; *J. H. Graf*, Math. Ann. 43 (1893), p. 136; *N. Nielsen*, Math. Ann. 52 (1899), p. 228; *F. H. Jackson*, Trans. R. Soc. Edinburgh 41 (1904/5), p. 105/18. *L. Schläfli* fait connaître un développement de $O_n(x+y)$, où O_n est la fonction définie au n° 62.

225) *E. Lommel*, Besselsche Funkt.[173]), p. 11.

226) Besselsche Funkt.[172]), p. 8.

227) Math. Ann. 3 (1871), p. 137.

L'intégrale est étendue dans le plan de la variable imaginaire à une courbe entourant le point $z = 0$. Si l'origine est extérieure à la courbe l'intégrale est nulle, même pour $n = \nu$. De plus, au cas où la courbe entoure le point $z = 0$, on a

$$(107) \qquad \int J_n(z) J_\nu(z) dz = 0, \quad \int O_n(z) O_\nu(z) dz = 0,$$

que n soit égal à ν ou en diffère.

63. Développement d'une fonction analytique suivant les fonctions de Bessel. Les résultats qui précèdent permettent de développer une fonction $f(x)$, univoque et continue à l'intérieur du cercle de centre $x = 0$, en une série de la forme

$$(108) \qquad \alpha_0 J_0(x) + \alpha_1 J_1(x) + \cdots + \alpha_\nu J_\nu(x) + \cdots\cdots,$$

où

$$(108\text{a}) \quad \alpha_0 = \frac{2}{i\pi}\int f(x) O_0(x) dx, \text{ et } \alpha_\nu = \frac{1}{i\pi}\int f(x) O_\nu(x) dx \quad (\nu = 1, 2, \ldots\ldots);$$

les intégrales sont prises le long du cercle dans le sens direct.

H. E. Heine[229]) déduit une autre détermination des coefficients au moyen des développements d'une fonction en fonctions sphériques adjointes.

C. Neumann[230]) donne, comme exemple, les développements des puissances entières positives de z (même z^0), ainsi que ceux de $\cos z$ et $\sin z$, en séries de fonctions de Bessel de première espèce; les puissances négatives de z se développent en séries limitées de fonctions O_ν.

C. Neumann[231]) a donné d'autres développements de même nature; *W. Kapteyn*[232]) a étudié des séries de la forme

$$A_1 J_1(z) + A_2 J_2(2z) + \cdots + A_n J_n(nz) + \cdots\cdots$$

et *N. Nielsen*[233]) a généralisé les résultats de *C. Neumann* et de *W. Kapteyn*.

N. Nielsen[234]), en outre, a trouvé des séries procédant suivant des produits de fonctions cylindriques et dont la somme est constamment nulle quand les variables restent à l'intérieur d'un certain domaine.

---

228) *C. Neumann*, Besselsche Funkt.[173]), p. 19.

229) Kugelf.[1]), 1, p. 255.

230) Besselsche Funkt.[172]), p. 39/40.

231) Math. Ann. 3 (1871), p. 581.

232) Ann. Éc. Norm. (3) 10 (1893), p. 91.

233) Ann. Éc. Norm. (3) 18 (1901), p. 39; cf. Handbuch[178]), p. 270/320 (chap. 20 à 23).

234) Math. Ann. 52 (1899), p. 582; Ann. mat. pura appl. (3) 6 (1901), p. 301; Handbuch[178]), p. 337.

64. Sur les développements qui se présentent dans les applications. On rencontre en physique mathématique des développements procédant suivant les fonctions J de même indice mais dont l'argument varie d'un terme à l'autre. L'argument est de la forme

$$\lambda_p x,$$

où λ_p est la $p^{\text{ième}}$ racine de l'équation

a) $$J_n(x) = 0$$

ou de l'équation

b) $$\frac{dJ_n(x)}{dx} = 0$$

ou encore de l'équation plus générale

c) $$aJ_n(x) + bx\frac{dJ_n(x)}{dx} = 0.$$

Soit donc une fonction $f(x)$ développée de la sorte:

$$f(x) = \sum_{(p)} A_p J_n(\lambda_p x). \tag{109}$$

Les coefficients A se déterminent grâce aux relations

$$\int_0^1 J_n(\lambda x) J_n(\lambda_1 x) x\, dx = 0, \tag{110}$$

$$2\int_0^1 [J_n(\lambda x)]^2 x\, dx = [J_n'(\lambda)]^2 + \left(1 - \frac{n^2}{\lambda^2}\right)[J_n(\lambda)]^2, \tag{110a}$$

où λ et λ_1 sont deux racines différentes de l'équation **a**, ou deux racines différentes de l'équation **b**, ou deux racines différentes de l'équation **c**, et où J' est la dérivée de J. Dans l'équation (110a) l'expression $J_n(\lambda)$ est égale à zéro dans le cas **a**; dans le cas **b** c'est l'expression $J_n'(\lambda)$ qui est nulle.

Le développement (109), pour $n = 0$, se trouve déjà chez *J.-B. J. Fourier*; aussi *E. Lommel*[235]) donne-t-il au théorème qu'expriment les égalités (110) et (110a) le nom de *théorème de Fourier*; il a étendu la proposition aux valeurs de n différentes de zéro[236]).

Il faut remarquer que dans la relation (109), n doit être choisi de façon que

$$\lim_{x=0} \frac{f(x)}{x^n}$$

ait une valeur finie.

---

235) Besselsche Funkt.[173]), p. 69. Sur la convergence de la série (109) pour $n = 0$, cf. *A. Kneser*, Archiv Math. Phys. (3) 7 (1904), p. 123/33.

236) *E. Lommel*, id. p. 69/73; cf. *B. Riemann*, Partielle Differentialgleichungen, (2e éd.) p. 258. Démonstration de la convergence par *H. Hankel*, Math. Ann. 8 (1875), p. 471; *L. Schäfli*, Math. Ann. 10 (1876), p. 137; *U. Dini*, Serie di Fourier 1, Pise 1880, p. 246/69. Cf. *N. Nielsen*, Handbuch[172]), p. 352.

On substituera s'il le faut à $f(x)$ cette même fonction multipliée par une puissance convenable de x.

Dans les problèmes de physique mathématique traitant du cylindre creux, on introduit à la place de J_n la solution générale de l'équation différentielle de Bessel

$$J_n(\lambda_p x) + C_p Y_n(\lambda_p x) = f_n(\lambda_p x),$$

C_p et λ_p étant déterminés par deux équations de la forme[237])

$$\begin{cases} J_n(\lambda_p x_1) + C_p Y_n(\lambda_p x_1) = 0, \\ J_n(\lambda_p x_2) + C_p Y_n(\lambda_p x_2) = 0. \end{cases}$$

On a alors, à la place de l'équation (110), la formule

$$\int_{x_1}^{x_2} f_n(\lambda x) f_n(\lambda_1 x) x dx = 0,$$

où λ et λ_1 sont deux racines distinctes du système écrit plus haut. La valeur de l'intégrale pour $\lambda = \lambda_1$ ne s'exprime pas sous forme finie.

65. La série de Schlömilch. *O. Schlömilch*[238]) met une fonction définie entre 0 et π sous la forme

$$(111) \qquad f(x) = \tfrac{1}{2} A_0 + \sum_{n=1}^{n=+\infty} A_n J_0(nx),$$

où

$$(111\text{a}) \qquad A_n = \frac{2}{\pi} \int_0^{\pi} u \cos(nu)\, du \int_0^1 \frac{f'(ut)\, dt}{\sqrt{1-t^2}}.$$

E. Lommel[239]) donne un développement analogue, où J_m remplace J_0.

66. Représentation d'une fonction de deux variables au moyen des fonctions de Bessel. *C. Neumann*[240]), en partant de la formule relative aux fonctions sphériques [équations 32 et 33 du n° **19**] et par un passage à la limite (il fait croître indéfiniment le rayon de la sphère), représente ainsi une fonction de deux variables, au moyen des fonctions cylindriques:

$$(112) \qquad 2\pi F(\varrho_1, \varphi_1) = \lim_{q=+\infty} \iint_{(\infty)} \varrho\, d\varrho\, d\varphi\, F(\varrho, \varphi) \Big[\int_0^q J_0(qR) q\, dq \Big],$$

237) Cela correspond au cas où, pour le cylindre plein, on prend une racine de l'équation **a**. Le système d'équations qu'il faut substituer aux deux équations **b** et **c** s'obtient sans peine.

238) Z. Math. Phys. 2 (1857), p. 137/65.

239) Besselsche Funkt.[173]), p. 73; *E. Lommel* donne à la proposition que traduit l'égalité (111) le nom de „théorème de Schlömilch".

240) Über die nach Kreis-, Kugel- und Cylinder-Funkt. fortschr. Entw.[77]), p. 18, 126; cf. *H. E. Heine*, Kugelf.[1]), (2 éd.) 1, p. 443.

où

$$R = \sqrt{\varrho^2 + \varrho_1^2 - 2\varrho\varrho_1 \cos(\varphi - \varphi_1)};$$

l'intégration est étendue à une aire plane $\mathfrak{S}$. Dans le cas où $F(\varrho, \varphi)$ est continue à l'intérieur du domaine $\mathfrak{S}$, le second membre de (112) tend vers une limite finie lorsque q grandit; cette limite est *zéro* si le point (ϱ_1, φ_1) est en dehors du domaine $\mathfrak{S}$, elle est la moyenne arithmétique des valeurs que prend $F(\varrho, \varphi)$ le long d'un petit cercle entourant le point (ϱ_1, φ_1) lorsque celui-ci se trouve à l'intérieur de $\mathfrak{S}$.

L'égalité (112) donne la représentation d'une fonction $f(\varrho_1)$ d'un seul argument entre $\varrho_1 = 0$ et $\varrho_1 = c$ au moyen d'une intégrale double. Cette représentation a été généralisée en faisant usage de la fonction J_n (n entier positif) au lieu de J_0[241]).

67. Quelques intégrales définies. Citons quelques exemples d'intégrales définies où figurent des fonctions de Bessel.

R. Lipschitz[242]) trouve

$$\frac{1}{\sqrt{a^2+b^2}} = \int_0^{+\infty} e^{-ax} J(bx)\,dx.$$

On doit à *H. Weber*[243]) l'égalité

$$\int_0^{+\infty} J_\nu(bx)\frac{dx}{x} = \frac{1}{\nu} \qquad (b > 0).$$

H. Hankel[244]) et *N. J. Sonin*[245]) donnent des intégrales analogues.

C. Neumann[246]) représente le carré d'une fonction de Bessel à indice entier au moyen d'une intégrale définie

$$[J_n(x)]^2 = \frac{1}{\pi}\int_0^{\pi} J_{2n}(2x \sin\omega)\,d\omega$$

et *L. Schläfli*[247]) y rattache l'expression du produit

$$J_m(x)J_n(x).$$

---

241) *C. Neumann,* Über die nach Kreis-, Kugel- und Cylinder-Funkt. fortschr. Entw.[77]), p. 137. Cf. *W. F. Sheppard,* Quart. J. pure appl. math. 23 (1888), p. 223.

242) J. reine angew. Math. 56 (1859), p. 189.

243) Id. 69 (1868), p. 232.

244) Math. Ann. 8 (1875), p. 453.

245) Id. 16 (1880), p. 1.

246) Besselsche Funkt.[112]), p. 70.

247) Math. Ann. 3 (1871), p. 134. Cf. *N. Nielsen,* Ann. Éc. Norm. (3) 18 (1901), p. 39.

Enfin on peut écrire[248]) pour la fonction sphérique P^n

$$P^n(\cos\theta) = \frac{1}{\Gamma(n+1)} \int_0^{+\infty} e^{-x\cos\theta} J_0(x \sin\theta) x^n \, dx.$$

En remplaçant J_0 par la série semi-convergente (102), on met $P^n(\cos\theta)$ sous une forme qui permet d'en obtenir une expression approchée pour les grandes valeurs de n.

68. *Les fonctions de Bessel et les équations intégrales. Soit

$$\psi^{(h)}(s)$$

une solution de l'équation intégrale homogène

$$(113) \qquad y(s) = \lambda^{(h)} \int_a^b K(s, t) y(t) dt,$$

où le noyau $K(s, t)$ est une fonction symétrique en s et t, continue dans le plan de s, t et où $\lambda^{(h)}$ est racine d'une certaine équation transcendante ayant en général un nombre infini de racines.

Les fonctions $\psi^{(h)}$ jouissent des propriétés suivantes

$$(114) \qquad \int_a^b \psi^{(h)}(s)\, \psi^{(k)}(s)\, ds = 0 \qquad (h \gtrless k),$$

$$(114a) \qquad \int_a^b [\psi^{(h)}(s)]^2 \, ds = 1.$$

Ces fonctions permettent de développer toute fonction $f(s)$ se mettant sous la forme

$$(115) \qquad f(s) = \int_a^b K(s, t) g(t) dt$$

en une série

$$f(s) = c_1 \psi^{(1)}(s) + c_2 \psi^{(2)}(s) + c_3 \psi^{(3)}(s) + \cdots$$

absolument et uniformément convergente pour $a \leq s \leq b$; on a

$$c_m = \int_a^b f(s)\, \psi^{(m)}(s)\, ds.$$

248) *O. Callandreau*, Bull. sc. math. (2) 15 (1891), p. 121. La même formule est obtenue par *E. W. Hobson* [Proc. Lond. math. Soc. (1) 25 (1893/4), p. 49] qui donne plus loin l'expression correspondante pour $P_\nu^n(\cos\theta)$.

L. Gegenbauer [Monatsh. Math. Phys. 10 (1899), p. 189] a représenté le produit

$$(\sin\varphi)^{\frac{2\nu-1}{2}} C_n^\nu(\cos\varphi) J^{n+\nu}(\alpha)$$

au moyen d'une intégrale.

D. Hilbert[249]) a déterminé le noyau qui correspond à certaines fonctions de Bessel. La fonction à développer étant divisée d'abord par $\sqrt{x}$, *D. Hilbert* établit que toute fonction continue et dérivable deux fois dans l'intervalle $(0, 1)$ et s'annulant pour $x = 1$ est développable en série absolument et uniformément convergente suivant les fonctions de Bessel: $J_0(x\sqrt{\lambda^{(m)}})$; les différentes valeurs $\lambda^{(m)}$ sont celles des racines de l'équation $J_0(\sqrt{\lambda}) = 0$.

D. Hilbert donne encore au moyen d'une équation intégrale une définition nouvelle des fonctions sphériques fondamentales.

En se plaçant toujours au point de vue des équations intégrales *A. Myller*[250]) a montré qu'on peut développer une fonction ayant ses deux premières dérivées continues sous la forme

$$a_1 J_{+\sqrt{\nu}}(\lambda^{(1)}x) + a_2 J_{+\sqrt{\nu}}(\lambda^{(2)}x) + \cdots\cdots,$$

où ν est une constante positive et où les différents $\lambda^{(i)}$ sont les racines de l'équation

$$J_{+\sqrt{\nu}}(\lambda) = 0.$$

Il a montré également la possibilité de développements d'après des fonctions de Bessel de même argument et d'indices différents.*

69. Tables de fonctions de Bessel. *F. W. Bessel*[251]) a calculé des tables des fonctions J_0 et J_1 pour des arguments variant de $x = 0$ à $x = 3,2$. *P. A. Hansen*[252]) les a étendues jusqu'à $x = 10$, *E. Lommel*[253]) jusqu'à $x = 20$. La table de *E. Meissel*[254]) est étendue à douze décimales. La table de *E. Lommel* est publiée dans l'ouvrage de *W. E. Byerly*[255]); *J. W. Strutt* (lord *Rayleigh*) en donne un extrait[256]).

B. A. Smith[257]) a calculé des tables de Y_0 et Y_1. *J. W. Strutt* (lord *Rayleigh*) et *W. E. Byerly* fournissent également un tableau des racines de $J_n(x) = 0$; *W. E. Byerly* donne les neuf premières racines pour $n = 0, 1, 2, 3, 4$ et 5.

---

249) Nachr. Ges. Gött. 1904, math.-phys. p. 231, 241; *A. Kneser,* Math. Ann. 63 (1907), p. 517.

250) Buletinue Societa tii de ştiinţe din Bucuresti 18 (1909), nos 5 et 6.

251) Abh. Akad. Berlin 1824, éd. 1826. math. Klasse, p. 1/52.

252) Schriften der Sternwarte Seeberg, Gotha 1843; *G. B. Airy* [London Edinb. Dublin philos. mag. 18 (1841), p. 7] donne une petite table pour J_0 et $(J_0)^2$.

253) Besselsche Funkt.[173]), p. 127/35.

254) Abh. Akad. Berlin 1888, éd. 1889, Abh. nicht zur Akad. gehöriger Gelehrten, Math. Abh. mém. n° 1, p. 1/23; reprod. dans *A. Gray* et *G. B. Mathews,* Treatise on Bessels functions[173]).

255) Elementary treatise[47]), p. 286/7.

256) The theory of sound, (1re éd.) 1, Londres 1877; 2, Londres 1878; 2e éd.) 1, Londres 1894; 2, Londres 1896.

257) Messenger math. (2) 26 (1896/7), p. 98.

G. G. Stokes[258]) donne les douze premières racines de J_0 et J_1, *R. W. Willson* et *B. O. Peirce*[259]) les quarante premières de J_0 et *E. Meissel*[260]) les cinquante premières de J_1.

On trouvera des renseignements sur de plus récentes tables anglaises dans les „Reports of the British Association for Advancement of sciences" de 1889, 1893, 1896 et 1907.

Fonctions des cylindres elliptique et parabolique.

70. Fonctions du cylindre elliptique. Ces fonctions interviennent en physique mathématique dans les questions qui se rattachent au cylindre elliptique ou à la plaque elliptique; elles sont aux fonctions de Bessel ce que les fonctions de Lamé sont aux fonctions sphériques. Les fonctions du cylindre elliptique satisfont à l'équation différentielle

$$\frac{d^2\mathfrak{E}(\varphi)}{d\varphi^2} + (\lambda^2\cos^2\varphi - B)\,\mathfrak{E}(\varphi) = 0; \tag{117}$$

B est ici la racine d'une certaine équation transcendante. Les deux intégrales particulières de l'équation (117) prennent le nom de fonctions de première et de seconde espèce; la fonction de première espèce est finie à distance finie. L'une et l'autre, comme les fonctions de Lamé, se subdivisent en quatre classes.

H. E. Heine[261]) a fait une étude complète de ces fonctions; il en donne des développements procédant suivant les fonctions de Bessel J et K, d'argument $i\lambda\cos\varphi$.

F. Lindemann[262]), qui donne à l'équation (117) une extension analogue à celle que *Ch. Hermite* a donnée à l'équation de Lamé [n° 47], développe la fonction $\mathfrak{E}(\varphi)$ suivant les puissances de $\cos^2\varphi$.

E. Särchinger[263]) a fait un exposé détaillé de la théorie des fonctions du cylindre elliptique où il étend et améliore certains résultats de *H. E. Heine*.

258) Trans. Cambr. philos. Soc. 9 part I (1849/50), éd. 1850, p. 181; Papers 2, Cambridge 1883, p. 355.

259) Bull. Amer. math. Soc. 3 (1896/7), p. 153.

260) Progr. Kiel 1890.

261) Kugelf. [1]), (2e éd.) 1, p. 401; 2, p. 202. Cf. *Fr. Pockels*, Über die partielle Differentialgleichung $\Delta u + k^2 u = 0$ und deren Auftreten in der mathematischen Physik, Leipzig 1891, p. 186; il étend aux fonctions du cylindre elliptique le théorème des oscillations [n° 49].

262) Math. Ann. 22 (1883), p. 117. Relativement aux séries qui se rapportent à la fonction $\mathfrak{E}$, voir *H. Bruns*, Astron. Nachr. (Kiel) 106 (1883), col. 193/204, 107 (1884), col. 129/34. Pour d'autres travaux d'ordre astronomique faisant intervenir $\mathfrak{E}$, voir *F. Tisserand*, Traité de mécanique céleste 3, Paris 1894.

263) Progr. Chemnitz 1894.

E. Häntzschel[264]) adopte pour point de départ l'équation suivante plus générale que (117)

$$\frac{d^2 z}{d\omega^2} = \left[h^2\left(\frac{\beta e^{mi\omega} - \alpha e^{-mi\omega}}{2mi}\right)^2 - \nu^2\right] z; \tag{118}$$

et à côté de cette équation transcendante il en considère une autre de forme algébrique. Il discute la nature de l'intégrale de l'équation (118), la façon dont elle se comporte à l'infini, ses liens avec les fonctions de Lamé, etc. Ces résultats pourtant seraient à compléter.

71. Fonctions du cylindre parabolique. Les problèmes se rattachant au cylindre parabolique font appel à d'autres fonctions.

On obtient leur équation différentielle en faisant dans l'équation (118) $\alpha = \beta$, $m = 0$.

K. Baer[265]) en a fait l'étude en donnant à l'équation différentielle la forme

$$\frac{d^2 z}{d\varrho^2} + (h - \varrho^2) z = 0. \tag{119}$$

On trouve chez cet auteur, ainsi que chez *E. Häntzschel*[266]), *E. T. Whittaker*[267]), *G. N. Watson*[268]), les diverses représentations et les principales propriétés de ces fonctions.

M. Bôcher[269]) donne un schéma de la multiplicité des points singuliers pour les fonctions des cylindres elliptique et parabolique ainsi que pour les fonctions du cône et du cylindre de révolution.

---

264) Progr. Duisburg 1886; Progr. städt. höh. Bürgerschule, Berlin 1889; voir aussi *E. Häntzschel*, Studien über die Reduktion der Potentialgleichung auf gewöhnliche Differentialgleichungen, Berlin 1893, p. 94.

265) Progr. Küstrin 1883.

266) Z. Math. Phys. 33 (1888), p. 22.

267) Proc. London math. Soc. (1) 35 (1902/3), p. 417/27.

268) Id. (2) 8 (1910), p. 393/421.

269) Potentialtheorie [163]), p. 193.

II 28a. GÉNÉRALISATIONS DIVERSES DES FONCTIONS SPHÉRIQUES.

Exposé par **P. APPELL** (Paris) et **A. LAMBERT** (Paris).

*La théorie des fonctions sphériques a été généralisée à deux points de vue différents.

Certains auteurs ont étudié des fonctions d'*une variable* analogues aux polynomes X_n de Legendre, soit en considérant des polynomes définis par des dérivées d'ordre n, soit en formant des polynomes dont la fonction génératrice se rapproche de celle des polynomes X_n, soit en étudiant des fonctions définies par des équations différentielles linéaires du type hypergéométrique à une variable, du second ordre ou d'ordre supérieur, soit enfin en appliquant la théorie des fonctions orthogonales correspondant à une fonction génératrice donnée.

D'autres ont cherché à généraliser les polynomes X_n et les fonctions semblables d'une variable par des considérations analogues à celles qui permettent de passer des fonctions Θ d'une variable aux fonctions Θ de *deux ou plusieurs variables*, soit par la considération de potentiels dans l'hyperespace, soit par la voie des dérivées partielles, soit par celle des fonctions génératrices, soit par celle des fonctions hypergéométriques de deux variables, soit enfin par la théorie des fonctions orthogonales de plusieurs variables.

On trouvera dans les deux paragraphes suivants l'indication sommaire des travaux relatifs à ces deux points de vue.*

1. *Fonctions d'une variable. En généralisant l'expression de X_n par une dérivée d'ordre n, *C. G. J. Jacobi*[1]), dans un travail posthume, a montré que pour n entier positif le polynome

$$F(-n,\ \alpha+n,\ \gamma,\ x),$$

ou pour abréger F_n, est donné par l'égalité

$$F_n = \frac{x^{1-\gamma}(1-x)^{\gamma-\alpha}}{\gamma(\gamma+1)\dots(\gamma+n-1)}\frac{d^n}{dx^n}[x^{\gamma+n-1}(1-x)^{\alpha+n-\gamma}];$$

il en a fait connaître une fonction génératrice.

1) *Untersuchungen über die Differentialgleichung der hyper-geometrischen Reihe [J. reine angew. Math. 56 (1859), p. 149/75; Werke 6, Berlin 1891, p. 184/202].*

L'intégrale

$$I_{m,n} = \int_0^1 F_m F_n x^{\gamma-1}(1-x)^{\alpha-\gamma} dx$$

est nulle quand les entiers m et n sont différents; elle a une valeur positive donnée par *C. G. J. Jacobi* pour $m = n$. *G. Humbert*[2]) a étudié ces mêmes polynomes.

Dans une Note sur les polynomes de Jacobi, *T. J. Stieltjes*[3]) étudie le polynome

$$X = F(-n, n+\alpha+\beta-1, \alpha, x);$$

il forme la suite de Sturm correspondante; il arrive à des fonctions indiquées par *J. J. Sylvester*, contenant symétriquement les racines $x_1, x_2, \ldots, x_n$ de $X = 0$:

$$\sum (x_1 - x_2)^2 (x - x_3)(x - x_4) \ldots$$
$$\sum (x_1 - x_2)^2 (x_2 - x_3)^2 (x_3 - x_1)^2 (x - x_4) \ldots$$

Il donne le discriminant D de l'équation $X = 0$ sous la forme

$$D = \prod_{r=1}^{r=n} \frac{r^r(\alpha + r - 1)^{r-1}(\beta + r - 1)^{r-1}}{(\alpha+\beta+n+r-2)^{n+r-2}}.$$

Lorsque $\alpha > 0$, $\beta > 0$, l'expression

$$(\xi_1 \xi_2 \ldots \xi_n)^\alpha [(1-\xi_1)(1-\xi_2)\ldots(1-\xi_n)]^\beta \prod_{(r,s)} (\xi_r - \xi_s)^2$$
$$(\text{où } r, s = 1, 2, \ldots, n,\ r \gtrless s)$$

devient maximée quand on fait

$$\xi_1 = x_1,\ \xi_2 = x_2,\ \ldots,\ \xi_n = x_n.$$

Les formules relatives aux intégrales $I_{m,n}$ donnent les coefficients du développement d'une fonction en série de polynomes F_n; *G. Darboux*[4]) a montré que toute fonction continue, univoque et finie à l'intérieur d'une ellipse admettait un tel développement et il a été conduit à associer aux fonctions $F_n(x)$, comme cela arrive pour les fonctions X_n, une fonction de seconde espèce $Q_n(y)$ déduite du développement de

$$\frac{1}{x-y} = \sum \frac{F_n(x) Q_n(y)}{J_n},$$

J_n étant une constante convenablement déterminée; Q_0 a la valeur

2) „Bull. Soc. math. France 8 (1879/80), p. 112."

3) „C. R. Acad. sc. Paris. 100 (1885), p. 620/2."

4) „Approximation des fonctions de très grands nombres [J. math. pures appl. (3) 4 (1878), p. 5/56, 377/416]."

remarquable

$$Q_0 = F\left(\gamma,\ 1,\ \alpha+1,\ \frac{1}{y}\right).$$

P. L. Čebyšëv[5]), dans ses travaux „sur les fonctions qui diffèrent le moins possible de zéro", introduit les polynomes de Jacobi en prenant comme fonction génératrice

$$\frac{(1+s+\sqrt{1-2sx+x^2})^\lambda (1-s+\sqrt{1-2sx+x^2})^\mu}{\sqrt{1-2sx+x^2}}.$$

Il applique ces fonctions à la détermination du polynome

$$F(x) = x^n + A_1 x^{n-1} + \cdots + A_{n-1}x + A_n$$

qui, variant toujours dans le même sens quand x varie de -1 à $+1$, diffère, entre ces limites, aussi peu que possible[6]) de zéro.

P. Appell[7]) a fait le calcul des coefficients pour le développement de la fonction de *C. F. Gauss*

$$F(\alpha,\ \beta,\ \gamma,\ x),$$

en série de polynomes de Jacobi

$$X_m = F(\alpha+\beta+m,\ -m,\ \gamma,\ x)$$

où m est entier positif, en utilisant une formule générale[8]) qui exprime au moyen des intégrales eulériennes l'intégrale définie

$$I = \int_0^1 x^{\gamma-1}(1-x)^{\alpha+\beta-\gamma} F(\alpha,\ \beta,\ \gamma,\ x)\, F(\alpha+n,\ \beta-n,\ \gamma,\ x)\, dx,$$

où n est une constante quelconque non nécessairement entière. Il obtient la formule

$$F(\alpha,\beta,\gamma,x) = \frac{\Gamma(\alpha+\beta)}{\Gamma(\alpha)\Gamma(\beta)} \sum_{m=0}^{m=+\infty} (-1)^m \frac{\alpha+\beta+2m}{(\alpha+m)(\beta+m)} \cdot \frac{(\alpha+\beta)(\alpha+\beta+1)\ldots(\alpha+\beta+m-1)}{m!} \cdot X_m.$$

Dans cet ordre d'idées, posant

$$F_m = F(a+m,\ -m,\ b,\ x),$$

où m n'est plus entier, *P. Appell*[9]) calcule l'intégrale

$$I_{m,m'} = \int_0^1 x^{b-1}(1-x)^{a-b} F_m F_{m'}\, da\, db$$

$$= \frac{1}{(m-m')(a+m+m')} \frac{\pi \Gamma^2(b)}{\sin(b-a)\pi} \frac{1}{\Gamma(-m')\Gamma(-m)\Gamma(a+m)\Gamma(a+m')} [\varphi(m) - \varphi(m')]$$

5) „Zapiski Akad. nauk 22 I (1873), Priloženie (supplément), mém. n° 1, p. 1/32 [1872]; J. math. pures appl. (2) 19 (1874), p. 319; Œuvres, publ. par *A. A. Markov* et *N. J. Sonin* 2, St Pétersbourg 1907, p. 189/215.*

6) „*J. Bertrand,* Traité de calcul différentiel et de calcul intégral 1, Paris 1864, p. 512/21.*

7) „C. R. Acad. sc. Paris 89 (1879), p. 31.*

8) „*P. Appell,* C. R. Acad. sc. Paris 87 (1878), p. 874.*

9) „C. R. Acad. sc. Paris 89 (1879), p. 31/3.*

où

$$\varphi(m) = \frac{\Gamma(-m)\Gamma(a+m)}{\Gamma(b+m)\Gamma(b-a-m)}; \quad b > 0, \ 1 > b - a > 0.$$

Cette intégrale est nulle quand m et m' sont deux racines distinctes de l'équation transcendante

$$\varphi(m) = k,$$

où k est une constante. Quand $m = m'$ elle prend une valeur que l'on calcule aisément.

Ces résultats ont été rattachés par *Vera Myller-Lebedev*[10]) à la théorie des équations intégrales d'où l'on déduit le développement d'une fonction arbitraire en série de fonctions F_m. Une extension de la formule donnant l'intégrale I a été indiquée par *O. Callandreau*[11]).

N. Krylov[12]) formant a priori un développement de convergence uniforme et absolue montre qu'il peut s'identifier à des développements procédant suivant les polynomes hypergéométriques et précise les conditions dans lesquelles une fonction admet un tel développement.

G. Darboux[4]) a donné pour les grandes valeurs de m une formule d'approximation du polynome F_m de Jacobi.

Il trouve, lorsque x est compris entre zéro et un, les expressions approchées n'ayant pas lieu pourtant dans le voisinage de zéro et de un,

$$X_m \sim \frac{\Gamma(\gamma)}{\sqrt{\pi}} m^{\frac{1}{2}-\gamma} (\sin\varphi)^{\frac{1}{2}-\gamma} (\cos\varphi)^{\gamma-\alpha-\frac{1}{2}} \cos\left[(2m+\alpha)\varphi - \frac{\pi}{m}(2\gamma-1)\right] + \frac{p_1}{m^{\frac{1}{2}+\gamma}},$$

où p_1 est fini, x étant égal à $\sin^2\varphi$.

Si x est imaginaire ou non compris entre zéro et un on a en posant

$$\xi = 1 - 2x + \sqrt{ux^2 - ux}$$

une expression de la forme

$$X_n \sim \varphi(\xi) n^{\frac{1}{2}-\gamma} \xi^n (1+\varepsilon),$$

$\varphi(\xi)$ étant indépendant de n, et ε de l'ordre de $\frac{1}{n}$.

Dans une note sur le développement de $\left(\frac{x+1}{x-1}\right)^\omega$ en fraction continue, *E. N. Laguerre*[13]) écrit cette fraction sous la forme

$$\frac{\varphi_n}{f_n} + \left(\frac{1}{x^{2n+1}}\right),$$

φ_n et f_n étant des polynomes de degrés n en x, et la notation $\left(\frac{1}{x^{2n+1}}\right)$

---

10) „Math. Ann. 70 (1911), p. 87/93; C. R. Acad. sc. Paris 149 (1909), p. 561."
11) „C. R. Acad. sc. Paris 89 (1879), p. 90."
12) „Id. 150 (1910), p. 316."
13) „Bull. Soc. math. France 8 (1879/80), p. 36; Œuvres 1, Paris 1898, p. 344."

indiquant une série procédant suivant les puissances décroissantes de x en commençant par le terme en $\frac{1}{x^{2n+1}}$. On a

$$\varphi_n(x) = (-1)^n f_n(-x),$$

et

$$f_n(x) = \frac{1}{2^n}\left(\frac{x+1}{x-1}\right)^{\omega} \frac{d^n}{dx^n}[(x+1)^{n+\omega}(x-1)^{n-\omega}],$$

expression qui se ramène à un polynome de Jacobi, et qui, pour $\omega = 0$, se réduit, à un facteur constant près, au polynome X_n de Legendre. La fonction f_n se rattache d'ailleurs au polynome X_n par la formule

$$f_n = \frac{\Gamma(\omega+n-1)}{\Gamma(\omega)}(x+1)^{-\omega}\int_{-1}^{x}(x-z)^{\omega-1}X_n(z)dz$$

où l'on suppose $\omega > 0$, formule qui permet de calculer les coefficients du développement de $(x-z)^{\omega-1}$ en série[14]) de polynomes $X_n(z)$. On a enfin, d'après *E. N. Laguerre*,

$$f_n\left(\frac{1}{\sqrt{x}}\right) = \frac{(-1)^n 2^{n+1} x^{\frac{n+1}{2}}}{(\omega+n+1)(1+\sqrt{x})^{\omega}} \frac{d^{n+1}}{dx^{n+1}}(1+\sqrt{x})^{\omega+n+1},$$

égalité qui pour $\omega = 0$ donne une formule relative aux polynomes X_n.

Ch. Hermite[15]) a étudié les polynomes

$$U_n(x) = e^{x^2}\frac{d^n}{dx^n}(e^{-x^2}),$$

qui possèdent la propriété que l'intégrale

$$\int_{-\infty}^{+\infty} e^{-x^2} U_m U_n dx$$

est nulle pour m distinct de n; elle vaut

$$2.\,4.\,6.\,\ldots\,2n\sqrt{\pi},$$

pour $m = n$.

A. A. Markov[16]) a étudié les racines de l'équation $U_n = 0$ qui sont toutes réelles. Les polynomes U_n peuvent être regardés comme limites de certains polynomes de Jacobi. Faisant, en effet, dans le

14) *E. N. Laguerre*, Bull. Soc. math. France 8 (1879/80), p. 36; Œuvres 1, Paris 1898, p. 344; *G. Bauer*, Von den Coefficienten der Reihen von Kugelfunktionen einer Variabeln [J. reine angew. Math. 56 (1859), p. 101].*

15) „Sur un nouveau développement en série des fonctions [C. R. Acad. sc. Paris 58 (1864), p. 93/7, 266/73; Œuvres, publ. par *É. Picard* 2, Paris 1908, p. 293].*

16) „Sur les racines de l'équation

$$e^{x^2}\frac{d^m e^{-x^2}}{dx^m} = 0$$

[Bull. Acad. sc. Pétersb. (5) 9 (1898), p. 435/46].*

polynome F_n de Jacobi

$$\alpha = 2\gamma, \quad x = \frac{1}{2} + \frac{z}{2\sqrt{\gamma}}, \quad 1 - x = \frac{1}{2} - \frac{z}{2\sqrt{\gamma}},$$

et multipliant le polynome obtenu par un facteur constant convenablement choisi, on voit qu'il se réduit au polynome d'Hermite $U_n(z)$ pour $\gamma = \infty$.

Le polynome d'Hermite dans lequel on remplace x par $-\frac{x}{2}$,

$$V_n(x) = U_n\left(-\frac{x}{2}\right),$$

possède cette propriété que son carré symbolique

$$V_n[V_n(x)]$$

obtenu en remplaçant dans $V_n(x)$ chaque puissance x^k par le polynome $V_k(x)$ est égal à[17])

$$2^{\frac{n}{2}} V_n\left(\frac{x}{\sqrt{2}}\right).$$

On a

$$\frac{dV_n}{dx} = n V_{n-1};$$

cette propriété fait rentrer les polynomes V_n dans la classe de polynomes étudiés par *P. Appell*. Les développements en séries procédant suivant ces polynomes ont fait l'objet d'un mémoire de *G. H. Halphen*[18]); ces mêmes polynomes d'Hermite ont été rencontrés par *E. N. Laguerre*[19]) dans un article relatif à l'intégrale

$$\int z^n e^{-\frac{1}{2}z^2 + zx} dz.$$

Dans l'étude de l'intégrale

$$\int_x^{+\infty} \frac{e^{-x}}{x} dx$$

E. N. Laguerre[20]) a de même développé les propriétés du polynome

$$f(x) = e^{-x} \frac{d^n}{dx^n}(x^n e^x)$$

qui peut également être considéré comme limite du polynome F_n de Jacobi. Ces divers polynomes de Jacobi, Hermite, Laguerre vérifient

---

17) *P. Appell, Sur une classe de polynomes [Ann. Éc. Norm. (2) 9 (1880), p. 119/44].*

18) *C. R. Acad. sc. Paris 93 (1881), p. 781, 833; Bull. sc. math. (2) 5 (1881), p. 462.*

19) *Bull. Soc. math. France 7 (1878/9), p. 12 [1878]; Œuvres 1, Paris 1898, p. 415.*

20) *Bull. Soc. math. France 7 (1878/9), p. 72; Œuvres 1, Paris 1898, p. 428.*

une équation différentielle du second ordre qui est, soit l'équation même de la série hypergéométrique, soit une équation qui s'en déduit comme cas limite.

O. Blumenthal[21]) donne une généralisation des polynomes de *E. N. Laguerre*, par l'introduction de deux paramètres.

Vera Myller-Lebedev[22]) a considéré les polynomes d'Hermite sous le point de vue des équations intégrales et déterminé ainsi les conditions de développement d'une fonction en série de la forme

$$\sum_{(n)} a_n e^{-\frac{x^2}{2}} U_n(x).$$

Elle considère, sous le même point de vue, les polynomes de *E. N. Laguerre*[20]).

H. Galbrun[23]) a établi que toute fonction de la variable réelle x, continue dans un intervalle (a, b), avec un nombre fini de maximés et de minimés, peut être représentée dans cet intervalle par une série de polynomes U_n de *Ch. Hermite*.

Comme on l'a vu au n° **35** de l'article précédent, une généralisation naturelle des polynomes de Legendre est fournie par les polynomes $C_\nu^n(x)$ formant les coefficients de α^n dans le développement

$$(1 - 2\alpha x + \alpha^2)^{-\nu} = \sum_{n=0}^{n=+\infty} \alpha^n C_\nu^n(x),$$

et par ceux qui résultent du développement de

$$\log_e (1 - 2\alpha x + \alpha^2).$$

Les principaux travaux pour l'étude des fonctions $C_\nu^n(x)$ sont dans *L. Gegenbauer*[24]) qui a déjà été partiellement cité.

On a indiqué au n° **45** les principales propriétés de ces fonctions. On peut développer une fonction $f(x)$ en série de polynomes

$$f(x) = \sum_{n=0}^{n=+\infty} A_n C_n^\nu(x),$$

où la série est convergente dans une ellipse ayant pour foyers les points d'affixes -1, $+1$[25]).

21) „Diss. Göttingue 1898."

22) „Die Theorie der Integralgleichungen in Anwendung auf einige Reihenentwickelungen [Math. Ann. 64 (1907), p. 388]."

23) „Bull. Soc. math. France 41 (1913), p. 24/47."

24) „Denkschr. Akad. Wien (math.) 48 (1884), p. 292/302; Sitzgsb. Akad. Wien 70 II (1874), p. 6, 433/43; 75 II (1877), p. 891/6, 901; 97 II* (1888), p. 259/316; 102 II* (1893), p. 942; Rend. Circ. mat. Palermo 12 (1898), p. 22; 13 (1899), p. 92."

25) „Sitzgsb. Akad. Wien 70 II (1874), p. 433/43."

Ce polynome $C_n^\nu(x)$ s'exprime à l'aide de la fonction de Gauss[26]) par la formule

$$C_n^\nu(x) = \frac{\Gamma(n+2\nu)}{\Gamma(n+1)\Gamma(2\nu)} F\left(-n,\ n+2\nu,\ \frac{2\nu+1}{2},\ \frac{1-x}{2}\right);$$

il se présente[27]) comme le numérateur de la réduite de rang n du développement en fraction continue de $x^{-1}F(1, \frac{1}{2}, \nu+1, x^{-2})$; il admet un théorème d'addition donnant

$$C_n^\nu(xx_1 - \sqrt{x^2-1}\sqrt{x_1^2-1}\cos\varphi)$$

par une formule analogue à celle qu'on a trouvée pour le polynome de Legendre[28]).

La démonstration est rattachée à celle qui a été donnée pour les polynomes de Legendre par *G. Plarr*[29]).

A la suite d'une note de *G. Morera*[30]) sur les polynomes de Legendre, *L. Gegenbauer*[31]) a indiqué l'extension suivante aux fonctions $C_n^\nu(x)$ des formules données par *G. Morera*:

$$xC_{n-1}^{\nu+1} - C_{n-2}^{\nu+1} - \frac{n}{2\nu} C_n^\nu = 0,$$

$$C_n^{\nu+1} - xC_{n-1}^{\nu+1} = \frac{n+2\nu}{2\nu} C_n^\nu,$$

$$nC_n^\nu = (n-1+2\nu)xC_{n-1}^\nu - 2\nu(1-x^2)C_{n-2}^{\nu+1}.$$

L. Gegenbauer a de même généralisé un théorème donné par *P. Paci*[32]) pour les polynomes de Legendre en établissant la formule[33])

$$\int_0^\pi\int_0^\pi C_n^\nu(\cos\varphi\cos\psi + \sin\varphi\sin\psi\cos\chi) f(\cos\chi)\sin^{2\nu-1}\chi\sin^{2\nu+\mu}\varphi\, d\chi\, d\varphi = 0.$$

Ces mêmes polynomes C_n^ν ont été étudiés par *A. Tonelli*[34]).

F. Tisserand[35]) a étudié le polynome $P^{(N)}(p, z)$, de degré N en z, formant le coefficient de θ^N dans le développement de

$$(1 - 2\theta z + \theta^2)^{\frac{1-p}{2}}.$$

---

26) „Cf. *H. E. Heine,* Kugelfunctionen, (1re éd.) Berlin 1861, p. 169; (2e éd.) 1, p. 298."

27) „Sitzgsb. Akad. Wien 75 II (1877), p. 891/6, 901."

28) „Id. 102 IIa (1893), p. 942."

29) „Trans. R. Soc. Edinb. 36 (1892), p. 19/43."

30) „Rend. Circ. mat. Palermo 11 (1897), p. 176/80."

31) „Id. 12 (1898), p. 22."

32) „Atti R. Accad. Lincei, *Rendic.* (5) 7 I1 (1898), p. 131/8."

33) „Rend. Circ. mat. Palermo 13 (1899), p. 92."

34) „Nachr. Ges. Gött. 1875, p. 527."

35) „C. R. Acad. sc. Paris 97 (1883), p. 815, 880."

suivant les puissances positives de θ; ces polynomes ont aussi fait l'objet des recherches de *Jean Escary*[36]) et de *H. Frombeck*[37]).

R. Most[38]) calcule les coefficients du développement en séries de fonctions C_n^ν d'une fonction y vérifiant une équation de la forme

$$\alpha(x^2-1)\frac{d^2y}{dx^2}+\beta x\frac{dy}{dx}+\gamma y=0.$$

P. Appell[39]) a envisagé les polynomes

$$\frac{d^n}{dx^n}[x^n(1-x^2)^n]$$

qui vérifient une équation différentielle linéaire du troisième ordre, rattachée à la série hypergéométrique du troisième ordre de *Th. Clausen*[40]).

O. Blumenthal[41]), après avoir étudié dans des cas généraux l'intégration asymptotique des équations différentielles linéaires, fait une application étendue de ces résultats aux équations différentielles des fonctions sphériques. Il emploie une méthode de passage par le domaine complexe qui paraît nouvelle et qui fournit un moyen simple et efficace pour étudier la variation des fonctions sphériques dans les intervalles de leurs zéros. Il évalue, en particulier, l'erreur commise quand on remplace une fonction sphérique par sa valeur asymptotique et il donne une application précise à la fonction P_{12}.

B. Hansted[42]) cherche les polynomes P_n et Q_n, intégrales particulières de l'équation

$$(x-a)(x-b)y''+[2x+(a-b)y']-n(n+1)y=0$$

et *J. Deruyts*[43]) étudie les polynomes définis par

$$P_n=\left(1-\frac{x}{a}\right)^{1-p}\left(1-\frac{x}{b}\right)^{1-q}\frac{d^n}{dx^n}\left[\left(1-\frac{x}{a}\right)^{n+p-1}\left(1-\frac{x}{b}\right)^{n+q-1}\right];$$

cette équation se ramène à celle de la série hypergéométrique et ces polynomes aux polynomes de Jacobi par un changement linéaire de variable.

36) „J. math. pures appl. (3) 5 (1879), p. 47/68."
37) „Sitzgsb. Akad. Wien 70 II (1874), p. 67."
38) „J. reine angew. Math. 70 (1869), p. 163."
39) „Archiv Math. Phys. (3) 1 (1901), p. 71."
40) „J. reine angew. Math. 3 (1828), p. 89."
41) „Über asymptotische Integration linearer Differentialgleichungen mit Anwendung einer asymptotischen Theorie der Kugelfunktionen [Archiv Math. Phys. (3) 19 (1912), p. 136/74]."
42) „Jornal sciencias math. astron. (Coïmbre) 4 (1882), p. 53/61."
43) „Mém. Soc. sc. Liége (2) 14 (1888), mém. nº 2, p. 3/15 [1888]."

Enfin rappelons que *S. Pincherle*[44]) a étudié les fonctions naissant du développement de

$$\frac{1}{\sqrt{t^3 - 3tx + x^3}}.$$

F. Didon[45]) considère des polynomes à une variable dépendant de deux indices, tels que

$$\int_0^1 U_{\mu,\lambda} V_{\nu,\lambda}\, dx = 0 \qquad (\mu \gtrless \nu).$$

Il montre que ces polynomes vérifient des équations différentielles du type suivant: la première, du troisième ordre, est satisfaite par deux polynomes; la seconde, du quatrième ordre, par trois polynomes, et ainsi de suite. Il ajoute que ces équations sont des cas particuliers d'équations plus générales données par *Ch. Hermite*[46]).

En étudiant l'expression de la force qui s'exerce entre deux sphères électrisées, ou entre une sphère et un plan, *A. Guillet* et *M. Aubert* ont rencontré des suites de polynomes qui se rattachent aux fonctions sphériques. D'abord, dans le cas sphère et plan, ils introduisent[47]) les polynomes $U_n(u)$ ayant pour fonction génératrice

$$\frac{1}{1 - 2uz + z^2};$$

dans le cas de deux sphères[48]), apparaissent des familles de polynomes qui sont exprimables à l'aide des mêmes polynomes $U_n(u)$ et que les auteurs proposent d'appeler *fonctions électro-sphériques.* L'intérêt mathématique que présentent ces recherches est que l'on y rencontre des développements procédant suivant les inverses des fonctions sphériques et des dérivées de ces inverses[49]). Ainsi, dans le cas sphère-plan, l'expression de la force dépend de la série

$$\frac{d\frac{1}{U_1}}{du} + \frac{d\frac{1}{U_2}}{du} + \cdots + \frac{d\frac{1}{U_n}}{du} + \cdots\cdots.*$$

2. ***Fonctions de Laplace de n variables. Fonctions harmoniques généralisées.*** Comme il a déjà été indiqué au n° **36** de l'article II 28, une première sorte de généralisation consiste à étudier les fonctions qui naissent de la considération de l'attraction, du potentiel et

44) *Memorie Ist. Bologna (5) 1 (1889/90), p. 337.*

45) *Ann. Éc. Norm. (1) 6 (1869), p. 111.*

46) *Cours (autographié) professé à l'École polytechnique en 1868 (2e année), p. 19.*

47) **A. Guillet* et *M. Aubert*, C. R. Acad. sc. Paris 155 (1912), p. 139, 204.*

48) *Id. 155 (1912), p. 708, 820; 157 (1913), p. 367/70.*

49) **P. Appell,* C. R. Acad. sc. Paris 157 (1913), p. 5/7.*

des fonctions harmoniques dans l'espace euclidien à $n+1$ dimensions. On arrive ainsi à des fonctions sphériques de n variables.

Déjà en 1835, dans un mémoire „On the determination of the attraction of ellipsoïds of variable densities", *G. Green*[50]) considère des fonctions se rattachant au développement de

$$\frac{1}{\sqrt{(x_1-x_1')^2+(x_2-x_2')^2+(x_3-x_3')^2+u^2}},$$

où u est une variable auxiliaire, et il indique que ces fonctions comprennent comme cas particuliers les fonctions sphériques.

D'une façon générale, il considère des intégrales d'ordre s de la forme

$$V=\int\frac{\varrho'\,dx_1'\,dx_2'\cdots dx_s'}{[(x_1-x_1')^2+\cdots(x_s-x_s')^2+u^2]^{\frac{n-1}{2}}}$$

et il montre que V vérifie l'équation

$$\frac{\partial^2 V}{\partial x_1^2}+\frac{\partial^2 V}{\partial x_2^2}+\cdots+\frac{\partial^2 V}{\partial x_s^2}+\frac{\partial^2 V}{\partial u^2}+\frac{n-s}{u}\frac{\partial V}{\partial u}=0.$$

Il étudie ensuite des fonctions analogues aux fonctions sphériques.

Le point de vue de *G. Green* a été développé par *M. J. M. Hill*[51]). En partant de l'équation

$$\Delta U=\frac{\partial^2 U}{\partial x_1^2}+\frac{\partial^2 U}{\partial x_2^2}+\cdots+\frac{\partial^2 U}{\partial x_i^2}=0,$$

M. J. M. Hill prend des coordonnées polaires $r, \theta_1, \theta_2, \ldots, \theta_{i-1}$; il transforme l'équation $\Delta U=0$ dans ce système de coordonnées, puis il cherche une solution de la forme

$$r^p(\sin\theta_1)^{p_1}\Theta_1\ldots(\sin\theta_m)^{p_m}\Theta_m\ldots(\sin\theta_{i-2})^{p_{i-2}}\Theta_{i-2}\begin{cases}\cos\\ \sin\end{cases}p_{i-2}\theta_{i-1},$$

où Θ_m dépend uniquement de θ_m et où la suite

$$p_1, p_2, \ldots, p_m$$

est formée d'entiers non croissants.

A. Cayley[52]) dans un article „sur les fonctions de Laplace" étend à un nombre quelconque de variables la théorie des fonctions de Laplace en se fondant sur le théorème suivant:

Les coefficients

$$l, m, \ldots, l', m', \ldots$$

50) „Trans. Cambr. philos. Soc. 5 (1832/4), éd. 1835, p. 395/429; Papers, publ. par *N. M. Ferrers*, Londres 1871, p. 187/222."

51) „Trans. Cambr. philos. Soc. 13 (1879/82), éd. 1883, p. 273."

52) „J. math. pures appl. (1) 13 (1848), p. 275/80; Papers 1, Cambridge 1889, p. 397/401."

étant assujettis aux conditions

$$l^2 + m^2 + \cdots = 0,$$
$$l'^2 + m'^2 + \cdots = 0$$

et les limites de l'intégration étant données par

$$x^2 + y^2 + \cdots = 1,$$

on aura, pour toutes les valeurs entières et positives de s et s',

$$I_{s,s'} = \int (lx + my + \cdots)^s (l'x + m'y + \cdots)^{s'} dx\, dy \cdots = 0$$

tant que s est différent de s', et

$$I_{s,s'} = (ll' + mm' + \cdots) \frac{\pi^{\frac{1}{2}n} \Gamma(s+1)}{2^s \Gamma(\frac{1}{2}n + s + 1)}$$

pour $s' = s$, n dénotant le nombre des variables.

A l'aide d'un calcul symbolique de dérivations, il déduit de là ce nouveau théorème:

V_s et $W_{s'}$ étant les fonctions entières et homogènes, de degrés s et s', les plus générales qui satisfassent à l'équation

$$\frac{\partial^2 u}{\partial x^2} + \frac{\partial^2 u}{\partial y^2} + \cdots = 0,$$

on aura dans les mêmes limites d'intégration

$$\int V_s W_{s'} dx\, dy \cdots = 0$$

tant que s diffère de s'. Soient

$$Q_s = \frac{(-1)^s}{\Gamma(s+1)} \left(x \frac{d}{da} + y \frac{d}{db} + \cdots\right)^s (a^2 + b^2 + \cdots)^{-\frac{1}{2}n + 1}$$

$$M_s = \frac{4 \pi^{\frac{1}{2}n}}{\Gamma(\frac{1}{2}n - 1)(n + 2s)(n + 2s - 1)},$$

on a

$$\int Q_s W_s dx\, dy \cdots = M_s W_s'$$

W_s' étant ce que devient W_s quand on y remplace $x, y, \ldots$ par $a, b, \ldots$.

Dans un mémoire „on potentials", *A. Cayley*[58]) considère des intégrales multiples de la forme

$$\int \frac{\varrho\, d\varpi}{[(a-x)^2 + \cdots + (c-z)^2 + (e-w)^2]^{\frac{1}{2}s + q}},$$

où le nombre des variables $x, \ldots, z, w$ est $s + 1$ ainsi que le nombre des paramètres $a, \ldots, c, e$; ϱ et $d\varpi$ dépendent uniquement des variables $x, \ldots, z, w$.

58) „Philos. Trans. London 165 II (1876), p. 675/774; Papers 9, Cambridge 1896, p. 318/423."

Une intégrale de cette forme, étendue à une multiplicité quelconque, est *prépotentielle* quand q est quelconque; elle est *potentielle* quand $q = -\frac{1}{2}$.

En considérant $x, \ldots, z, w$ comme les coordonnées d'un point dans l'espace à $s + 1$ dimensions, il étudie trois cas principaux **A**, **C**, **D** et un quatrième intermédiaire **B**.

Cas **A**. *Prépotentiel plan;* q étant quelconque, on suppose $w = 0$, l'intégrale étant

$$\int \frac{\varrho\, dx \ldots dz}{[(a-x)^2 + \cdots + (c-z)^2 + e^2]^{\frac{1}{2}s+q}}$$

Cas **B**. *Potentiel plan.* Cas particulier $q = -\frac{1}{2}$.

Cas **C**. *Potentiel de surface courbe;* $q = -\frac{1}{2}$.

Cas **D**. *Potentiel de volume;* $q = -\frac{1}{2}$.

Dans le cas **A** le prépotentiel vérifie l'équation

$$\left(\frac{d^2}{da^2} + \cdots + \frac{d^2}{dc^2} + \frac{d^2}{de^2} + \frac{2q+1}{e}\frac{d}{de}\right) V = 0$$

indiquée par *G. Green*[54]), équation qui pour $q = -\frac{1}{2}$ (cas **B**) devient l'équation de Laplace généralisée.

G. Green intègre l'équation du prépotentiel par des fonctions qui sont analogues aux fonctions de Laplace et que *A. Cayley* propose d'appeler „greenians". *A. Cayley* étudie ces fonctions.

Dans un ordre d'idées analogues, *C. Neumann*[55]) étend le théorème de Green aux fonctions de $n + 1$ variables

$$x_0, x_1, \ldots, x_n$$

vérifiant l'équation

$$\Delta U = \frac{\partial^2 U}{\partial x_0^2} + \frac{\partial^2 U}{\partial x_1^2} + \cdots + \frac{\partial^2 U}{\partial x_n^2} = 0,$$

à laquelle satisfait en particulier la fonction

$$T = \frac{1}{[(x_0 - a_0)^2 + (x_1 - a_1)^2 + \cdots + (x_n - a_n)^2]^{\frac{n-1}{2}}}.$$

Posons

$$x_i = \varrho\, \Phi_i(\varphi_1, \varphi_2, \ldots, \varphi_n) = \varrho\, \Phi_i \qquad (i = 0, 1, 2, \ldots, n),$$

avec

$$\Phi_0^2 + \Phi_1^2 + \cdots + \Phi_n^2 = 1.$$

Soit F une fonction de $\varphi_1, \varphi_2, \ldots, \varphi_n$ (et non de ϱ); formons le

54) *Trans. Cambr. philos. Soc. 5 (1832/4), éd. 1835, p. 395/429; Papers, publ. par *N. M. Ferrers*, Londres 1871, p. 187/222.*

55) *Z. Math. Phys. 12 (1867), p. 97.*

produit

$$\varrho^p \cdot F,$$

où p est un nombre quelconque donné, positif ou négatif, entier ou fractionnaire. Une fonction F vérifiant l'équation

$$\Delta(\varrho^p \cdot F) = 0$$

est dite fonction ultrasphérique (Ultrakugelfunction) d'ordre p. Si, par analogie, on pose

$$a_i = r\Phi_i(\alpha_1, \alpha_2, \ldots, \alpha_n), \qquad (i = 0, 1, 2, \ldots, n)$$

la fonction T peut être développée sous les deux formes

$$T = \frac{1}{r^{n-1}}\left[\Theta^{(0)} + \frac{\varrho}{r}\Theta^{(1)} + \frac{\varrho^2}{r^2}\Theta^{(2)} + \cdots\right],$$

$$T = \frac{1}{\varrho^{n-1}}\left[\Theta^{(0)} + \frac{r}{\varrho}\Theta^{(1)} + \frac{r^2}{\varrho^2}\Theta^{(2)} + \cdots\right],$$

où les coefficients Θ sont les mêmes dans les deux développements. Le coefficient

$$\Theta^{(p)} = \Theta^{(p)}(\varphi_1, \varphi_2, \ldots, \varphi_n, \alpha_1, \alpha_2, \ldots, \alpha_n)$$

est une fonction ultrasphérique d'ordre p aussi bien par rapport aux φ qu'aux α.

Si

$$F(\varphi_1, \varphi_2, \ldots, \varphi_n), \quad G(\varphi_1, \varphi_2, \ldots, \varphi_n)$$

sont deux fonctions ultrasphériques d'ordres *différents*, l'intégrale n-uple

$$\int F \cdot G \cdot D \cdot d\varphi_1 d\varphi_2 \ldots d\varphi_n$$

étendue au domaine limite $\varrho = 1$ est *nulle*, D désignant le déterminant fonctionnel des x_i par rapport à $\varrho, \varphi_1, \varphi_2, \ldots, \varphi_n$.

Soit $F(\varphi_1, \varphi_2, \ldots, \varphi_n)$ une fonction d'ordre entier p, positif ou nul, finie ainsi que ses dérivées partielles par rapport à $x_1, x_2, \ldots, x_n$. Sur l'hypersphère $\varrho = 1$, on a

$$\int F \cdot \Theta^{(p)}(\varphi_1, \varphi_2, \ldots, \varphi_n, \alpha_1, \alpha_2, \ldots, \alpha_n) \cdot D \cdot d\varphi_1 d\varphi_2 \ldots d\varphi_n$$
$$= \frac{n^2 - 1}{2p + n - 1} N F(\alpha_1, \alpha_2, \ldots, \alpha_n).$$

N est une constante dépendant uniquement de n et qui a pour valeur

$$\text{pour } n \text{ pair} \qquad N = \frac{2(2\pi)^{\frac{n}{2}}}{1 \cdot 3 \cdot 5 \cdots (n+1)},$$

$$\text{pour } n \text{ impair} \qquad N = \frac{2(2\pi)^{\frac{n+1}{2}}}{2 \cdot 4 \cdot 6 \cdots (n+1)}.$$

F. G. Mehler[56]) en citant le mémoire de *A. Cayley*[57]) indique que les résultats de ce mémoire ont été établis par une tout autre voie par *H. E. Heine*[58]). Il part de l'équation

$$\frac{\partial^2 V}{\partial x_1^2} + \frac{\partial^2 V}{\partial x_2^2} + \cdots + \frac{\partial^2 V}{\partial x_{n+1}^2} = 0$$

dans l'espace à $n+1$ dimensions; il prend des coordonnées polaires $r, \varphi_1, \varphi_2, \ldots, \varphi_n$. Il forme ensuite l'équation

$$m(m+n-1)X_m + \sum_{s=1}^{s=n} \frac{1}{\sin^{n-s}\varphi_s} \frac{\partial}{\partial\varphi_s}\left(\sin^{n-s}\varphi_s \frac{\partial X_m}{\partial\varphi_s}\right) = 0;$$

toute solution Z_m de cette équation, fonction entière d'ordre m de $\cos\varphi_1$, $\sin\varphi_1\cos\varphi_2, \ldots$, est une fonction de Laplace d'ordre n. Une fonction de $\varphi_1, \varphi_2, \ldots, \varphi_n$ peut, sous des conditions indiquées, être représentée par une série de la forme $Z_0 + Z_1 + Z_2 + \cdots$. *G. Mehler* indique que lorsque le nombre des variables devient infini, la fonction à développer ne dépendant que d'un nombre fini de variables déterminées, ces résultats rentrent dans ceux que *Ch. Hermite*[59]) a donnés sur les polynomes résultant de la dérivation d'exponentielles dont l'exposant est une forme quadratique des variables.

M. Bôcher[60]) expose la généralisation de l'équation de Lamé, d'après *F. Klein*, l'application aux problèmes fondamentaux de la théorie du potentiel dans des espaces limités par des cyclides homofocales, et l'extension des résultats à l'espace à n dimensions.

Dans toutes les recherches précédentes les fonctions considérées vérifient des équations aux dérivées partielles du second ordre, principalement l'équation de Laplace généralisée et celles qui s'en déduisent par des particularisations. Mais on peut aussi chercher la généralisation des fonctions sphériques en augmentant l'ordre des équations différentielles. *V. Giulotto*[61]) considère des fonctions harmoniques d'ordre supérieur de trois variables x, y, z. Une fonction harmonique du premier ordre vérifie l'équation

$$\Delta_2 F = \frac{\partial^2 F}{\partial x^2} + \frac{\partial^2 F}{\partial y^2} + \frac{\partial^2 F}{\partial z^2} = 0.$$

---

56) J. reine angew. Math. 66 (1866), p. 161.

57) Philos. Trans. London 165 (1875), p. 675/774; Papers 9, Cambridge 1896, p. 318/423.

58) J. reine angew. Math. 62 (1863), p. 110/41.

59) C. R. Acad. sc. Paris 58 (1864), p. 93/100, 266/73; Œuvres, publ. par É. Picard 2, Paris 1908, p. 293.

60) Über die Reihenentwickelungen der Potentialtheorie, Leipzig 1894, p. 113.

61) Rend. Circ. mat. Palermo 17 (1903), p. 1/43.

Une fonction sera harmonique du second ordre si elle vérifie l'équation

$$\Delta_2[\Delta_2 F] = 0 \quad \text{ou} \quad \Delta_2^2 F = 0.$$

En général une fonction harmonique d'ordre q vérifie une équation qui s'écrit symboliquement

$$\Delta_2^q F = 0,$$

l'opération Δ_2 étant répétée q fois.

V. Giulotto détermine d'abord les polynomes homogènes $f_n(x, y, z)$ de degré n vérifiant l'équation

$$\Delta_2^q f_n = 0,$$

et il donne leur nombre. Il montre que

$$F = r^{-(2n+3-2q)} f_n,$$

où

$$r = \sqrt{x^2 + y^2 + z^2},$$

est une autre fonction q harmonique et homogène. Il en est de même des dérivées partielles de F. On voit, par ce procédé, que

$$f_n = \frac{\partial^n r^{2q-3}}{\partial x^\alpha \partial y^\beta \partial z^\gamma} r^{2n+3-2q}, \qquad (\alpha + \beta + \gamma = n)$$

est une fonction q harmonique. Quand on tient compte de la relation

$$x^2 + y^2 + z^2 - 1 = 0,$$

les fonctions $f_n(x, y, z)$ considérées deviennent des fonctions sphériques d'ordre n et d'indice q.

En particulier, en faisant

$$\alpha = n, \beta = 0, \gamma = 0,$$

et posant

$$y^2 + z^2 = \lambda^2,$$

on a la fonction

$$X_n^q = \frac{1}{n!} \frac{\partial^n (x^2 + \lambda^2)^{\frac{2q-3}{2}}}{\partial x^n}$$

d'où on doit éliminer λ à l'aide de la relation

$$x^2 + \lambda^2 = 1.$$

En changeant, dans $(x^2 + \lambda^2)^{\frac{2q-3}{2}}$, x en $x - \alpha$, on a

$$(\lambda^2 + x^2 - 2\alpha x + \alpha^2)^{\frac{2q-3}{2}} = (1 - 2\alpha x + \alpha^2)^{\frac{2q-3}{2}},$$

et, en développant suivant les puissances de α, le coefficient de α^n sera précisément le polynome X_n^q.

Parmi les nombreuses formules données par *V. Giulotto* signalons

1°) l'extension à X_n^q de l'expression du polynome X_n^1 de Legendre sous forme d'intégrale définie,

2°) les formules qui donnent les intégrales

$$\int_{-1}^{+1} X_m X_n \, dx \begin{cases} = 0 & \text{pour } n - m > 2q - 2 \\ = \dfrac{2(3-2q)\cdots(2m+1-2q)}{(2q-1)(2q+1)\cdots(2q+2m-1)} & \text{pour } n - m = 2q - 2 \end{cases}$$

3°) celle qui donne la fonction Q_n^q de seconde espèce analogue à celle de *C. Neumann.**

3. *Polynomes d'Hermite et analogues. *Polynomes d'Hermite.* Se proposant d'étendre à des fonctions de deux variables la définition et les propriétés des polynomes X_n, *Ch. Hermite*[62]) s'est occupé d'étudier, pour le cas de deux variables, les formules analogues à

$$(1) \qquad (1 - 2ax + a^2)^{-\frac{1}{2}} = \sum_{(n)} a^n X_n$$

$$(2) \qquad (1 - 2ax + a^2)^{-1} = \sum_{(n)} a^n \frac{\sin[(n+1)\arccos x]}{\sqrt{1-x^2}}.$$

Pour cela, il considère deux groupes de deux développements obtenus en partant d'une forme quadratique de deux variables et de la forme adjointe. Le premier groupe, analogue à (1), est

$$(\mathrm{I}) \begin{cases} (1 - 2ax - 2by + a^2 + b^2)^{-1} = \sum_{(m,n)} a^m b^n V_{m,n}, \\ [(1 - ax - by)^2 + (a^2 + b^2)(1 - x^2 - y^2)]^{-\frac{1}{2}} = \sum_{(m,n)} a^m b^n U_{m,n}; \end{cases}$$

le deuxième, analogue à (2), est

$$(\mathrm{II}) \begin{cases} (1 - 2ax - 2by + a^2 + b^2)^{-\frac{3}{2}} = \sum_{(m,n)} a^m b^n \mathfrak{V}_{m,n}, \\ (1-x^2-y^2)^{\frac{1}{2}}[(1-ax-by)^2+(a^2+b^2)(1-x^2-y^2)]^{-1} = \sum_{(m,n)} a^m b^n \mathfrak{U}_{m,n}. \end{cases}$$

Nous donnerons ici des détails surtout sur le groupe I. D'abord l'analogie des polynomes $U_{m,n}$ avec les polynomes de Legendre résulte de ce que ces polynomes peuvent s'écrire

$$U_{m,n} = \frac{1}{2^{m+n} m!\, n!} \frac{\partial^{m+n} (x^2 + y^2 - 1)^{m+n}}{\partial x^m \partial y^n}$$

et qu'ils apparaissent comme coefficients de $a^m b^n$ dans le développement en série de

$$\frac{1}{\sqrt{(1 - ax - by)^2 + (a^2 + b^2)(1 - x^2 - y^2)}},$$

de même que les polynomes X_n de Legendre apparaissent comme coefficients de a^n dans le développement de

$$\frac{1}{\sqrt{(1 - ax)^2 + a^2(1 - x^2)}}.$$

Pour obtenir ces coefficients sous forme de dérivées, *Ch. Hermite* donne une forme particulière de la série de Lagrange étendue à plusieurs variables.

Ces polynomes présentent les propriétés essentielles suivantes: l'intégrale double

$$J_{m,n}^{\mu,\nu} = \iint U_{m,n} U_{\mu,\nu}\, dx\, dy$$

étendue au cercle (C)

$$1 - x^2 - y^2 \geqq 0$$

est nulle quand les deux polynomes sont de degrés différents; elle a une valeur connue quand

$$m + n = \mu + \nu.$$

Ch. Hermite[62]) a montré que les courbes ayant pour équation

$$U_{m,n} = 0$$

sont, abstraction faite des branches qui peuvent être confondues avec l'un ou l'autre des axes, situées entièrement dans le cercle (C).

La propriété indiquée comme probable[63]) que tout rayon vecteur issu de l'origine coupe la courbe en $m+n$ points réels, et vérifiée pour $m+n \leqq 4$, a fait l'objet des recherches de *W. Tramm*[64]) et a été démontrée par *Ch. Willigens*[65]).

Ces polynomes d'Hermite vérifient deux équations différentielles simultanées aux dérivées partielles[62])

$$\begin{cases} (1-x^2)\dfrac{\partial^2 U}{\partial x^2} - xy\dfrac{\partial^2 U}{\partial x \partial y} + (n-2)x\dfrac{\partial U}{\partial x} - (m+1)y\dfrac{\partial U}{\partial y} + (m+n)(m+1)U = 0 \\ (1-y^2)\dfrac{\partial^2 U}{\partial y^2} - xy\dfrac{\partial^2 U}{\partial y \partial x} + (m-2)y\dfrac{\partial U}{\partial y} - (n+1)x\dfrac{\partial U}{\partial x} + (m+n)(n+1)U = 0 \end{cases}$$

analogues à l'équation du polynome X_n.

Ils se déduisent du polynome de Legendre par la formule[66])

$$\sum_{(m+n=N)} \cos^m \alpha \sin^n \alpha\, U_{m,n}(x,y) = [1-(x\sin\alpha - y\cos\alpha)^2]^{\frac{N}{2}} X_N\left[\frac{x\cos\alpha + y\sin\alpha}{\sqrt{1-(x\sin\alpha - y\cos\alpha)^2}}\right].$$

---

62) „C. R. Acad. sc. Paris 60 (1865), p. 370, 432, 461, 512; J. reine angew. Math. 64 (1865), p. 294; Ann. Éc. Norm. (1) 2 (1865), p. 49; Œuvres, publ. par *É. Picard* 2, Paris 1908, p. 309, 313, 319."

63) „*P. Appell*, Sur le degré de réalité d'une courbe algébrique [Archiv Math. Phys. (2) 4 (1886), p. 21."

64) „Diss. Zurich 1908."

65) „Nouv. Ann. math. (4) 11 (1911), p. 97."

66) „*P. Appell*, Les polynomes d'Hermite rattachés aux polynomes de Legendre [Annaes da academia polytechnica do Porto 5 (1910), p. 65]."

qui a lieu quel que soit α, le deuxième membre étant rendu homogène en $\cos\alpha$ et $\sin\alpha$; on peut ainsi former tous les polynomes $U_{m,n}$ d'un degré donné

$$m + n = N$$

au moyen du polynome X_N de Legendre.

Si l'on emploie des coordonnées polaires r et θ, l'intégrale

$$\int_0^{2\pi} U_{m,n}\, d\theta$$

est nulle si m ou n est impair. Si m et n sont pairs, $m = 2p$, $n = 2q$, cette intégrale est un polynome de degré $p + q$ en $t = r^2$, identique à un facteur constant près, au polynome[67])

$$\frac{d^{p+q}}{dt^{p+q}}\left[t^{p+q}(1-t)^{p+q}\right]$$

facilement réductible au polynome X_{p+q} de Legendre.

Pour calculer plus simplement les coefficients du développement d'une fonction en série de polynomes $U_{m,n}$, *Ch. Hermite* associe à ces polynomes les polynomes $V_{m,n}$ définis par la fonction génératrice

$$\frac{1}{1 - 2ax - 2by + a^2 + b^2}$$

et tels que l'intégrale

$$K_{m,n}^{\mu,\nu} = \iint U_{m,n} V_{\mu,\nu}\, dx\, dy$$

étendue au cercle

$$x^2 + y^2 - 1 \leqq 0$$

est nulle tant que

$$(m - \mu)^2 + (n - \nu)^2 > 0,$$

et prend la valeur

$$\frac{\pi}{m + n + 1} \cdot \frac{(m + n)!}{m!\, n!}$$

pour $m = \mu$ et $n = \nu$.

Ch. Hermite[62]) rattache le calcul des intégrales définies $I_{m,n}^{\mu,\nu}$ et $K_{m,n}^{\mu,\nu}$ à celui de deux intégrales

$$\iint \frac{dx\, dy}{P \cdot P'}, \qquad \iint \frac{dx\, dy}{P\sqrt{Q}},$$

où

$$P = 1 - 2ax - 2by + a^2 + b^2,$$

$$Q = (1 - ax - by)^2 + (a^2 + b^2)(1 - x^2 - y^2),$$

P' étant obtenu en remplaçant a et b par a' et b', et l'intégration

67) *P. Appell*, Les polynomes $U_{m,n}$ d'Hermite et les polynomes X_n de Legendre [Annaes da academia polytechnica do Porto 5 (1910), p. 209].

étant étendue au champ

$$x^2 + y^2 - 1 \leq 0.$$

Les fonction $\mho_{m,n}$ et $\nabla_{m,n}$ du groupe (II) possèdent des propriétés semblables et s'associent d'une façon analogue. Citons la formule

$$\mho_{m,n} = \frac{(m+n)!}{m!\,n!}\,\frac{(-1)^{m+n}(m+n+1)}{1\cdot 3\cdot 5\cdots(2m+2n+1)}\,\frac{d^{m+n}(1-x^2-y^2)^{m+n+\frac{1}{2}}}{dx^m dy^n}$$

qui, par la similitude de forme analytique, rapproche ces fonctions de celles qui donnent, d'après *C. G. J. Jacobi*,

$$\sin\left[(n+1)\arccos x\right] = \frac{(-1)^n(n+1)}{1\cdot 3\cdot 5\cdots(2n+1)}\,\frac{d^n(1-x^2)^{n+\frac{1}{2}}}{dx^n}.$$

Les propriétés de ces polynomes et d'autres plus généraux ont fait l'objet de travaux étendus de *F. Didon*[68]).

F. Didon donne les développements de la fonction $U_{m,n}$ en somme de polynomes V, et de la fonction $V_{m,n}$ en somme de polynomes U. Il étudie de nouvelles fonctions U naissant du développement de

$$[(1-ax-by-cz-\cdots)^2-(a^2+b^2+c^2+\cdots)(x^2+y^2+z^2+\cdots-1)]^{-\frac{1}{2}}$$

suivant les puissances entières et positives de $a, b, c, \ldots$, et il montre que ces fonctions sont des dérivées exactes,

$$\frac{1}{m!\,m'!\,m''!\cdots}\,\frac{1}{2^{m+m'+m''+\cdots}}\,\frac{\partial^{m+m'+m''+\cdots}(x^2+y^2+z^2+\cdots-1)^{m+m'+m''+\cdots}}{\partial x^m\,\partial y^{m'}\,\partial z^{m''}\cdots}$$

et qu'on peut leur associer les polynomes V naissant de la fonction

$$(1-2ax-2by-2cz-\cdots+a^2+b^2+c^2+\cdots)^{-\frac{\mu}{2}} = \sum_{(m,m',m'',\cdots)} a^m b^{m'} c^{m''}\cdots V_{m,m',m'',\cdots}.$$

Il forme des équations différentielles simultanées que vérifient ces divers polynomes: en particulier il forme et intègre celles des polynomes $V_{m,n}$ et il généralise les fonctions $\cos[n\arccos x]$ comme *Ch. Hermite* l'a fait pour $\sin[n\arccos x]$. Il considère des intégrales de la forme

$$\iint \frac{X_m(x)\,X_n(y)}{\sqrt{1-x^2-y^2}}\,dx\,dy \qquad (1-x^2-y^2 \geq 0),$$

où X_m et X_n sont deux polynomes de Legendre. Ces intégrales sont nulles quand $m \gtrless n$. Il étend cette propriété aux polynomes

$$\frac{d^\mu X_{n+\mu}}{dx^\mu}.$$

---

68) Ann. Éc. Norm. (1) 5 (1868), p. 229/310; (1) 6 (1869), p. 7/26; (1) 7 (1870), p. 247/68; C. R. Acad. sc. Paris 70 (1870), p. 749.

Ces recherches de *Ch. Hermite* et de *F. Didon* peuvent être rattachées aux recherches précédemment citées sur les fonctions harmoniques dans l'espace à $n+1$ dimensions. Les fonctions $V_{m,n}$ et $U_{m,n}$ de *Ch. Hermite* et les fonctions plus générales de *F. Didon* apparaissent alors comme des cas particuliers d'un type général de fonctions sphériques. C'est ce que *P. Appell*[69]) a établi par les considérations suivantes. On sait que la fonction

$$T_{n+1,n+1} = (x_1^2 + x_2^2 + \cdots + x_{n+1}^2)^{\frac{1-n}{2}}$$

vérifie l'équation

$$\text{(L)} \qquad \frac{\partial^2 T}{\partial x_1^2} + \frac{\partial^2 T}{\partial x_2^2} + \cdots + \frac{\partial^2 T}{\partial x_{n+1}^2} = 0.$$

Les dérivées partielles par rapport aux n premières variables

$$\frac{(-1)^{m_1+m_2+\cdots+m_n}}{m_1!\,m_2!\cdots m_n!}\,\frac{\partial^{m_1+m_2+\cdots+m_n}}{\partial x_1^{m_1}\partial x_2^{m_2}\cdots\partial x_n^{m_n}}\,T_{n+1,n+1}$$

vérifient également cette équation et, sur l'hypersphère

$$x_1^2 + x_2^2 + \cdots + x_{n+1}^2 = 1,$$

elles deviennent des polynomes $V_{m_1,m_2,\ldots,m_n}$ en $x_1, x_2, \ldots, x_n$, définis par la fonction génératrice

$$(1 - 2a_1x_1 - 2a_2x_2 - \cdots - 2a_nx_n + a_1^2 + a_2^2 + \cdots + a_n^2)^{\frac{1-n}{2}}$$
$$= \sum_{(m_1,m_2,\cdots m_n)} a_1^{m_1}a_2^{m_2}\cdots a_n^{m_n}\,V_{m_1,m_2,\cdots m_n}.$$

La formule de Green généralisée donne alors le résultat suivant: Si V et V' sont deux de ces polynomes *de degrés différents* l'intégrale n^{uple}

$$I = \int_{(n)} \frac{V V'}{\sqrt{1 - x_1^2 - x_2^2 - \cdots x_n^2}}\,dx_1\,dx_2\cdots dx_n,$$

étendue au domaine $1 - x_1^2 - x_2^2 \cdots - x_n^2 \geqq 0$ est *nulle*. Il peut se faire que certaines variables manquent dans V et V'. Si, par exemple, il manque les variables $x_n, x_{n-1}, \cdots, x_{n-s+1}$, au nombre de s, on peut d'abord intégrer par rapport à ces variables et on obtient la nouvelle intégrale $(n-s)^{\text{uple}}$

$$J = \int_{(n-s)} (1 - x_1^2 - x_2^2 - \cdots - x_{n-s}^2)^{\frac{s-1}{2}}\,V V' dx_1\,dx_2\cdots dx_{n-s}$$

69) *P. Appell*, Les polynomes $V_{m,n}$ d'Hermite et leurs analogues rattachés aux fonctions sphériques dans l'espace à un nombre quelconque de dimensions [C. R. Acad. sc. Paris 156 (1913), p. 1423; Rend. Circ. mat. Palermo 36 (1913), p. 203/12]. Les polynomes $U_{m,n}$ d'Hermite et leurs analogues rattachés aux fonctions sphériques dans l'hyperespace [C. R. Acad. sc. Paris 156 (1913), p. 1582].*

étendue au domaine $1 - x_1^2 - x_2^2 - \cdots - x_{n-s}^2 \geq 0$ qui est *nulle* quand V et V' sont de degrés différents. La valeur de cette intégrale quand V et V' sont de même degré a été donnée par *J. Kampe de Feriet*[70]. On peut associer à ces polynomes V des polynomes U définis par des dérivations et jouant à l'égard des polynomes généraux V le même rôle que les polynomes $U_{m,n}$ de *Ch. Hermite* à l'égard des polynomes $V_{m,n}$ de *F. Didon*. D'après *P. Appell*[69], ces polynomes adjoints sont des fonctions sphériques dérivant des potentiels $T_{n+1,s}$ définis comme il suit. Soit

$$\delta_p = \frac{a_{p1}x_1 + a_{p2}x_2 + \cdots + a_{p,n+1}x_{n+1} + K_p}{\sqrt{a_{p,1}^2 + a_{p,2}^2 + \cdots + a_{p,n+1}^2}}$$

la distance d'un point quelconque de l'espace à $n+1$ dimensions à un hyperplan fixe P_p, la fonction

$$T_{n+1,s} = (\delta_1^2 + \delta_2^2 + \cdots + \delta_s^2)^{\frac{2-s}{2}},$$

où $\delta_1, \delta_2, \ldots, \delta_s$ sont les distances du même point à s hyperplans $P_1, P_2, \ldots, P_s$, deux à deux rectangulaires, vérifie aussi l'équation (L) de Laplace étendue à l'espace à $n+1$ dimensions, à condition que s prenne l'une des valeurs $s = 2, 3, \ldots, n+1$. Il faut convenir que, pour $s = 2$, la fonction $T_{n+1,s}$ devient un logarithme

$$T_{n+1,2} = \log_e(\delta_1^2 + \delta_2^2).$$

Avec ces notations, les polynomes $U_{m,n}$ d'Hermite sont des fonctions sphériques dérivées de $T_{4,3}$; les polynomes $\mathfrak{P}_{m,n}$ et $\mathfrak{O}_{m,n}$ d'Hermite des fonctions sphériques déduites de $T_{5,5}$ et $T_{5,4}$[71].

Par exemple, dans l'espace à quatre dimensions x, y, z, t, en appelant

$$\delta_1 = \frac{ax + by - 1}{\sqrt{a^2 + b^2}}, \quad \delta_2 = z, \quad \delta_3 = t$$

les distances d'un point quelconque aux trois hyperplans rectangulaires

$$ax + by - 1 = 0, \quad z = 0, \quad t = 0,$$

la fonction $T_{4,3}$ est, à un facteur constant près,

$$T_{4,3} = \frac{1}{\sqrt{(ax + by - 1)^2 + (a^2 + b^2)(z^2 + t^2)}}.$$

Si l'on développe cette fonction suivant les puissances positives de a et b, les coefficients sont des polynomes harmoniques et homogènes dans l'espace à quatre dimensions; sur l'hypersphère

$$x^2 + y^2 + z^2 + t^2 = 1,$$

---

70) „C. R. Acad. sc. Paris 157 (1913), p. 912, 1392."

71) „*P. Appell*[69]."

ces polynomes deviennent, par l'élimination de z^2+t^2, les polynomes $U_{m,n}$ d'Hermite, car cette élimination transforme $T_{4,3}$ dans la fonction génératrice des polynomes $U_{m,n}$.

F. Didon[68]) montre aussi qu'on peut former d'une infinité de manières deux séries de polynomes $U_{m,n}$ et $V_{m,n}$ de deux variables x et y telles que l'intégrale double

$$\iint U_{m,n} V_{m',n'} dx\,dy$$

étendue au cercle $x^2+y^2-1\leqq 0$ soit nulle, tant que l'on n'a pas à la fois $m'=m$, $n'=n$. Il indique un système de polynomes dans lequel les deux séries sont identiques. En particulier, *F. Didon* considère les polynomes de degré $m+n$ en x et y

$$P_{m,n}=k_{m,n}\frac{1}{(y^2-1)^{m+\frac{1}{2}}}\frac{d^n(y^2-1)^{m+n+\frac{1}{2}}}{dy^n}\frac{d^m(x^2+y^2-1)^m}{dx^m},$$

où $k_{m,n}$ est une constante. Il démontre la formule

$$\iint P_{m,n}P_{m',n'}dx\,dy=0 \qquad (x^2+y^2-1\leqq 0)$$

à moins que $m=m'$ et $n=n'$. Puis

$$\iint P_{m,n}^2\,dx\,dy$$

$$=k_{m,n}^2\frac{2\pi}{2m+1}2^{2m}m!\,m!\,n!\frac{1.3.5\ldots(2m+2n+1)}{2.4.6\ldots(2m+2n+2)}(2m+n+2)\ldots(2m+2n+1).$$

En prenant une certaine détermination de $k_{m,n}$, il donne la fonction génératrice

$$(1-2by+b^2)^{-\frac{1}{2}}\left[1-ax-by-\frac{2(1-by+\sqrt{1-2by+b^2})}{(a^2+b^2)(y^2-1)}\right]^{-\frac{1}{2}}$$

$$=\sum_{(m,n)}a^m b^n P_{m,n}.$$

Enfin il étudie le développement d'une fonction $f(x,y)$ en série de polynomes $P_{m,n}$

$$f(x,y)=\sum A_{m,n}P_{m,n}.$$

Ces propositions ont été développées par *G. A. Orlov*[72]). En prenant une autre détermination de $k_{m,n}$, *G. A. Orlov* donne pour $P_{m,n}$ la fonction génératrice plus simple

$$[(1-2ax-2by+b^2)(1-2by+b^2)-a^2(y^2-1)]^{-\frac{1}{2}}.$$

Il généralise ensuite en prenant la fonction

$$(1-2by+b^2)^\beta[(1-2ax-2by+b^2)(1-2by+b^2)-a^2(y^2-1)]^{-(\beta+\frac{1}{2})}$$

72) *Nouv. Ann. math. (2) 20 (1881), p. 481; (3) 1 (1882), p. 311.*

qui donne naissance, comme coefficient de $a^m b^n$, au polynome

$$\Omega_{m,n} = C_{m,n} \frac{1}{(y^2-1)^{\beta+m+\frac{1}{2}}} \frac{d^n(y^2-1)^{\beta+m+n+\frac{1}{2}}}{dy^n} \frac{1}{(x^2+y^2-1)^{\beta}} \frac{d^m(x^2+y^2-1)^{\beta+m}}{dx^m}.$$

Ce polynome de degré $m+n$, dans lequel l'exposant de x ne surpasse pas m, présente la plus grande analogie avec le polynome de degré l

$$\omega_l(x, \alpha) = C_l \frac{1}{(x^2-1)^{\alpha}} \frac{d^l(x^2-1)^{\alpha+l}}{dx^l}.$$

F. Didon[73]) démontre que l'intégrale

$$\iint (1-x^2-y^2)^{\frac{p-1}{2}-1}(1-2ax+a^2)^{-\frac{p-1}{2}}(1-2bx+b^2)^{-\frac{p}{2}} dx\,dy,$$

étendue au cercle $x^2+y^2-1 \leqq 0$, ne dépend que du produit ab, en supposant p entier positif.

G. A. Orlov[74]) montre que la proposition est encore vraie si p est fractionnaire positif. La démonstration repose sur les propriétés des polynomes ω_l définis par

$$(1-2ax+a^2)^{-\frac{2\alpha+1}{2}} = \sum_{l=0}^{l=+\infty} a^l \omega_l(x, \alpha)$$

qui sont les polynomes C_n^{ν} de *L. Gegenbauer.*

Les polynomes précédents dérivent de fonctions algébriques. *Ch. Hermite*[75]) a considéré également des polynomes à plusieurs variables analogues à ceux qu'il a déduits[59]) de la dérivation de e^{-x^2}. Soit

$$\varphi(x, y, z, \ldots)$$

une forme quadratique à μ variables $x, y, z, \ldots$ et dont la partie réelle soit définie et positive; désignons par

$$\psi(x, y, z, \ldots)$$

la forme adjointe de Gauss et par δ l'invariant. *Ch. Hermite* considère deux systèmes de polynomes associés. Les polynomes U du premier système sont définis par le développement

$$e^{-\varphi(x+h,\, y+h_1,\, z+h_2,\, \ldots)} = e^{-\varphi(x,y,z,\ldots)} \sum \frac{h^n h_1^{n'} h_2^{n''} \ldots}{n!\, n'!\, n''! \ldots} U_{n,n',n'',\ldots}$$

Les polynomes V du second système s'obtiennent en introduisant le polynome $\psi(k, k_1, k_2, \ldots)$ et en faisant sur les accroissements $h, h_1, h_2, \ldots$

73) „Ann. Éc. Norm. (1) 7 (1870), p. 247."

74) „Nouv. Ann. math. (3) 1 (1882), p. 311."

75) „C. R. Acad. sc. Paris 58 (1864), p. 93, 266; Œuvres, publ. par *É. Picard* 2, Paris 1908, p. 298."

la substitution linéaire

$$h = \frac{d\psi}{dk}, \quad h_1 = \frac{d\psi}{dk_1}, \quad h_2 = \frac{d\psi}{dk_2}, \ldots;$$

ils sont définis par le développement de

$$e^{-\varphi\left(x+\frac{d\psi}{dk},\, y+\frac{d\psi}{dk_1},\, z+\frac{d\psi}{dk_2},\ldots\right)}$$

suivant les puissances positives de $k, k_1, k_2, \ldots$ sous la forme

$$e^{-\varphi(x,y,z,\ldots)} \sum \frac{k^n k_1^{n'} k_2^{n''} \ldots}{n!\, n'!\, n''! \ldots} V_{n,n',n'',\ldots}.$$

Ch. Hermite[75]) obtient alors la formule fondamentale

$$\sqrt{\frac{\pi^\mu}{\delta}}\, e^{4\delta(hk+h_1k_1+h_2k_2+\cdots)} = \int_{-\infty}^{+\infty} dx\, dy\, dz \cdots e^{-\varphi(x,y,z,\ldots)} M,$$

où

$$M = \sum \frac{h^n h_1^{n'} h_2^{n''} \ldots}{n!\, n'!\, n''! \ldots} U_{n,n',n''\ldots} \sum \frac{k^n k_1^{n'} k_2^{n''} \ldots}{n!\, n'!\, n''! \ldots} V_{n,n',n''\ldots},$$

l'intégration étant, comme toutes les suivantes, étendue pour toutes les variables de $-\infty$ à $+\infty$. On en conclut que l'intégrale

$$\int_{-\infty}^{+\infty} dx\, dy\, dz \cdots e^{-\varphi(x,y,z)\cdots}\, U_{n,n',n'',\ldots} V_{m,m',m'',\ldots}$$

est *nulle* quand les différences $n - m$, $n' - m'$, $n'' - m''$, ... sont différentes de zéro, et que pour $m = n$, $m' = n'$, $m'' = n''$, ... elle a pour valeur

$$\sqrt{\frac{\pi^\mu}{\delta}}\, n!\, n'!\, n''! \ldots (4\delta)^{n+n'+n''\cdots}.$$

Cette proposition peut servir de base à l'étude et au calcul des coefficients du développement d'une fonction $F(x, y, z, \ldots)$ en série soit de polynomes U soit de polynomes V. C'est au sujet de ces polynomes que *F. G. Mehler* a fait les remarques que nous avons déjà indiquées [n° 2].

De même que le polynome

$$f(x) = x^n + A_1 x^{n-1} + A_2 x^{n-2} + \cdots + A_n$$

qui rend minimée l'intégrale

$$\int_{-1}^{+1} f^2(x)\, dx$$

est, à un facteur constant près, le polynome X_n, de même le polynome à deux variables $\varphi(x, y)$, de degré $m + n$, dont le coefficient de $x^m y^n$ est l'unité, qui rend minimée l'intégrale

$$\iint_{|1-x^2-y^2\geqq 0|} \varphi^2(x, y)\,dx\,dy$$

est le polynome d'Hermite $U_{m,n}$ à un facteur constant près.

4. Séries hypergéométriques à deux variables et polynomes qui s'y rattachent. Tout comme les polynomes de Legendre se rattachent à la série hypergéométrique de Gauss, les polynomes d'Hermite à deux variables se rattachent aux séries hypergéométriques à deux variables introduites par *P. Appell*[76]).

Soit, pour abréger,

$$(\lambda, n) = \lambda(\lambda+1)\ldots(\lambda+n-1),$$

λ désignant une constante quelconque et n un entier positif, avec la convention $(\lambda, 0) = 1$; les quatre fonctions hypergéométriques de deux variables sont

$$F_1(\alpha, \beta, \beta', \gamma, \gamma', x, y) = \sum \frac{(\alpha, m+n)(\beta, m)(\beta', m)}{(\gamma, m+n)(1, m)(1, n)} x^m y^n,$$

$$F_2(\alpha, \beta, \beta', \gamma, \gamma', x, y) = \sum \frac{(\alpha, m+n)(\beta, m)(\beta', n)}{(\gamma, m)(\gamma', n)(1, m)(1, n)} x^m y^n,$$

$$F_3(\alpha, \alpha', \beta, \beta', \gamma, x, y) = \sum \frac{(\alpha, m)(\alpha', n)(\beta, m)(\beta', n)}{(\gamma, m+n)(1, m)(1, n)} x^m y^n,$$

$$F_4(\alpha, \beta, \gamma, \gamma', x, y) = \sum \frac{(\alpha, m+n)(\beta, m+n)}{(\gamma, m)(\gamma', n)(1, m)(1, n)} x^m y^n,$$

la sommation étant étendue aux valeurs entières de m et n, de 0 à $+\infty$.

Les quatre fonctions ainsi définies satisfont respectivement aux équations différentielles simultanées suivantes, dans lesquelles p, q, r, s, t désignent les dérivées partielles $\frac{\partial z}{\partial x}, \frac{\partial z}{\partial y}, \frac{\partial^2 z}{\partial x^2}, \frac{\partial^2 z}{\partial x \partial y}, \frac{\partial^2 z}{\partial y^2}$,

$$(\mathrm{F}_1)\begin{cases}(x-x^2)r + y(1-x)s + [\gamma - (\alpha+\beta+1)x]p - \beta y q - \alpha\beta z = 0\\ (y-y^2)t + x(1-y)s + [\gamma - (\alpha+\beta'+1)y]q - \beta' x p - \alpha\beta' z = 0\\ \qquad\qquad (x-y)s - \beta' p + \beta q = 0\end{cases}$$

où la troisième équation est une conséquence nécessaire des deux premières;

$$(\mathrm{F}_2)\begin{cases}(x-x^2)r - xys + [\gamma - (\alpha+\beta+1)x]p - \beta y q - \alpha\beta z = 0,\\ (y-y^2)t - xys + [\gamma' - (\alpha+\beta'+1)y]q - \beta' x p - \alpha\beta' z = 0,\end{cases}$$

$$(\mathrm{F}_3)\begin{cases}(x-x^2)r + ys + [\gamma - (\alpha+\beta+1)x]p - \alpha\beta z = 0\\ (y-y^2)t + xs + [\gamma - (\alpha'+\beta'+1)y]q - \alpha'\beta' z = 0\end{cases}$$

---

76) Sur les séries hypergéométriques de deux variables et sur des équations différentielles linéaires aux dérivées partielles [C. R. Acad. sc. Paris 90 (1880), p. 296, 731].

$$(F_4)\begin{cases}(x-x^2)r-y^2t-2xys+[\gamma-(\alpha+\beta+1)x]p-(\alpha+\beta+1)yq-\alpha\beta z=0\\(y-y^2)t-x^2r-2xys+[\gamma'-(\alpha+\beta+1)y]q-(\alpha+\beta+1)xp-\alpha\beta z=0.\end{cases}$$

Ces équations peuvent s'intégrer à l'aide des fonctions correspondantes comme l'équation de la série de Gauss à l'aide de la fonction F. On peut démontrer, pour des équations de cette nature, des théorèmes généraux analogues à ceux de *L. Fuchs* sur les équations différentielles linéaires à une variable[76]), mais cette question générale est en dehors du sujet actuel.

Les points spéciaux relatifs aux systèmes (F_1), (F_2), (F_3), (F_4) sont les suivants:

L'intégrale générale z des équations (F_1) est une fonction linéaire, à coefficients constants, de *trois* intégrales particulières z_1, z_2, z_3,

$$z = C_1 z_1 + C_2 z_2 + C_3 z_3;$$

les intégrales générales des équations (F_2), (F_3) et (F_4), respectivement, sont des fonctions linéaires à coefficients constants de *quatre* intégrales particulières z_1, z_2, z_3, z_4,

$$z = C_1 z_1 + C_2 z_2 + C_3 z_3 + C_4 z_4.$$

Par exemple, l'intégrale générale de l'équation (F_2) est

$$\begin{aligned}z=C_1F_2(\alpha,\beta,\beta',\gamma,\gamma',x,y)&+C_2x^{1-\gamma}F_2(\alpha+1-\gamma,\beta+1-\gamma,\beta',2-\gamma,\gamma',x,y)\\&+C_3y^{1-\gamma'}F_2(\alpha+1-\gamma',\beta,\beta'+1-\gamma',\gamma,2-\gamma',x,y)\\&+C_4x^{1-\gamma}y^{1-\gamma'}F_2(\alpha+2-\gamma-\gamma',\beta+1-\gamma,\beta'+1-\gamma',2-\gamma,2-\gamma',x,y).\end{aligned}$$

Les équations (F_3) se ramènent à (F_2) par la substitution

$$x=\frac{1}{\xi},\quad y=\frac{1}{\eta},\quad z=\xi^{\alpha}\xi^{\alpha'}u.$$

L'intégrale des équations (F_4) a une forme semblable que nous n'écrirons pas ici.

Les fonctions F_1, F_2, F_3, F_4 donnent naissance à des polynomes analogues à ceux de Jacobi quand on attribue à certaines des quantités α, α', β, β' des valeurs négatives choisies de façon que les séries se réduisent à des polynomes.

Les polynomes d'Hermite $U_{m,n}$, $V_{m,n}$ et $\mho_{m,n}$, $\vartheta_{m,n}$, définis plus haut, s'expriment à l'aide de la fonction F_2.

Les polynomes

$$U_{m,n}=x^{1-\gamma}y^{1-\gamma'}\frac{\partial^{m+n}[x^{m+\gamma-1}y^{n+\gamma'-1}(1-x-y)^{m+n}]}{\partial x^m\partial y^n}$$

de degré $m+n$, analogues aux polynomes de Jacobi, sont donnés par

$$U_{m,n}=CF_2(-m,-n,m+\gamma,n+\gamma',\gamma,\gamma',x,y),$$

où C est une constante. Ils possèdent des propriétés semblables à celles des polynomes à deux variables d'Hermite et des fonctions Y_n de Laplace; la propriété fondamentale est que l'intégrale double

$$I_{m,n}^{\mu,\nu} = \iint x^{\gamma-1} y^{\gamma'-1} U_{m,n} U_{\mu,\nu}\, dx\, dy$$

étendue à l'aire du triangle limité par les trois droites

$$x = 0, \quad y = 0, \quad x + y - 1 = 0$$

est *nulle* quand $m + n$ est différent de $\mu + \nu$. Cette intégrale, au contraire, n'est pas nulle quand $m + n = \mu + \nu$; sa valeur est alors

$$\frac{\Gamma(m+n+1)\Gamma(\gamma+\mu+m)\Gamma(\gamma'+\nu+n)}{\Gamma(2m+2n+\gamma+\gamma'+1)}.$$

Les formules ainsi obtenues permettent de calculer, par $N+1$ équations du premier degré, les $N+1$ coefficients des polynomes $U_{m,n}$ d'un degré donné $m+n=N$, dans le développement d'une fonction de deux variables x et y en série procédant suivant les polynomes $U_{m,n}$. Le calcul des coefficients se simplifie par l'introduction d'un polynome adjoint $V_{m,n}$, également défini à l'aide de la fonction F_2,

$$V_{m,n} = F_2(m+n+\gamma+\gamma', -m, -n, \gamma, \gamma', x),$$

possédant la propriété que l'intégrale

$$K_{m,n}^{\mu,\nu} = \iint x^{\gamma-1} y^{\gamma'-1} U_{m,n} V_{\mu,\nu}\, dx\, dy$$

est nulle tant que l'on n'a pas à la fois $\mu = m$, $\nu = n$; tandis que

$$K_{m,n}^{m,n} = \frac{\Gamma(m+1)\Gamma(n+1)\Gamma(m+n+1)\Gamma(\gamma)\Gamma(\gamma')}{(2m+2n+\gamma+\gamma')\Gamma(m+n+\gamma+\gamma')}.$$

On peut alors obtenir séparément le coefficient du polynome $U_{m,n}$ dans le développement en série.

Plus généralement[77]) les polynomes

$$A_{m,n} = x^{-a} y^{-b} (1-x-y)^{-c} \frac{\partial^{m+n}}{\partial x^m \partial y^n} [x^{m+a} y^{n+b} (1-x-y)^{m+n+c}]$$

possèdent des propriétés analogues; on a, en désignant par H une constante,

$$A_{m,n} = H(1-x-y)^{m+n} F_2,$$

où

$$F_2 = F_2\left[-(m+n+c), -m, -n, a+1, b+1, \frac{x}{x+y-1}, \frac{y}{x+y-1}\right]$$

et l'intégrale double

$$\iint x^a y^b (1-x-y)^c A_{m,n} A_{\mu,\nu}\, dx\, dy$$

est nulle tant que $m+n$ est différent de $\mu+\nu$.

77) *P. Appell, Sur des polynomes de deux variables [Archiv Math. Physik (1) 65 (1880), p. 238].*

La notion de polynomes associés introduits par *Ch. Hermite* peut être généralisée et rattachée à la considération d'une certaine forme quadratique[78]).

Les propriétés précédentes résultent, comme cas particuliers, d'un théorème général[79]) sur les fonctions vérifiant l'équation différentielle unique

$$\text{(E)}\quad (x-x^2)r - 2xys + (y-y^2)t + [\gamma-(\alpha+\delta+1)x]p + [\gamma'-(\alpha+\delta+1)y]q - \alpha\delta z = 0.$$

Ce théorème est le suivant:

Les constantes γ, γ', $1+\alpha+\delta-\gamma-\gamma'$ étant supposées positives, soient z une intégrale de l'équation (E) *et z_1 une intégrale de l'équation* (E_1) *obtenue en remplaçant α et δ par $\alpha+\lambda$ et $\delta-\lambda$; l'intégrale double*

$$\iint x^{\gamma-1}y^{\gamma'-1}(1-x-y)^{\alpha+\delta-\gamma-\gamma'}z\cdot z_1\,dx\,dy$$

étendue au triangle formé par les droites

$$x=0,\quad y=0,\quad 1-x-y=0$$

est nulle, si les fonctions z et z_1 et leurs dérivées premières restent finies dans les limites de l'intégration, quand $\lambda(\delta-\alpha+\lambda)$ est différent de zéro.

Ce théorème comprend non seulement les propriétés des polynomes d'Hermite, des polynomes que nous venons d'indiquer, mais aussi, et c'est là un fait qui établit un nouveau rapport entre ces théories et celle des fonctions sphériques, les propriétés des fonctions $Y_n(\theta, \varphi)$ de Laplace; en effet l'équation aux dérivées partielles à laquelle satisfont les fonctions Y_n se ramène à la forme générale (E) par la substitution[79])

$$\sin\theta\cos\varphi = \sqrt{x},\qquad \sin\theta\sin\varphi = \sqrt{y}.$$

En particulier, en faisant dans l'équation (E) $\gamma=\frac{1}{2}$, $\gamma'=\frac{1}{2}$,

$$x=\xi^2,\quad y=\eta^2,$$

on la ramène à la forme[79])

$$\text{(E')}\quad (1-\xi^2)\frac{\partial^2 z}{\partial\xi^2} - 2\eta\xi\frac{\partial^2 z}{\partial\xi\partial\eta} + (1-\eta^2)\frac{\partial^2 z}{\partial\eta^2} - (2\alpha+2\delta+1)\left(\xi\frac{\partial z}{\partial\xi}+\eta\frac{\partial z}{\partial\eta}\right) - 4\alpha\delta z = 0.$$

Soient alors z une solution de cette équation et z_1 une solution de l'équation obtenue en remplaçant α et δ par $\alpha+\lambda$ et $\delta-\lambda$; si

78) **P. Appell*, Sur une classe de polynomes à deux variables et le calcul approché des intégrales doubles [Ann. Fac. sc. Toulouse (1) 4 (1890), mém. n° 8, p. 1/20].*

79) **P. Appell*, C. R. Acad. sc. Paris 90 (1880), p. 290, 731, 977; 91 (1880), p. 364; J. math. pures appl. (3) 8 (1882), p. 173/216.*

l'on a

$$\lambda(\delta - \alpha + \lambda) \gtrless 0,$$

on a, sous des conditions analogues,

$$\iint (1 - \xi^2 - \eta^2)^{\alpha+\delta-1} z z_1 d\xi d\eta = 0,$$

le domaine d'intégration étant le cercle

$$1 - \xi^2 - \eta^2 \geqq 0.$$

C'est dans ce dernier cas particulier que rentrent plus spécialement les fonctions Y_n, les polynomes d'Hermite déduits de la différentiation de $(\xi^2 + \eta^2 - 1)^{m+n}$ et les fonctions plus générales considérées par *F. Didon*[68])

$$\frac{\partial^{m+n}(\xi^2 + \eta^2 - 1)^{m+n+h}}{\partial \xi^m \partial \eta^n}.$$

Ce même théorème comprend, comme cas limite, certaines formules données par *Ch. Hermite*[75]) sur les polynomes à deux variables qui naissent de la différentiation d'une exponentielle dont l'exposant est une forme quadratique de x et y.

Un de ces polynomes hypergéométriques à deux variables se rencontre dans une question posée par *F. Tisserand*[80]), au sujet d'un développement employé en mécanique céleste. Soit $P_N(p, z)$ le polynome de degré N en z qui forme le coefficient de θ^N dans le développement en séries de puissances de

$$\varphi(z) = (1 - 2\theta z + \theta^2)^{\frac{1-p}{2}};$$

il s'agit de trouver une formule générale donnant le développement du polynome $P_N(p, z)$ suivant les cosinus des multiples de x et de y quand on pose

$$z = \mu \cos x + \nu \cos y.$$

Si l'on fait

$$P_N(p, z) = 4 \sum B_{i,j}^{N,p} \cos ix \cos jy,$$

le coefficient $B_{i,j}^{N,p}$ s'exprime par un polynome hypergéométrique de deux variables[81])

$$B_{i,j}^{N,p} = C\mu^i \nu^j F_4\left(\frac{p-1}{2} + \frac{N+i+j}{2}, \frac{i+j-N}{2}, i+1, j+1, \mu^2, \nu^2\right).$$

80) „Sur le développement de la fonction perturbatrice dans le cas où l'inclinaison mutuelle des orbites est considérable [C. R. Acad. sc. Paris 97 (1883), p. 815, 880]; Ann. Observ. Paris, Mémoires 18 (1885), mém. n°. 3."

81) „P. *Appell*, Sur certaines formules de Hansen et de Tisserand" [C. R. Acad. sc. Paris 97 (1883), p. 1036]."

le facteur C étant une constante connue; le développement de la fonction F_4 s'arrête de lui-même, car le second élément est un entier négatif. *R. Radau*[82]) a donné une autre démonstration de cette formule.

Si l'on tient compte de la relation

$$\mu + \nu = 1$$

ce qui est le cas du problème de mécanique céleste, le polynome devient un polynome entier, en ν par exemple, satisfaisant à une équation[83]) du troisième ordre[84]). Pour $p = 2$ le polynome se réduit à un polynome hypergéométrique de Gauss à une variable, tandis que pour $p = 3$ il devient le carré d'un tel polynome.

D'une façon générale, si dans les fonctions hypergéométriques F_2 et F_4 on considère x et y comme fonctions d'un paramètre t, ces fonctions F_2 et F_4 de t vérifient des équations linéaires du quatrième ordre qui peuvent s'abaisser au troisième pour certaines relations spéciales entre x et y, comme $x + y = 1$ pour F_2 et $\sqrt{x} + \sqrt{y} = 1$ pour F_4[84]).

Des polynomes de plusieurs variables généralisant la théorie des fonctions sphériques se rencontrent dans un mémoire de *V. Steklov*[85]). Dans le cas de deux variables, *V. Steklov* traite notamment un exemple dans lequel le domaine d'intégration est l'ellipse

$$p = 1 - \frac{x^2}{a^2} - \frac{y^2}{b^2} = 0$$

et la fonction caractéristique p^α, α étant un nombre positif. Il obtient ainsi des polynomes qui généralisent les polynomes Ω obtenus par *G. A. Orlov*, polynomes correspondant au cas où $a = 1$, $b = 1$[86]).

L'une des équations différentielles vérifiée par le polynome $\Omega^{(k)}$ de *G. A. Orlov* est

$$(1 - x^2)\frac{\partial^2 z}{\partial x^2} - 2xy\frac{\partial^2 z}{\partial x \partial y} + (1 - y^2)\frac{\partial^2 z}{\partial y^2} - (2\alpha + 3)\left(x\frac{\partial z}{\partial x} + y\frac{\partial z}{\partial y}\right) - k[k + r(\alpha + 1)]z = 0;$$

82) „Remarques sur une formule de Tisserand [C. R. Acad. sc. Paris 97 (1883), p. 1130, 1275]."

83) „*O. Callandreau*, C. R. Acad. sc. Paris 97 (1883), p. 1187."

84) „*P. Appell*, Sur une formule de Tisserand et sur les séries hypergéométriques de deux variables [J. math. pures appl. (3) 10 (1884), p. 407/28]. Voir aussi *H. Poincaré*, Leçons de mécanique céleste 2, Paris 1907, p. 65/85 (chap. 18)."

85) „Sur la théorie de fermeture des systèmes de fonctions orthogonales dépendant d'un nombre quelconque de variables [Zapiski imperati acad. nauk (Mém. Acad. sc. Pétersb.) (8) 30 (1911), classe phys. math., mém. n° 4 [présenté le 4 mai 1911]]."

86) „Thèse, St Pétersbourg 1881."

elle est identique à l'équation (E'). Le polynome de *G. Orlov* est, à un facteur constant près, comme nous l'avons dit, égal à

$$\frac{1}{(y^2-1)^{\alpha+m+\frac{1}{2}}}\frac{d^n}{dy^n}\left[(y^2-1)^{\alpha+m+n+\frac{1}{2}}\right]\frac{1}{(x^2+y^2-1)^\alpha}\frac{d^m}{dx^m}\left[(x^2+y^2-1)^{\alpha+m}\right],$$

où

$$m+n=k.$$

V. Steklov démontre le théorème suivant:

Toute fonction $f(x, y)$ admettant des dérivées partielles des quatre premiers ordres à l'intérieur du cercle (C)

$$x^2+y^2=1$$

se développe, en tous les points (x, y) intérieurs à tout contour fermé (C') en entier compris à l'intérieur du cercle (C), en série uniformément et absolument convergente de la forme

$$f(x, y)=\sum_{k=0}^{k=+\infty}\sum_{l=1}^{l=k+1}A_l^{(k)}\Omega_l^{(k)}(x, y),$$

où

$$A_l^{(k)}=\iint(1-x^2-y^2)^\alpha f(x, y)\Omega_l^{(k)}(x, y)\,dx\,dy,$$

$\Omega_l^{(k)}$ $[k=0, 1, 2, \ldots.; l=1, 2, \ldots, k+1]$ étant les polynomes de *G. Orlov.**

4. *Représentation des fonctions hypergéométriques par des intégrales définies. Généralisation du problème de Riemann pour la série de Gauss. Pour faire un Tableau d'ensemble, nous indiquerons rapidement quelques recherches connexes aux précédentes qui devraient plutôt être développées dans la théorie des équations différentielles linéaires simultanées analogues aux équations des fonctions F_1, F_2, F_3, F_4 et des groupes de ces équations.

On peut représenter[87]) les fonctions hypergéométriques de deux variables par des intégrales définies, analogues à celles qui expriment la série de Gauss. Par exemple la série F_3 peut être représentée par une intégrale définie analogue à celle dont s'est occupé *C. G. J. Jacobi*[88]). Posons

$$f(u, v)=u^{\alpha-1}v^{\alpha'-1}(1-u-v)^{\gamma-\alpha-\alpha'-1},$$
$$\alpha>0,\quad \alpha'>0,\quad \gamma-\alpha-\alpha'>0;$$

87) **P. Appell,* Sur la série $F_3(\alpha, \alpha', \beta, \beta', \gamma, x, y)$ [C. R. Acad. sc. Paris 90 (1880), p. 977].*

88) *J. reine angew. Math. 56 (1859), p. 149/65; Werke 6, Berlin 1891, p. 184/202.*

alors on a

$$\iint f(u, v)(1-ux)^{-\beta}(1-vy)^{-\beta'}du\,dv$$
$$= \frac{\Gamma(\alpha)\Gamma(\alpha')\Gamma(\gamma-\alpha-\alpha')}{\Gamma(\gamma)} F_3(\alpha, \alpha', \beta, \beta', \gamma, x, y),$$

l'intégrale double étant étendue au champ

$$u \geqq 0, \quad v \geqq 0, \quad 1-u-v \geqq 0.$$

En partant de cette expression, on peut démontrer, pour le cas $\beta = 1$, $\beta' = 1$, une proposition analogue à celle que *C. G. J. Jacobi* a démontrée dans le § 8 de son mémoire[88]). Dans cette proposition figurent des polynomes à deux variables déduits d'une des séries hypergéométriques et se rattachant à ceux de *P. Appell*[89]) [cf. n° 5].

Les autres fonctions F_1 et F_2 s'expriment de même (cf. notes 78 et 79) par des intégrales doubles

$$\iint u^{\beta-1}v^{\beta'-1}(1-u-v)^{\gamma-\beta-\beta'-1}(1-ux-vy)^{-\alpha}du\,dv$$
$$= \frac{\Gamma(\beta)\Gamma(\beta')\Gamma(\gamma-\beta-\beta')}{\Gamma(\gamma)} F_1(\alpha, \beta, \beta', \gamma, x, y)$$

le champ étant le même que plus haut;

$$\int_0^1\int_0^1 u^{\beta-1}v^{\beta'-1}(1-u)^{\gamma-\beta-1}(1-v)^{\gamma'-\beta'-1}(1-ux-vy)^{-\alpha}du\,dv$$
$$= \frac{\Gamma(\beta)\Gamma(\beta')\Gamma(\gamma-\beta)\Gamma(\gamma'-\beta')}{\Gamma(\gamma)\Gamma(\gamma')} F_2(\alpha, \beta, \beta', \gamma, \gamma', x, y)$$

H. Poincaré[90]) rattache les déterminations multiples, linéairement indépendantes, de ces intégrales à la notion de périodes des intégrales doubles.

É. Picard[91]), cherchant à définir les fonctions hypergéométriques de deux variables, *in abstracto*, par la considération de leurs points singuliers, comme *B. Riemann* l'a fait pour la série de Gauss, a retrouvé par cette voie la fonction F_1 qu'il rattache ainsi aux recherches de *L. Pochhammer*[92]). Il donne, à cette occasion, l'expression de la fonc-

---

89) *P. Appell*[77]), Archiv Math. Phys. (1) 65 (1880), p. 238.*

90) *Les méthodes nouvelles de la mécanique céleste 2, Paris 1893, p. 72.*

91) *Sur une extension aux fonctions à deux variables du problème de Riemann relatif aux fonctions hypergéométriques [C. R. Acad. sc. Paris 90 (1880), p. 1267; Ann. Éc. Norm. (2) 10 (1881), p. 305/22].*

92) *Über hypergeometrische Funktionen höherer Ordnung [J. reine angew. Math. 71 (1870), p. 316/52].*

tion F_1 par une intégrale simple

$$\int_0^1 u^{\alpha-1}(1-u)^{\gamma-\alpha-1}(1-ux)^{-\beta}(1-uy)^{-\beta'}du = \frac{\Gamma(\alpha)\Gamma(\gamma-\alpha)}{\Gamma(\gamma)} F_1(\alpha, \beta, \beta', \gamma, x, y).$$

E. Goursat[93]), poursuivant ces recherches, a montré ensuite que les fonctions F_2 et F_3 sont susceptibles d'une définition analogue.

Quand les variables x et y décrivent des contours fermés, dans le champ complexe, les intégrales des équations différentielles définissant les fonctions hypergéométriques de deux variables subissent des substitutions linéaires conduisant à des formules analogues à celles de *C. F. Gauss.*

P. Appell[94]) a donné un certain nombre de ces formules. *E. Goursat*[95]) a étudié et résolu le problème d'une façon systématique; pour la fonction F_1 il a trouvé jusqu'à soixante intégrales du type

$$x^l(1-x)^m y^p(1-y)^{m'}(x-y)^n F_1(\lambda, \mu, \mu', \nu, t, t'),$$

t et t' désignant des fonctions rationnelles du premier degré de x et y.

Les fonctions hypergéométriques de n variables $n > 2$ ont été étudiées par *G. Lauricella*[96]) qui généralise un grand nombre des résultats précédents. Il donne notamment l'expression, à l'aide d'une de ces fonctions, des polynomes $U_{m,m',m'',\dots}$ et $V_{m,m',m'',\dots}$ que *F. Didon*[97]) a introduits, et l'intégration des équations correspondantes.*

5. Fractions continues et quadratures mécaniques. On connaît [cf. II 6] les relations qui existent entre la théorie des fonctions sphériques et les théories des fonctions continues et des quadratures mécaniques. Nous nous proposons ici d'indiquer sommairement quelques points de théories analogues dans le domaine des fonctions sphériques à plusieurs variables.

F. Didon[98]) a considéré les polynomes

$$P_{m,n} = k_{m,n} \frac{1}{(y^2-1)^{m+\frac{1}{2}}} \frac{d^n[(y^2-1)^{m+n+\frac{1}{2}}]}{dy^n} \frac{d^m[(x^2+y^2-1)^m]}{dx^m}$$

93) C. R. Acad. sc. Paris 95 (1882), p. 903, 1044.*

94) Sur certaines formules relatives aux fonctions hypergéométriques de deux variables [C. R. Acad. sc. Paris 91 (1880), p. 364/6; J. math pures appl. (3) 8 (1882), p. 173/216].*

95) C. R. Acad. sc. Paris 95 (1882), p. 717/9.*

96) Sulle funzioni ipergeometriche a più variabili [Rend. Circ. mat. Palermo 7 (1893), p. 111/58].*

97) Ann. Éc. Norm. (1) 5 (1868), p. 229/310.*

98) Id. (1) 7 (1870), p. 247/60.*

où $k_{m,n}$ désigne une constante. L'expression $P_{m,n}$ est un polynome de degré $m+n$, dans lequel l'exposant de x ne surpasse pas m. Ces polynomes sont identiques à leurs associés en ce sens que l'intégrale

$$\iint P_{m,n} P_{m',n'} dx dy$$

étendue au cercle

$$x^2 + y^2 - 1 \leqq 0$$

est nulle tant que

$$(m - m')^2 + (n - n')^2 > 0.$$

F. Didon exprime les polynomes $U_{m,n}$ et $V_{m,n}$ de *Ch. Hermite* au moyen de ces polynomes $P_{m,n}$. Mais voici le point spécial où se rencontrent des résultats analogues à ceux de la théorie des fractions continues. Si l'on considère la fonction

$$S = \iint \frac{1}{(x-z)(y-z')} dz dz',$$

où l'intégration est faite par rapport à z et à z' dans le domaine

$$z^2 + z'^2 - 1 \leqq 0,$$

et si l'on développe cette fonction suivant les puissances positives entières de $\frac{1}{x}$ et de $\frac{1}{y}$,

$$S = \frac{S_{0,0}}{xy} + \frac{S_{0,1}}{xy^2} + \frac{S_{1,0}}{x^2 y} + \cdots + \frac{S_{pq}}{x^{p+1} y^{q+1}} + \cdots,$$

dans le produit $S \cdot P_{m,n}$ de cette série par $P_{m,n}$ le terme en

$$\frac{1}{x^{h+1} y^{k+1}}$$

n'existe pas, pour toutes les valeurs entières et positives de h et de k dont la somme est inférieure à $m + n$ et aussi, quand cette somme est égale à $m + n$, pour les valeurs de h inférieures à m.

Si l'on remarque que l'intégrale S a pour valeur

$$S = 2\pi \operatorname{arctg} \frac{1}{x\sqrt{y^2 - 1} + y\sqrt{x^2 - 1}},$$

on voit l'analogie de ce fait avec celui qui se présente pour le polynome X_n de Legendre à l'égard du produit

$$X_n \int_{-1}^{+1} \frac{dz}{x - z} = X_n \log_e \frac{x+1}{x-1}.$$

F. Didon[99]) généralise le résultat précédent, en considérant une

99) „Ann. Éc. Norm. (1) 7 (1870), p. 265."

intégrale de la forme

$$I = \iint \frac{f(z, z')}{(x - z)(y - z')} dz dz',$$

où le champ d'intégration des variables z et z' est limité par une condition quelconque indépendante de x et y.

En partant de l'expression de la fonction

$$F_3(\alpha, \alpha', \beta, \beta', \gamma, x, y)$$

sous la forme

$$\iint (1 - ux)^{-\beta}(1 - vy)^{-\beta'} f(u, v) du dv,$$

l'intégrale étant étendue au domaine

$$u \geqq 0, \quad v \geqq 0, \quad 1 - u - v \geqq 0,$$

et $f(u, v)$ désignant la fonction

$$f(u, v) = u^{\alpha - 1} v^{\alpha' - 1} (1 - u - v)^{\gamma - \alpha - \alpha' - 1},$$

P. Appell[100]) étend à cette fonction certaines propriétés que *C. G. J. Jacobi* a démontrées pour la fonction

$$F(\alpha, \beta, \gamma, x)$$

de *C. F. Gauss* et qui se rattachent au développement de

$$F(\alpha, 1, \gamma, x)$$

en fraction continue.

Les polynomes de Legendre interviennent dans le calcul approché des intégrales définies simples, comme l'a montré *C. F. Gauss*, et les polynomes plus généraux $P_n(x)$, caractérisés par la condition

$$\int_a^b K(x) P_n(x) P_\nu(x) dx = 0, \qquad \text{pour } n \gtrless \nu,$$

dans le calcul approché des intégrales de la forme

$$\int_a^b K(x) f(x) dx,$$

où $K(x)$ est une fonction donnée, comme il est connu.

Il y a lieu de penser que les polynomes de *Ch. Hermite*, ceux de *F. Didon* et les polynomes plus généraux indiqués ci-dessus, interviendront de même dans le calcul approché des intégrales doubles de la forme

$$\iint K(x, y) f(x, y) dx dy,$$

100) „*P. Appell*, Sur la série $F_3(\alpha, \alpha', \beta, \beta', \gamma, x, y)$ [C. R. Acad. sc. Paris 26 1880), p. 977/9]."

K étant une fonction déterminée servant à la définition des polynomes et le champ d'intégration ayant une forme déterminée.

P. Appell[101]) a mis ce fait en évidence dans des cas simples pouvant servir de types à une théorie générale. Soit $K(x, y)$ une fonction déterminée une fois pour toutes de x et y, gardant un signe constant dans le champ d'intégration; soit d'autre part $f(x, y)$ une fonction quelconque développable, dans ce champ, en une série de puissances entières et positives de x et de y. Pour évaluer approximativement l'intégrale double

$$I = \iint K(x, y) f(x, y) dx dy,$$

P. Appell prend un polynome $\varphi(x, y)$ de degré p en x et y, contenant par conséquent un nombre

$$n = \frac{(p+1)(p+2)}{2}$$

de coefficients; puis il détermine ces coefficients par des équations linéaires exprimant que le polynome φ prend la même valeur que la fonction $f(x, y)$ en n points

$$(x_1, y_1), (x_2, y_2), \ldots, (x_n, y_n)$$

situés dans le champ d'intégration et n'appartenant pas à une courbe d'ordre p. La valeur approchée de l'intégrale est alors

$$J = \iint K(x, y) \varphi(x, y) dx dy.$$

Comme le fait *C. F. Gauss* pour les intégrales simples, il s'agit de déterminer les points (x_i, y_i) de manière à obtenir la plus grande approximation possible au sens de *C. F. Gauss*.

P. Appell forme les équations caractérisant ces points et montre comment les polynomes de *Ch. Hermite* et les analogues interviennent dans la détermination de ces points. Sans entrer ici dans des détails à ce sujet, voici deux résultats particulièrement simples.

Dans le cas le plus élémentaire, on a

$$p = 0, \quad n = 1.$$

On substitue alors à la fonction $f(x, y)$ une constante

$$f(x_1, y_1)$$

égale à la valeur que prend $f(x, y)$ en un point (x_1, y_1) pour le moment inconnu. Pour que l'erreur soit la moindre possible, il faut que

101) „*P. Appell*, Sur une classe de polynomes à deux variables et sur le calcul approché des intégrales doubles [Ann. Fac. sc. Toulouse (1) 4 (1890), mém. n° 8, p. 1/20]."

le point (x_1, y_1) soit le centre de masses du champ d'intégration, la densité en chaque point étant $K(x, y)$.

Si l'on forme le polynome le plus général P, *du premier degré en x et y*, s'annulant pour

$$x = x_1, \quad y = y_1,$$

ce polynome possède la propriété exprimée par l'équation

$$\iint K(x, y) P \cdot dx dy = 0;$$

c'est le polynome le plus général du premier degré remplissant les conditions analogues à celles des polynomes de *Ch. Hermite* et de *F. Didon.* L'équation

$$P = 0$$

représente une droite arbitraire passant par le point cherché (x_1, y_1).

Comme deuxième exemple, supposons que K soit égal à 1 et que le champ d'intégration soit le cercle

$$x^2 + y^2 - 1 \leqq 0.$$

Prenons trois points

$$(x_1, y_1), \quad (x_2, y_2), \quad (x_3, y_3)$$

sur un cercle concentrique et remplaçons $f(x, y)$ par un polynome du premier degré $\varphi(x, y)$ devenant égal à $f(x, y)$ en ces trois points. Pour que l'erreur soit la plus petite possible, il faut que les trois points (x_i, y_i) soient les sommets d'un triangle équilatéral quelconque inscrit dans le cercle de centre O et de rayon $\frac{1}{\sqrt{2}}$.

Un complément à cette théorie a été apporté par *H. Bourget*[102]).*

102) **H. Bourget,* C. R. Acad. sc. Paris 126 (1898), p. 634/6.*

www.ingramcontent.com/pod-product-compliance
Lightning Source LLC
Chambersburg PA
CBHW070303200326
41518CB00010B/1879